大话架构思维

从经典到前沿

由维昭 ◎ 编著

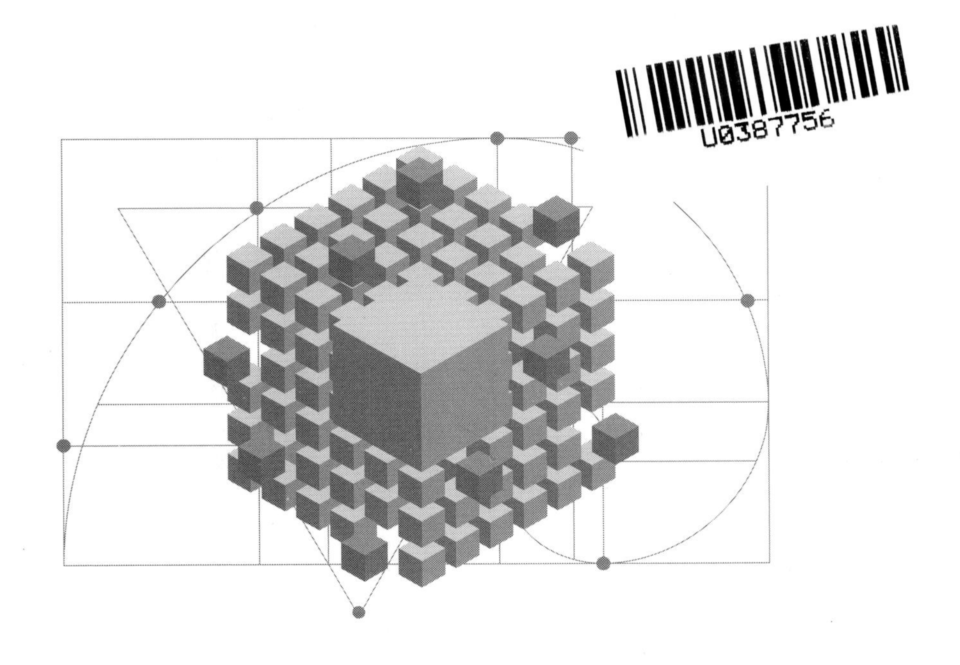

清華大学出版社
北 京

内 容 简 介

本书共9章36节，以作者学习与从业经历所跨越的四个时期为线索，内容主要包括初识编程与软件架构的历程、软件生产力与生产关系的革命、软件架构领域的定理及定律、架构管理全景结构解析、五大软件架构设计的驱动方式、技术决策的六大特定关切、大型复杂系统的韧性之道，以及智能原生时代的技术思考。

本书以人为本、以史为鉴，内容直击架构设计与技术决策的底层逻辑与规律，面对当下并展望未来，提出了众多具有普适性价值的技术观点，以抽象性、批判性的思考和对话方式，演绎了一套鲜活的架构思维体系。本书内容丰富，图文并茂，语言通俗易懂，不仅极具知识性、科普性，而且兼顾趣味性、故事性和实践性。本书力求通过分享思维与思想，进行有意义的思辨，无形中传递领域智慧，帮助读者提高架构设计与技术决策能力，增强综合能力的底蕴和专业素养，在软件行业立足、扎根，并获得长远发展。

本书适合资深的软件开发人员，以及想提高架构设计水平的产品经理、架构师阅读参考。

图书在版编目（CIP）数据

大话架构思维：从经典到前沿 / 由维昭编著. -- 北京：清华大学出版社，2025. 4. -- ISBN 978-7-302-68073-4

Ⅰ. TP311.5

中国国家版本馆CIP数据核字第2025PV4924号

责任编辑： 袁金敏
封面设计： 杨玉兰
责任校对： 王勤勤
责任印制： 宋　林

出版发行： 清华大学出版社
网　　址： https://www.tup.com.cn，https://www.wqxuetang.com
地　　址： 北京清华大学学研大厦A座　　**邮　　编：** 100084
社 总 机： 010-83470000　　**邮　　购：** 010-62786544
投稿与读者服务： 010-62776969，c-service@tup.tsinghua.edu.cn
质 量 反 馈： 010-62772015，zhiliang@tup.tsinghua.edu.cn
课 件 下 载： https://www.tup.com.cn，010-83470236
印 装 者： 三河市少明印务有限公司
经　　销： 全国新华书店
开　　本： 185mm×235mm　　**印　　张：** 21　　**字　　数：** 360千字
版　　次： 2025年4月第1版　　**印　　次：** 2025年4月第1次印刷
定　　价： 99.00元

产品编号：108153-01

前言

写作背景

为什么写这本书？主要缘于以下三方面的考虑。

1. 深刻总结、传播分享

对过去的学习和工作经历，现在回过头来看，当时作为局中人干得热火朝天，沉醉其中、无法自拔，然而即便成果殷实，却难免常陷入感性中，对很多事情缺少理性的理解和把握，走了很多弯路。现在从旁观者的视角，再次思考，三次思考……可从中发现很多固有的、本质的道理和规律，很有必要传播分享。笔者将这些有关IT技术的底层逻辑、有价值的思想，以及实践中的悟道，抽象地统称为软件技术哲学。相比于预测未来，本人更偏好思考过去，通过有意识（有时或是无意识）地梳理、沉淀，进行去伪存真，正所谓“为学日益、为道日损”。

“每个人的经历都是独特而不平凡的，只要深度思考、细心品味，定能发掘出宝藏”，这是本书带给读者的殷切寄语。

时间不能倒退，发生的事已成为过去，不论如何反思也不能改写，那么翻阅这些“老皇历”还有何用？笔者认为，对每个人而言，拥有各异的经历，正是“我之所以是我，而非他人”的原因所在。对“回顾过去的意义”有任何的质疑，都可以通过反问“人类为何要学习历史、为何要演绎历史故事”来找到答案。

身处信息过剩的年代，深感“授人以鱼，不如授人以渔”。相比于纯粹的技术能力，深谙技术哲学、洞悉工作的底层逻辑与规律，能够释放更大的潜能，在竞争环境中长期占据有利地位。

2. 与 AI 掰掰手腕儿、较较劲儿

近几十年，随着计算机技术及算力的高速发展，尤其是当下AI领域通用智能技术的大爆发，人类社会有逐渐被“格式化”的趋势，整个世界都弥漫着二进制的味道，软件及通信技术几乎连接了一切事物，在信息可以被随时共享、无边界传递的环境中，人们的生活越来越同质化。这些仍旧不是终点，更有量子计算这样的（超越二进制的）革命性技术在虎视眈眈，不遗余力地寻找（在应用场景中）实现技术转换的机会。历史的车轮滚滚向前，无人能够阻挡新技术发展的脚步。

未来世界可能会遍布各种各样的人机设备，在大脑上接上神经元感应设备，人脑所想就能自动变成文字，我们或许不需要用嘴说、用手写就能传递信息。但是，笔者并不期待这一天的到来。每个人拥有独特的个体特征、独立的思想，并以独立的方式进行内容的表达，如果这样的过程也被机器剥夺了，那么我想问：“人，何以为人？”

智能科技的无限发展，可能会造成人类文字表达能力的退化，人类是否因此而变得无趣，这或许是科技的一个令人讨厌之处。因此，笔者想保留属于自己的这一片领地，用双手一字一字地表达有价值的经历，以及在职业旅程中的一些所得所想。如果在有生之年，想在AI的世界里展示一下自我、比拼一下能力，那么择日不如撞日，撞日不如今日。这像是欲在历史长河中留下些许的注脚，这是碳生命与硅生命的战斗，这场战斗虽然略带凄凉之意，但也十分有趣。

3. 个人的情怀、追求

记得就读研究生时，导师期望我们“除了谋生，要为社会、为行业做些额外贡献”。我的一点强项在于读了很多书，具有较好的写作能力，那么用这些能力，与20余年IT工作相结合，会产生什么呢？

我想总会有些可以精炼总结的，只要能够用心书写表达出来，就能帮助IT领域从业者提升职业素养和能力底蕴。软件技术和信息已经俯拾皆是，唯有思维、思想与方法才能亘古不变。如此说来，可能一本关于思维的书最为合适不过，更何况市面上此类书籍还是比较稀缺的。

本书特点

本书有小而生动的故事，也有大且富有远见的洞察；有对基础理论的梳理，也有对时下潮流的把握。

1. 知识性、科普性

本书是一本软件领域的科普著作、一场架构与决策所需掌握知识的盛宴。以架构为核心线索，本书内容涉及软件行业的多个领域话题，言简意赅、醍醐灌顶。读者可以在最短时间内抓住各领域的技术精髓。

从编程语言和设计模式，到软件的生产力与生产关系，再到架构管理、设计驱动方式和技术决策要领，最后延伸至混沌工程，并积极展望前沿科技，其中知识点鳞次栉比，不一而足。

2. 抽象性、思想性

书中的每词每句，都来源于漫长学习和工作中的悉心思考、总结，这是内聚、抽象的过程，是方法论的提炼过程。阅读本书的过程，是读者的自我思索过程，也是对软件技术哲学的探寻过程。这是一本没有一行代码的计算机书籍，编写本书的立意是分享笔者对软件架构及技术决策的理解，帮助读者打开思维空间，找到属于自己的软件哲学。

如果读者第一次阅读本书后并未留下深刻印象，我不会觉得失落，因为思维与思想会酝酿希望之光。期望在若干年后，读者回想起本书时，心中的评价会是：这是一本呕心沥血之作，只有经历过才会真正懂。

3. 趣味性、批判性

为给读者提供更佳的阅读感受，本书力求以幽默、讽刺的口吻表达思想观点，体现软件工作的品位和情愫，让读者读起来既感到轻松惬意，又能过目不忘。我十分推崇幽默感，在我的人生观中，拥有幽默感代表有能力在面对厄运时可以做到一笑了之。心理强大的标志，是能够轻松面对人生，充满自信并能够居高临下地看待自己和周围的一切。因此，于我而言，所著之书必须具有一定的趣味性。

既然人生如此，那么设计工作也不例外。好的设计并非一定要有趣，但是很难想象完全无趣的设计会是好的设计。

批判性源于对所发生事情的洞察力。如果自己在潮水里面，成为潮水的一部分，那么如何还能看清潮流的方向？因此，本书强调一个观点：面对任何技术问题，要有自己的理解，不能随波逐流；保持质疑、拥有独立的思考，是一种高尚的追求。

4. 故事性、实践性

提起哲学类书籍，很多人都会感到汗颜。笔者也不例外，曾经阅读哲学作品时的味同嚼蜡、有心无力之感，可谓是记忆犹新。因此，动笔之初，我就决心一定不能写一本乏味、枯燥的书，更何况本书所谓的技术哲学只是一个形象的比喻，并非真正的哲学。

技术素养和架构工作的内涵具有较高的抽象性，因此表达难度颇大。我能想到的最佳方式，一定是尽量多地以故事作为线索，穿针引线。虽然是软件技术类书籍，但是本书的行文更像散文集或故事会。书中观点多是通过实践经历娓娓道来，以漫谈的方式自然而然地呈现给读者。

对于本书的所有内容，读者只需感受，不需记忆。希望读者阅读本书的心情是愉悦的。

最后做一个阅读提示，本书内容基于笔者多年工作与学习积累的经验，一定会带有不同程度的主观色彩，因此读者要有一个弹性的理解，与其过多关注“内容的正确性、权威性与否”，不如以此为点拨，作借鉴之用，以思考和实践自己的论点。软件系统的立体性和多元性，需要我们在设计表达的立场观点和方法时富有极大的丰富性和灵活性，“拥有鲜活的思维”才是设计者应去追求的核心竞争力。

特别致谢

首先感谢本书插图的作者，我的朋友乔娜。乔娜为本书所作的38幅插图，无疑进一步彰显了本书的独特风格，为读者朋友们奉上飘逸之风。如果可以给本书打90分，我认为应当有10分是属于这些画作的。插图是对文字内容的无形延伸，让本书更具艺术气息，笔者想借此方式表达这样的寓意——增强知识的同时，不应忘记对审美的追求。

任何抽象思想不能凭空而发。本书内容量庞大、知识点众多，仅凭笔者个人绵薄之力来创作，当然无法胜任。必然要感谢软件行业的前辈，尤其是书中提及的几十本经典著作、若干定理和定律的创作者。本书很多素材来源于他们的经典观点和思想。站在这些巨人的肩膀上，我等后辈在近20余年亲身经历了一场软件行业的盛宴，这样的技术发展浪潮，在人类近代史上其实并不多见，屈指可数。

感谢清华大学出版社的编辑，这是第二次合作，又是一段愉快的经历。无论如何，这样的机会都是弥足珍贵的。

感谢家人的默默支持，让我不必深陷于家务琐事之中，能够在工作之余拥有大量的可用时间和安静的氛围，有良好的身心状态去面对写书这项枯燥、漫长任务的挑战。值得一提的是，由润羲同学对书稿做了一些试读挑错工作，希望这段经历对他的未来发展有所帮助。

最后，感谢广大读者的细心阅读，对于本书内容的任何意见和建议，可发送到邮箱yuanjm@tup.tsinghua.edu.cn，以便进行修改、完善，同时希望通过本书能结识更多的技术同仁和社会友人。

目录

第2章 黄金年代，风驰电掣——软件生产力和生产关系的革命

第3章 先行利器，无坚不摧——重要定理和定律的价值

第4章 提纲挈领，一览无余
——架构管理全景结构解析

第5章 举足轻重，力敌千钧
——五大架构设计驱动方式

第 8 章

前沿科技，生生不息

——智能原生时代的技术思考

后 记

——又一次富有意义的尝试

序 章
——以时代为线，与思想为伴

0.1 四个时期和四方面趋势

1. 个人经历划分为四个时期

以笔者的软件学习与从业经历来划分，本书内容跨越了四个时期，这四个时期的时间是连续的。

第一个时期，1998—2004年。这是我的求学时代，与其对应的是第1章的内容，其技术关键字是编程语言、设计模式，另外，还包括那个时期对技术管理与决策的一些思考。

第二个时期，从第一个时期结束一直到大约2016年。其关键字是开源、平台化、虚拟化、企业架构。这是我的前半段职业生涯，历时十余年。对这一时期技术的提炼、浓缩，内容见第2章。

第三个时期，从第二个时期结束一直到目前。其代表特征是大前端技术、大数据技术、人工智能、云计算，以及微服务理念和分布式架构登上舞台，成为软件行业当之无愧的主角。这段时间历时7～8年，于我而言，这是软件架构、技术决策的知识与技能最为新鲜、浓烈的时代。作为本书的内容主体，我将沉淀的架构理论和相关知识体系进行整理，编写进第3～6章，这是对读者现实工作指导意义最大的部分。

第四个时期，既是当下，也是面向未来。在第7、8章，我对混沌工程、大模型、隐私计算、量子安全等领域做出了一些技术观点的分享与展望。

说一下阅读提示，“时期”二字，是连接本书各章内容的重要线索。本书正文中多次出现的“时期”，如无特殊指代，都默认是上面所定义的时期含义。

2. 四方面发展趋势概括

四个时期跨越了逾25年，这正是软件业如火如荼发展的年代。作为一名普通从业者，能够偶遇这样的契机，实乃职业生涯之福分。因此，一定有什么东西是可以深刻反思、好好总结的。那么，以书为载体来承载这份情怀，一定是不二之选。如果用几小段话概况全书内容体现的技术发展趋势，那么可以是以下几点。

第一，伴随着硬件资源及算力的大幅提升，以开源化、平台化为代表，软件行业的生产关系快速进化，软件生产力从各方面、以各种形式飞跃式增长。随着原始积累[①]

① 意指以前端、后端，以及大数据为主的技术栈和配套工具。

的完成，以及软件行业生态日趋健全，桥接、复用已成为软件系统建设的重要组成方式。工具化全面替代手工已经到来，软件生产已呈现流水线制造之态势。

第二，软件系统架构领域的两条发展主线：一是从垂直（或纵向）方向看，不论设计理念层面还是技术实现层面，都在不断强化系统间的协调、协同能力，持续提升服务治理水平；二是从水平（或横向）方向看，通过虚拟化技术对系统分层，推进系统控制与业务应用的分离。这两个线索，20余年来从未动摇。同时，分而治之和关注耦合点①，永远是不变的架构思想核心。无论是编程原则，还是架构设计的原理和方法，其中的多数思想在几十年间贯穿始终、不曾改变。

软件系统由功能化向服务化演变。软件架构的使命，先是为基本设计服务，然后是聚焦于实现质量属性目标，发展至今，更深层意义在于对抗复杂系统的熵增。

第三，伴随着软件系统的日趋复杂，架构设计工作呈现立体化发展，上至复杂系统群的架构蓝图，中到各相异系统的不同架构风格、单一系统内的各类设计模式，下到面向对象的继承、封装、多态，以及编程语言层面的设计技巧和特征利用。

与此同时，架构设计的内涵更加丰富。微观层面，架构量子②的边界不断延伸，从面向过程语言（以头文件和声明为边界）的程序文件、面向对象的类，发展到结构化封装的组件（或模块），再提升至一个个独立部署、运行的系统进程；宏观层面，架构关注点不断变化，从单体系统内部的分层，发展到多系统之间的逻辑关系和通信机制，再提升到分布式架构下的公共抽象、服务协作和一体化管控。

第四，传统意义上的软件架构③已经进入成熟稳定期，褪去光环、不再是高大上领域。分布式应用架构臻于完美，已无太多的“真空区”待填充，云+容器对运行架构的追求，也已经发挥得淋漓尽致。近几年来软件架构领域缺少新的热点，有些后继乏力，这与呈“日薄西山”之态的传统项目管理相比，两者可谓异曲同工。这并非是对项目管理出言不逊，继敏捷和DevOps之后，项目管理领域确实是缺少再发展、演变的活力。

---

① 耦合点，指软件系统中的各个实体元素的连接处。在技术方面，从相互结合的角度看，它是集合点、集成点；从相互隔离的角度看，它是分离点。在工作方面，它是各团队协作点。

② 架构量子，功能高内聚的、逻辑自治的、可被独立解读的“最小”架构单位。最小二字，是强调整体理解系统的架构组成以及成员间关系时，对于架构单位可以作为不可分割的单元去看待，不需要深入其内部。

③ 笔者认为，软件架构在我国的发展，可以从微机编程语言进入我国开始算起。

判断一个行业领域的潜力，最直观的方式是观测岗位饱和程度。相对于庞大的人才供给量而言，软件架构、项目管理这些传统领域的岗位需求量，可以用杯水车薪来形容。

3. 软件行业的未来引擎

不难预测，代表新质生产力的前沿科技，将成为软件行业的中流砥柱。软件行业未来的前进方向（或者说是趋势），必然是新兴领域的各自突破。

- 大数据服务与数据要素流通，以及安全技术与场景应用，会成为行业赛道上的领跑者，代表性领域包括量子安全、区块链、隐私计算。
- 人工智能领域发展方兴未艾，以机器学习的人工智能和以大模型为代表的通用智能，已成为市场的宠儿。与此同时，算力经济的前途不可估量。
- 软件制造以及技术服务（由国外向国内）的转换与流动趋势，其本质是能力替代（或称为置换），最具代表的是5G通信、虚拟现实等领域的技术创新，以及核心软件国产化大潮下的信创产业机会。

通过第8章的内容，读者可以对这些前沿科技进行快速概览。读者不难发现，决定新技术生命力的首要因素是算法能力。展望未来，软件从业能力的竞争，将更多表现为算法领域的能力比拼。算法的学科基础是泛数学[①]，从本质上看，算法具有较强的科学属性；软件架构的本质是软件技术与方法的运用，更多体现出的是工程属性。

当然，算法也有架构的概念，算法团队里面也有（负责选型和设计的）架构师角色，但这与传统软件架构师显然不属于一个领域。

那么，软件架构还重要么？笔者给出的答案是，不论算法重要性如何提升，必须要承认的是，软件架构的重要性从未降低。

软件质量属性、软件设计视图、软件架构风格与设计模式……依然牢牢控制着软件设计与开发过程的方方面面，决定着软件系统建设的成败。新技术的诞生，无不根植于经典的架构体系。软件架构不仅没有止步不前，而且已然大步流星进入新的时代——智能原生时代，不断地与前沿科技相互结合、融会贯通，释放更加巨大的生产

① 包括数学、统计学、线性代数、立体几何等很多细分领域。

力。架构的多面性本质[①]，赋予其多方面的价值和意义。软件架构领域的发展，将与时俱进、源远流长。

软件行业所辖领域如此之多，软件技术栈及框架的品类、数量浩如烟海，如何能够独辟蹊径，写出一本好的架构书？在落笔时，笔者做了两方面的定位。

第一，尽量把握影响技术的趋势，揭示各类技术发展背后的共性思想，聚焦核心理念、主流的方法论，帮助大家建立更鲜活、深厚的思考力，善于把控架构理论与技术实践之间的对立与协同。

第二，与一般科技类书籍的明显不同之处在于，本书内容涉及很多领域，但是一本书不可能做到包罗万象，因此读起来可能会有品尝大杂烩之感。之所以这样去构思本书，目的是为读者提供更丰富的情境、更多的交互点，增大与软件世界的接触面，能更宽泛、理性、包容、灵活地去看待软件架构，感知自我与技术之间的相互作用。正如混沌工程理念所强调：在一个“技术社会”系统中，人和技术结合在一起，这如同硬币的两面，如果对两面有任何的厚此薄彼，就无法完全理解这个系统。

---

① 具体见0.2节。

0.2 软件架构的多面性本质

1. 软件架构的定义

有关软件系统的理论、规律、规则、特征，第3章有更为体系的描述，在本章中，首先开门见山地浅谈软件架构到底是什么，应该如何去理解它。从正统的概念说起，软件架构可以有如下多种定义。

（1）架构是一组软件结构，它有组件，有连接器。也可以将架构理解为“对系统的抽象理解，并形成的一种表达方式”，通常体现为软件元素及关系。这是大家最为熟知的架构的含义。

（2）对于架构的另外一种形象说法是，它是系统的骨架，是系统中不能更换的部分，或者说是一旦形成、再难改变的部分。如果用汽车来打比喻：汽车的底盘是架构，汽车的座椅就不是架构，座椅可以更换，底盘则无法更换，换底盘无异于换掉整部车。

（3）对于架构还有一种理解方式，即为了满足质量属性所做的事。没有质量属性就没有架构，质量属性是架构整个工作自始而终的轴心。

（4）架构还是对系统施加的约束，这也强调了约束的重要性。约束系统不能做什么的过程，就是在进行软件设计，就是一种架构的形成。

（5）对于架构的词性，多数理解认为架构是名词，其实架构也有动词的词性。我们可以把架构理解成设计动作，它是对软件的组织编排，就本质活动而言，它是一系列的技术决策，以及构建动作。尽管架构设计与技术设计两者间的边界越来越模糊，但从本质上讲，一切架构设计都是技术设计，反之则不然。

（6）第3章会反复提及软件系统的复杂性，那么架构则是处理复杂问题的方式，降低系统复杂性的一个过程。架构是降低风险的一个过程，没有技术风险，当然也就不需要做架构了。

（7）架构一词，还可以从更广义的范畴上被泛化理解为一种结构性关系，一种系统化思维，是多维度认识、迅速剖析一个软件系统的自然而然的方法论。因此，完全可以说架构是一种思维认知和意识。

毫不夸张地说，笔者可以给软件架构列出几十种定义。对架构一词，《演进式架构》一书给出了更有趣的定义："架构就是一切重要的东西。"这是我所见过的若干定义之中最为推荐的一个，这源于它的高度抽象性和概括性。无独有偶，《分布式系统架构：架构策略与难题求解》一书对架构的含义也给出了类似的说辞。

使用如此多的定义方式去看架构的含义，确实可以帮助我们从多个切面去理解架构。除了上面的定义和理解方式，架构还可以是一种技术角色。这并不难理解，与项目管理、程序员这些角色是同理的，不同角色负责不同工作而已。在日常实际工作中，建议将架构当作技能，而不要站在角色角度去理解它，否则会将注意力集中于架构师与开发者之间的区别上。实际上，现代企业中架构师、项目管理者、核心开发人员的工作职责是互相融合和渗透的，从发展趋势来看，这些岗位之间的边界可能越来越模糊。正是因为这样的特性，在岗位设置上，可以看到很多企业倾向于压缩架构师团队和项目管理团队的规模。

2. 软件产品标准的缺乏

架构学的出现只有几十年的时间，严格来说它更像是一门手艺，难以被称为学科。其中道理，在笔者的第一本著作[①]中已做过描写：从事软件架构设计工作，不需要持证上岗，主要门槛是个人实力，难以将软件架构进行绝对化、学科式的考量，更不乏自学成才者，在此方面，难以将其与律师、医生、会计师等行业相提并论。

架构具有主观性、艺术性、平衡性、难以度量性这些特征。架构并没有好坏，只有适不适合。架构设计越来越广义化，越来越泛化，它与技术设计逐渐融为一体。架构管理与技术管理也是同理，两者之间的界限也是很模糊的，不同的企业、不同的人员配置，都可以有灵活的、自定义的工作分工方式。

软件架构，因服务于软件设计而生，以达到质量属性为目标。但是，不论是架构还是软件工程，都未给软件带来严格意义上的标准化。

相比于食品的成分表，用户购买的软件不会制式标明其内部构成。相比于汽车的尺寸、极限功率和速度，用户其实并不知道所使用软件的真实承压能力，即使软件采购合同中标明了最大并发数、无故障运行时间等方面的参数，也仅能当作参考所用，实际值取决于客户提供的运行环境和维护方式等其他因素。行业中关于质量属性的文档不计其数，但是具体软件中从未标识其出厂达到的各项质量属性标准值，除了有监管要求的能耗值外，可伸缩性、弹性、安全性等任何重要质量属性都不会提供清单可查。质保、退货，这些在任何商品采购领域的共识性服务，对于软件来说都不太适用，即使有约定，也常有名无实。

相比于相对严苛的工业软件，上述这些问题在互联网软件、消费类软件中更为严重。即使是银行核心交易系统也是如此，客户遇到Pos机交易失败时，除了投诉别无他法可言，没见过银行对社会发布刷卡失败的标准化赔付条款。这并非抨击银行，笔者知道这样的标准确实难以事先界定，根据具体影响情况进行事后处置更符合常规。但是就标准性话题而言，软件领域存在这样的问题，确实是客观现实。

对于软件架构，很多情况下是处在“无法度量、只能体验”的世界中。这与0.1节中提到的“软件架构已经相对成熟”的观点貌似南辕北辙，但仔细分析，现实的确如

① 2023年1月出版的《软件平台架构设计与技术管理之道》一书。

此。或许，这就是软件架构的魅力所在。

3. 技术决策的本质

在架构知识、方法之上，本书更深远的立意在于，提升实战中的技术判断与决策力。

下面讲一下决策力的含义，相比于架构思维，决策力一词在本书中的含义更为广阔，不仅指建设软件系统的架构决策、技术工作以及管理决策，还包含关于软件从业者如何学习、如何自我定位，以及如何竞争的思考分析，这是有关于个体职业发展方面的决策。

决策比架构的动态变化更强，我有时很喜欢说“架构是架构、决策是决策，这是两回事”。这句话听起来武断，实则不然。当存在有价值的权衡时，我们也可以违反架构原则，例如，有意牺牲系统之间的低耦合度来提高通信性能，或是降低安全加密强度来加快软件的上市时间。此时，起决定作用的因素，是决策而非技术。

技术决策确实有正确与否的绝对答案吗？对于这个问题，笔者观点是十分明确的。决策是平衡与取舍的艺术，是一种审时度势、左右逢源的折中艺术，是一种虽无答案但仍能够超越分歧继续前进的力量。总而言之，决策没有绝对意义上的正确或错误。如果能从心理学角度看待决策问题，则更容易理解决策的本质，决策是在人的智力、经验、偏好、心态等数个维度的主观能力综合作用下做出的决定。决策是一种意识形态的体现，因此永远无法逃脱“被主观性所驾驭”的枷锁。

如果决策过于频繁，可能是工作根基出现了问题，如果决策发生困难，可能是向前无路，需要暂时回避，延时决策。总之，工作中无时无刻不在决策，说句感触颇深的话：我的工作，不是在“正在决策”之中，就是在“去往决策”的路上。

既然没有绝对答案，那么对于软件设计、架构管理、技术决策工作而言，我更喜欢使用最佳实践一词。无论如何，这个词听起来永远是无懈可击的。

正是因为主观性、泛化性等特点，相对于某个领域的具体技术而言，写好一本架构方面的书籍难度更大。如果本书能“上得厅堂、下得厨房”，适用于各类读者，让读者能看得懂，并能收获到知识和趣味，做到雅俗共赏，那么就算成功了。

1

第 1 章

温故知新，举目千里
——初识编程与软件架构的历程

开篇首先借用英国著名作家弗吉尼亚·伍尔夫的名言：“过去总是美好的，因为一个人从来都意识不到当时的情绪，它后来扩展开来，因此我们只对过去，而非现在，拥有完整的情绪。”

软件几乎是近几十年发展最快的行业之一，一方面，几天前刚出现的技术可以火速传遍全网；另一方面，两年前的技术可能已经不值一提，不再被关注。软件，好像是不需要去温故的技术领域。但是，事实并非如此，我总是能从对第一个时期的回忆中获益良多。正所谓“以史为鉴，可以知兴替”。

描述求学时的经历，有时给我一种感觉，像是在写关于学习经历的自传。假如是自传，那么这个世界上只有我自己能写。这种感觉的背后，蕴含着关于人与AI关系的启示。

只要有数据，人与AI的能力之间好像没有任何鸿沟可言，以大模型为代表的通用智能，不仅可以在尖端领域比专家更加专业，而且（被特定数据训练后）可以拥有性格和情感。因为AI无所不能，所以产生了AI威胁论。那么真正的区别在哪里？答案当然是数据，AI的能力始于数据，但也受限于数据。

个人的能力、情感源于自己的成长史，AI的能力则仰仗海量知识的直接（训练）获取。人的能力是个性化的、演进式产生的，AI能力的特点在于共性的、爆发式获得的。人的知识形成依靠漫长时间的积累，个体成长过程中的大量内容已经随时间消失得无影无踪，除了自身记忆，这样的信息（数据）在其他地方无法被重放和加工利用。因此AI不存在（人类个体所拥有的）主观经验和感觉能力，不论大模型有多少亿个参数，这都是无法逾越的鸿沟。从这个角度看，大可不必杞人忧天，无休止地陷入“AI取代人类、主宰世界”的话题里。

本章内容涵盖了笔者求学期间对语言编程、技术架构、项目管理的认知，对于初学者，这些内容可作为直接的借鉴、参考，助力自身学习成长；对于多年从业者，如果觉得本章有些内容对于当前技术水平过于初级，那么可以切换一下时空，尝试置身于2000年前后那段时间去感受，以学生身份去品位这些内容。审视历史，正应当如此。

回顾自己的技术成长史，每个人都能从中找到更多的意义，这就是本章的价值。

1.1 强者摇篮，编程的文艺复兴时代

1.1.1 Java语言，更像是弱者的游戏

1. 最初的认知

1998年在大学课堂上学习的微机原理和汇编语言，是我最早接触到的计算机语言，由于缺乏上机实践，书本上的那些指令，除了枯燥、晦涩之外，我至今想不出更好的形容词。如果不考虑单片机（或微芯片）的研发领域，那时几乎所有程序员都在转向使用高级语言编程，这是无可置疑的事实。短短1年后，我就有了“C语言”“Fortran语言”课程的学习经历，以及宝贵的Windows 95桌面操作系统的上机实践机会。当时作为电子工程专业的学生，我是真没有想到未来会与计算机软件开发打半辈子交道。

因为只有这些肤浅的了解，除了感受到“靠课堂和书本效率太低，必须要摸键盘”之外，那时对计算机语言可能没留下多少有意义的思考或者总结。相比之下，在心中留下的问题还是不少，例如，C语言比Fortran语言流行、好用，用C语言就能完成所有Fortran语言能做的事情，那么Fortran语言还有什么存在的必要？再例如，有没有关于语言类型的定义？这两种语言是什么类型？除了这种类型还有其他类型么？另外，语言之间除了语法之外，本质的差别到底是什么？

仔细回想一下，这些问题背后体现的思维和思考力，还是有几点是值得称道的。问题虽然已经不再重要，但是作为宝贵的精神财富，至今回味无穷。2002年开始接触Java语言时，这些问题在心中应该已有答案：C语言、Fortran语言都属于面向过程语言，不同语言特征不同，虽然C语言最为主流，但是Fortran在数学计算上很好用，使用Fortran的人如果养成了使用这种语言的习惯，只要够用，没有必要放弃它而改学C语言。

相比于C语言，Java语言更加抽象。对于语言来说，越抽象就会越接近人类的思维，最具抽象性的语言类型，就是面向对象语言。Java语言核心优势有二：其一，完整演绎面向对象的“继承、封装、多态”三大特征；其二，进一步屏蔽操作系统和硬件，降低开发人员门槛，并借跨平台之势走遍天下。

应该使用哪种语言，是软件开发人员之间喋喋不休的话题，作为真正的宿主语言霸主，C语言在资源占用、进程运行等性能方面占据压倒性的优势，而且不能被反编译。偏爱性能或是具有黑客精神的人员一定站在这一阵营，他们迷恋C语言的指针，陶醉于通过钩子函数实现回调功能。在硅谷编程语言开发者的眼中，有些人认为编程语言应该防止程序员干蠢事，Java当然是这个阵营的代表；而另外一些人的观点恰恰相反，他们赞成让编程语言做一些可以做的事情，当时，这说的正是C语言。

2．第一次做项目

2003年读研时，室友在外接到一个项目：给货运公司做一套货车监控管理系统，货车上安装的GPS终端会发送自己的位置信号，监控系统上将接收到的货车位置及行驶信息以图形化方式，绘制在包含全国所有省、自治区、直辖市道路信息的ActiveX地图控件上，这套系统要运行在Windows操作系统上。有趣的是，接到这个项目后我的第一反应是，计算机有时候干的是坏事，有了这个系统，大货车司机再也没法偷懒了。现在来看，这个问题还是值得思考的，人类发明了计算机，它一方面提升了生产力为人类造福，另一方面确实让很多工作越来越卷、竞争压力越来越大。对此话题，8.1节会给出笔者的一些观点。

在继续谈论这个项目之前，笔者要插一段感想。这是一个GUI客户端，以图形化操作为主，而非以Console控制台（或是命令行）方式交互的系统。当时我能感到的明显变化是“单击鼠标对敲击键盘的逐步替代”，图形界面系统会成为未来的主角。但未曾预料到的是，图形化系统的载体悄然发生了巨变，若干年后，GUI所依赖的（需独立安装的）客户端，在零售市场上节节败退，取而代之的主角是通用浏览器。个人终端轻量化、图形界面跨平台才是大势所趋，对行业发展产生了深远的影响力。在求学时期，我很热衷于对此类话题做些前瞻性判断，现在回想起来，并非我当时目光短浅，能看透技术发展、预测未来趋势实则太难。

这是我接触的第一个真正意义上的软件项目，室友和我立即开展了语言选型的技术决策，毫无意外的是，我们从未考虑过使用Java语言。对于真正要挣钱，并且追求完美代码的我们来说，C语言的纯粹性明显更具吸引力。相比之下，Java语言只是弱者的游戏。从低效的编译到蹩脚的Applet客户端，Java语言简直一无是处。

这样的问题在任何与技术沾边的领域可能都存在，例如汽车和手表领域。老车迷喜欢汽油车，懂表的人士酷爱机械表，新生一代则早已认同电动车的易维护优势和电子手表那花花绿绿的功能。老司机[①]与新生代之间总是缺乏相互认同感，很少握手言和。

语言选型的故事当然还没有完结。如果使用C/C++语言，那么室友首选的开发平台必然是MFC，但是对这个选择，我明显底气不足。玩转MFC对我而言并没有那么难，倒是那本Windows API的书真是让人敬而远之，书中有上千个生僻、拗口的Windows操作系统函数，函数参数的复杂程度更是令我“不寒而栗”。我的水平如此，在真实的项目面前，这样的差距无法弥补，我只能认怂，退而求其次。

没有什么能难得倒那时的热血青年，我提出了一个折中的选择，使用C#语言和.NET开发平台。为了说服室友，我将两种语言在性能、上手难度、后期维护等若干评价项方面做了一个二维比较表画在黑板上，结果C#语言几乎在上述方面都介于C/C++与Java之间。在以后的工作中，每次想到决策矩阵，我立即就会想起这张表。

① 网络名词，意为行业老手，对各种规则及技术经验老到，带有褒义。

但是，几年之后，像“卡通玩具”一样的Java语言明显成为主流，位列全球第一大语言，编程极客和老一代程序员们虽然心有不甘，但是只是接受事实，因为新生代才是未来的真正主人。任何认为C语言优于Java语言的论点，都敌不过两点：第一，C语言执行效率高，但Java更容易上手，程序员的时间成本远比计算机的时间成本高得多；第二，Java的取胜之匙是借硬件高速发展之东风，JVM在性能方面的劣势，逐渐不再被视为一个巨大短板。如果摩尔定律不成立，或者只是不完全成立，那么多数人的计算机硬盘可能还只有8GB[①]，C语言与Java语言的命运必会完全反转。Java的发展得益于硬件世界的发展，不仅如此，软件架构的发展、人工智能的发展，都是如此。

室友与我沟通选择什么语言和开发平台，这是我人生第一次正经八百地面对一项技术决策。在此项目之后，我自己也随波逐流、转换阵营，选择Java语言作为开发方向。

反观C#，当时的选择现在看起来有些令人唏嘘。运行C#程序，需要.NET开发平台，这与运行Java程序需要使用JVM虚拟机是一样的道理，牺牲了一定的纯粹性和运行效率，但又没能换来跨平台的便利。现在C#的市场份额之低，足以说明远未（如微软公司所设想）得到市场的认可，看来折中之道并非永远是正确的。

除了语言选型的深刻印记，这个项目还带给我另外一个震撼：算法是个狠角色。在地图对应的道路上，实时显示货车的移动，在主频1.6GHz的Windows操作系统中，货车图标像是在道路图上一格一格地跳跃，而不是连续平滑地移动。在计算机配置不变的情况下，卡顿问题对GUI体验度的问题该如何解决？当然是利用算法，室友熬夜2周，几乎废寝忘食。每日白天写功能代码，下半夜在台灯下看超级厚的影印版《算法导论》，选定算法，将“所有车不断变化的GPS坐标数据转换为图形上轨迹显示”的处理程序，使用算法进行优化。这个提升被证明是惊人的，毫秒级别的位置更新速度即使在最低比例的放大图上，也无卡顿感。通过算法，这个模块程序处理效率提升大概500倍。这样的经历，让我们从心底真正理解“数据、算法、算力三分天下”的思想。能在人工智能三要素中占据一席之地，可见算法的影响力之大。

回忆一下当时所学课程的两个层次，第一个层次是程序语言和数据库类，这当然是基础的，也是必备的；第二个层次的代表是密码学和算法，这需要更多的自我挑战，不论是区块链共识算法、隐私计算同态加密，还是机器学习中的各类复杂模型，

---

① 该数值意指很小，并无实际含义。

都需要在数学、线性代数、统计学方面有更高的造诣。在那时，算法绝非一个工种，只是少数精英才能涉足的高端领域，这与现在的情况形成了鲜明的对比，当今很多软件公司都拥有一支数量庞大的算法大军。近20年来工作分工方面的变迁，足以证明软件开发不断向（以AI为主的）高端领域推进的趋势。

正是鉴于这段经历，在后续工作中我十分关注性能优化领域，在银行的日终批处理程序计算个人贷款程序中，算法的优化将计算速度提升了上百倍。不论是否使用算法，实际工作中的大部分软件应用都存在巨大的可优化空间。这样的认知，形成一定的辐射效应，例如，面对昂贵的数据库存储资源，充分利用数据库的数据压缩功能，通常可节省出大量的存储空间。

每次使用打车软件，看到汽车在地图上缓缓移动，我就会想起2003年的那个项目。对于那些说网约车平台的技术很简单的人，我觉得他们是井底之蛙，这可是算法密集型系统。

3. 关于职业画像

编程最像什么？在本质上与程序员最接近的是个人艺术家，例如画家，个人创造性对于编程语言的发明十分重要，伟大语言的发明团队多是一两个人，这与绘画很相似。客观来说，编程无疑是个硬技术。但是，如若从心灵拷问的角度来看，源于其内在的创造力，以及对审美追求，编程高手更像是艺术家。优秀的编程者对软件之美都有近乎狂热的追求。

架构最像什么？与架构师最接近的应该是设计师，最典型的，可以将软件系统设计类比建筑设计，设计也需要个人创造性，但是必须遵从主流的标准，使用主流的技术，符合大众的审美并接受苛刻的检测。绘画应该是私活，而建筑设计更像是公事。这是那个时代的我对软件领域的理解，这个理解一直伴随着我，至今未变。

多数领域的伟大作品诞生于很早之前，例如15世纪的绘画杰作，至今仍无法被超越。当然了，还有莎士比亚时代的戏剧，将戏剧这种艺术提升到了难以企及的水平，令后世剧作家只能望其项背。不仅绘画、戏剧，几乎每个领域都有自己的文艺复兴时代，在这个领域刚诞生的时候，人们热情高涨，短短几十年就会挖掘到这个领域的精华，很多人将毕生的大部分精力聚焦于此，将高水平的智力、强大的能量付诸于此。可以有点武断地说，本章所述的这个时期，正是我国软件编程语言与编程技术的文艺复兴时代。

与编程相比，架构的发展有何特征呢？架构的高速发展期比编程要晚10年左右。前面所述四个时期中的第二个时期，才进入架构发展的黄金期。另外，架构的演进更源于整个行业的推动，是趋势作用下的结果，而非个人创造。架构的个人标签，远没有编程那么强。架构本身是一门杂学，时而关注具体的开发技术，时而体现为设计模式与风格，时而像是在做布道①工作。从学科上讲，架构的内容重心应该在质量属性，但是架构完全可以摇身一变，体现为抽象的思想。还有很多从业者，只是将架构感性地理解为架构图，这也没有错，工作中，一旦说要做某个系统的架构，交付物正是架构图。

1.1.2 多样性和原生力，我辈之差距

我们②掌握了哪些高级语言？我们自己发明过哪些语言？

那个时代的我，对于VB、Pascal有一点接触，但是真正学习的只有C/C++、Java。国内的程序员们，技能同质化问题严重，大家多是在浪潮里面匆匆赶路。在当时，我们并没有创造性地发明真正属于我们自己的语言。当时的一次硅谷的游学经历，让我见识了与软件发达国家之间的巨大差距，回国后，我将游学心得做了一些整理，20多年后的今天，我拿出来并整理分享给读者。这样做的原因在于，这些内容依然有效。

1. 关于编程语言“本质特征与优劣性”的思考

我们怎样看待编程语言？好的语言应该是怎样的？下面内容能够回答这两个问题。

Alan M.Davis于1995年编写了*201 Principles of Software Development*一书，2021年出版了翻译版《软件开发的201个原则》，作者在自序中写道，“26年后的今天，当我审视这201条原则时，我很高兴地宣告，几乎所有原则都经受住了时间的考验，就像物理学的基本原理一样”。时隔20多年，我们惊奇地发现，软件架构与开发技术发生了革命性的提升，软件产业的规模和迭代速度不可同日而语，但是核心的原则和方法并未发生根本性的改变。C语言、Java语言的核心特性，同样经受住了岁月的洗礼，经久不衰，主流的设计模式也具有同理规律。技术可以过时，思想是不朽的。

软件开发包括需求分析、程序编写、软件测试等环节，这些原则没有变化，意味着软件工程的主要内容一直稳定。虽然比软件工程的活跃性更高，但是编程语言的实

① 布道，即传播道理，架构领域中有个角色叫作布道师。

② 指国内计算机语言领域的从业者群体。本节下同。

际进化速度也是缓慢的，这的确是不争的事实。按照这个速度，当代的编程语言高手可以预测30～50年后的语言，或许这并非是虚无缥缈的狂想。

游学期间，我有幸向这个领域的专家请教过这个问题，他的观点可谓高屋建瓴，核心意思大抵如此：编程语言本质上是一种表达方法，这种表达方法的核心载体是字母和数学符号，而字符和数学符号的进化是极其缓慢的，键盘的按键是固定的，英语的词汇也是基本固定的，因此编程语言的演变也是缓慢的。

这是令人折服的答案。如果现在问我如何改变编程语言进化缓慢的局面，我倒是有了新的答案：用中文编程。但这个问题没有意义，因为这个局面并不需要改变。如果一定要改变，那最好的方式已经不是发明一种中文表达方式的编程语言了，而是让大模型这样的智能体去给我们做转换，让其作为中文和英文之间的桥梁。

再来谈谈什么是好的语言。在当时，国外编程语言发明专家心中的答案是：内核最精简、最干净、最纯粹的语言。1.1.1节其实已经提到了这样的观点，当时我和室友根本没有考虑使用Java语言开发项目，原因基本在此。好的语言必须是简洁、抽象的，编程者不应当考虑怎样用更少的语法单位。Java语言的抽象程度毋庸置疑，但却使用像英语一样又长又啰唆的语法，好处是容易理解，但与简洁背道而驰。因此，在业务逻辑中尚可接受，但在算法领域，语法更加简洁的Python明显更胜一筹。好的语言不应该有一大堆的声明，这一点上，Java语言又得被我吐槽。即使要计算1+1，也要声明整个Class类和main函数。

关于这些方面的认知，与国外先进理念相比，我们不占下风。但是令人啼笑皆非的是，大家都预测错了结果。笨拙语言依靠算力走上了舞台的中央，这在当时，对于很多编程语言专家来说是不敢想象的结果。正因为他们是专家，所以才会错，因为太过于留恋编程语言自身特征了，而忽略了社会性以及其他方面的因素。

2. 关于编程语言“流行原因与发展性”的思考

Java语言不仅糟蹋算力，而且语法像英语单词一样冗长（甚至可以把驼峰式写法也纳入被批判范畴），还需要一大堆的声明。那它如何能够流行，成为第一大编程语言？是因为面向对象、跨平台，还是因为设计模式？这些答案都对。但是我更愿意从另外一个视角看问题。

语言必须有根基和土壤，更具体地说是系统环境，语言流行与否，决定胜负之手正是系统环境。Cobol来自早期IBM的大型机，UNIX系统是C语言的宿主系统，Tcl是Tk的脚本语言，VB是Windows系统的脚本语言，PHP是网络服务器的脚本语言，Java和JavaScript则分别是Web语言和浏览器脚本语言。在那个时代，什么类型的应用系统的市场最繁荣（或者说发展最快）？无疑是Web应用及浏览器，其成为全球最通用、最轻量级的客户端。那么Java和JavaScript得以流行的原因也就显而易见了。

另外补充说明一下，评价编程语言并不简单，需要关注语言的各方面重要特征，例如在安全性方面：一切对象由虚拟机托管，Java语言等于给程序员“戴上了手铐”；而以指针为核心的C语言，则让程序员有更多自由发挥的空间。因此，没有哪个黑客会选择Java语言。开发高手常说，C语言的设计目标是自己，而Java则是设计者为了给别人使用而设计的，它们的目标用户大相径庭。开发高手对C语言和Java语言的感知，好像基本到此为止，更能吸引他们的（或者说更令他们感受到威胁的）编程语言，可能是Perl、Python，或是其他轻量级脚本语言。

这次游学，我在硅谷目睹了编程语言的“百家争鸣、百花齐放”，不仅Cobol、Basic、C/C++、Pascal、Ruby、Smalltalk、PHP、Perl、Python已经大有名气，而且1970年以前开发出来的Fortran、Lisp语言仍然活跃。更令人惊讶的是，程序员在咖啡馆闲聊时所探讨的语言远不止这些。他们评价一门喜欢的语言，会提到使用这门语言编程时很少用到Shift键。他们当时已经明确指出，未来几十年，编程语言的进步与函数库的发展息息相关，建设函数库才是语言再发展的真正空间。从与他们的谈话中，我深刻认识到，好的程序语言，不能是来自委员会式的设计。与用高价打造一套篮球场上的豪华阵容不同，主流语言大部分源于自然成长式。

虽然说这是编程语言的文艺复兴时代，但是我清楚认识到自己只是兴盛之路上走马观花的游客。在语言的多样性、纯粹性、原创性、活跃性，以及思辨方面，国内多数从业者同我一样，只是充当分母角色的行业陪跑者。

现在回过头来看这些过往，当时感触用两个词形容最为贴切，一是望洋兴叹，二是时不我待。在这之后，我们这代人奋起直追，经过短短20年，现在已经在智能时代成为全球的重要参与者，甚至是很多细分领域的技术引领者。任何人的职业都只有一次，无论从事何种职业，这样的发展机遇都是可遇不可求的。不负韶华，在这样的大潮中乘风破浪，当然就是最完美的职业生涯。

1.2 改弦更张，以模式引领架构之舞

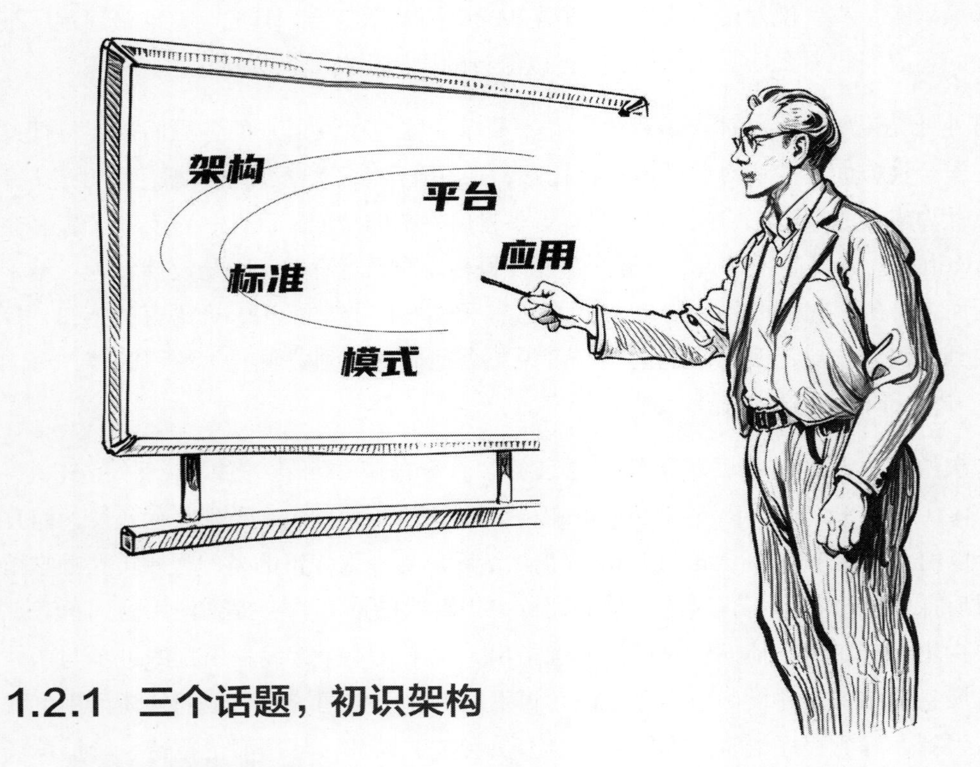

1.2.1 三个话题，初识架构

1. 过程语言有架构么

在我当时的实践范畴内，C语言的世界只有两部分，一是以.h结尾的头文件，二是以.c结尾的体文件。那么以C语言为代表的面向过程的语言有架构么？为什么我和室友做的项目，我们从未染指架构，也把整套软件做出来了呢？答案只有一种可能，那就是我们都具有架构思想，也在无形中使用了架构技能，只不过是草莽的、个人主义的、缺乏理论体系支撑的，是一种隐式使用方式。

如果说架构是软件结构，那么架构思想发生作用时，一定是在软件设计环节。如此说来，对于C语言，软件设计的核心是头文件函数名称和参数的定义（宏声明也可以算作在内）。那架构还称得上是一门学问么？

读过《UNIX环境高级编程》这本神作之后，我的架构思想进一步豁然开朗了。函数头文件设计的是单一系统进程内的结构，整个软件的架构则更多地关心进程间的通信[①]关系。函数定义与进程间通信，在当时是架构关注点的核心内容。在本书所讲四个时期中，函数无疑是体积最小的架构量子。

函数定义是最重要的架构思想——关注分离点（也可以称其为边界和耦合性设计）的体现，进程间通信是架构中的永恒话题——系统间关系设计与实现方式的体现。

虚拟化语言大行其道之后，架构才开始立体化、复杂化。如果人类使用一辈子UNIX系统和C语言，应该永远不会为架构话题所烦恼。纵观近25年的架构发展历程，用最精简的话语描述：随着硬件、算力、虚拟化技术、开源化生产结构和平台化思维这几方面的发展，软件规模变得越来越大，架构量子体积和服务颗粒度也因此越来越大。一言以蔽之，我们与纯粹的系统、纯粹的编程背道而驰[②]，渐行渐远。在跨系统、跨生态的环境下，小团队自研实现各端、打通所有链条，确实不太现实，凭一己之力从头做技术创业的日子，已是一去不复返。

对读者当前的实际工作，这些思考可能无法带来直接帮助。但是，积极思考，努力让 “陈旧的过去”变得“依然生动且鲜活”，不仅可以发掘软件技术中的情愫和品位，让技术工作变得不那么无趣，而且能够于无形中提升技术底蕴。尤其是对于管理者、布道师岗位而言，这些思考绝非是徒劳无功之举。

2. 三层体系，标准—平台—应用

对于2003年开始使用WebSphere做J2EE编程的经历，至今记忆犹新，课程作业多是以JavaBean为核心的EJB应用。我一直在用WebSphere写应用代码，仅此而已。我曾想，应用程序之外还有什么？为何程序员对于（应用程序之外的）其他部分的控制无能为力？这需要在感性的程序学习后面，理性地找到规则。在一次吃饭时，我对同学道出了心中的规则，EJB提供了标准规范（或者说是范式），制定了接口应该如何发布，应该如何继承去实现JavaBean等方方面面的技术规则，WebSphere是遵循这套标准，实现了其规则的（开发）工具平台，提供了Java编译环境、UI和对象关系映射能力、MVC脚手架、装载了实现EJB规范的相关框架和类库，我们这些“小蚂蚁”则使

① 即Inter-Process Communication，简称IPC。

② 并非完全贬义，在商业化大潮下，此结果无可指摘。

用平台提供的封装类库、开发方式做应用软件。好吧，这就是典型的“从标准规范到开发平台，从开发平台到应用软件”的演进。

从代码角度去解读应用的形成过程，框架与库之间的区别在于：开发人员通过代码调用（类）库，而框架会调用开发人员编写的代码（意指开发人员从框架中派生出子类，框架反过来调用这些子类）。框架是底层基座，开发人员编写的代码是中枢，类库是上层依赖。因此，在对应用的耦合性影响方面，框架最大，开发人员编写的代码次之，类库最弱。多个框架相互对接融合的难度会很大，进行基础框架升级（或打补丁）会很痛苦。那么，对框架的更新要时刻关注，相比较而言，库则更为灵活、实用，完全可以采取“有新功能出现时再花费精力更新”的按需更新策略。

回忆起来，我那时架构思维的全部精华，好像即是如此。

那时我有意将很多工作都试图向着这个方向去理解，大多数都是成立的。RFC是标准规范，按照RFC规范实现的Java程序包是类库，类库里封装了符合TCP通信标准的数据结构和通信机制，调用这个类库即可实现一个TCP通信程序。

将软件的世界理解为标准规范、开发平台、应用软件这样的三层体系，是有作用的。可以用其来衡量自身的技术水平和价值定位。高端专家做标准，技术大牛玩平台，中低端的程序员写应用。价值档次的划分当然不能如此武断，写应用代码的收入也不一定最低。但是，总体来说，越在上游越具备竞争优势，这个结构理论是正确的。

能在年轻时认识到这些，算是给个人发展提供了实惠好用的指示器。对于这样的认知（或者说判断），越早理解，越能在技术发展趋势和同业者竞争面前获得先机。

任何人总要有一种属于自己的理解世界的方式。对这个认识进行泛化，即演变形成了方法论——三层解析法。对于任何对象，我常常用这个方法论去拆解，当初遇大模型时，我将数学算法理解为标准，把实现了算法的Transformer技术框架理解为平台，将使用这个平台开发出来的ChatGPT、BERT理解为应用产品。

这对我结构性地看待一切软件工作都有极大的帮助，虽然不能让我立刻做出一个应用系统，但是可以让我对任何软件项目，甚至是软件领域的任何工作，能够快速地识别、理解和记忆，这不仅仅是方法论，更固化成为我的思维模式和潜意识。

三层解析法，不管对不对，总能用得上（至少对我是这样的），这是头脑思维惯性，形成了一种心智模式，贯穿终生。

3. Eclipse如此神奇

Eclipse开发平台的崛起，让我对架构一词有了莫名的思考。相比于编程，我对架构的世界明显更为敏感，更具洞察力和领悟力，好像从来不需要有人为我指点迷津。回头来看，这门学问好像也只能靠自学成才。

对于WebSphere的使用还未精通之时，2004年，班里已经开始大面积使用Eclipse开发平台。不论是WebSphere，还是更好用的Eclipse，都是实现了J2EE标准的开发平台。我有些因循守旧，对新鲜事物谨慎有加，因此一直不愿意切换开发平台，非要找个说服自己的理由。然而经过不长的时间，便知找到这个理由是顺理成章之事，那就是Eclipse的开源和大量的插件。在对GitHub几乎一无所知，也不知道何为智能手机时，Eclipse几乎记载了我对平台型软件的所有认知。具有功能外挂、自定义扩展、灵活集成等特征的平台型软件，此时已经开始大显身手，功能型软件则江河日下。用架构模式去理性理解Eclipse，对那时的我来说简直是天方夜谭。几年之后通过搜索引擎我才了解到，这是著名的微内核模式。这样的系统通常很庞大，但是却很稳定，因为大部分的变更发生在插件上，不会影响核心部分的运行。

如果说WebSphere是功能完整的开发平台，那么Eclipse则是平台型开发平台，两者看似先后出现，但究其本质而言，两者已不可同日而语。

1.2.2 设计模式，席卷天下

1. 我心中的架构鼻祖

1995年夏，身处硅谷的创始人保罗·格雷厄姆和一位朋友联手开发了名为Viaweb的首个互联网应用程序，他们一开始就思考了一个开发的方向。对于个人计算机，当时只有桌面软件这一种应用程序存在形态，他们想到了另外一个方法：让软件在公司的服务器上运行，将浏览器作为操作界面。尽管当时没听说过（对此）有何命名，但是这就是真正意义上的BS结构，即BS架构。

将软件运行在服务端，对于软件维护者和个人用户是双赢的技术决策。软件通过网络使用，而不是运行在个人计算机中。现在来看这很顺其自然，让很多烦琐的事情变得简单：BS结构的系统，在服务器端统一开发、部署和运行，不再强依赖于桌面终端类型，摆脱了开发桌面软件的程序语言选型难题。但在当时的技术条件下，网络通信昂贵且不便捷，Windows浏览器还不成熟，这个设计可谓是“脑洞大开”之举。

在做软件架构培训课时，我曾经问过学员这样的问题：你心中的架构鼻祖是什么？不出所料，得到的最多答案是MVC架构。相比而言，可能是我入行更早些的原因吧，BS结构是我心目中的现代软件架构的鼻祖。在Java等更多高级语言出现后，21世纪软件架构得到了长足的发展，无论是单体架构、面向服务架构（简称SOA）、微服务架构还是云原生架构，本质上都完全接受、融合了BS架构，并在此基础上发展演变。BS架构从始至终屹立不倒。之所以将BS架构称为现代架构的鼻祖，是因为早在20世纪60年代就有计算机了，只要有计算机就有架构，但是这远在本书所定义的四个时期之外，我无法做出任何评价。因此特意使用现代二字，来做一个时间限制。

犹记得当时我将BS架构当作不折不扣的先进架构理念来看待，但20多年后的当前从业者，早已视其为一种基础的、常识性的概念。这就是软件世界中事实标准的典型例子。一个知识被广泛接纳后，转变为一种既定的概念，几乎不再需要被二次学习，可能只有我这老古董才会追忆过去，如此翻一翻BS架构的前世今生。

2. 面向对象设计的标配

C语言比Java语言更加纯粹，但是在很多方面，Java语言比C语言更有内涵。令人印象深刻的是，Java是一种很有玩味儿的语言，我当时无法用技术名词表达出来，现在来看，其实这个词就是模式。即便现在，我还常与同事津津乐道地谈论Java语言的AOP（面向切面编程）和IOC（控制反转）等模式特征。

2002年，我在学校书店翻阅了《设计模式》一书，这本书由Erich Gamma、Richard Helm、Ralph Johnson和John Vlissides四人合著，这几位作者常被称为“四人组”（Gang of Four，GoF），而这本书也就被称为“四人组（或 GoF）”书。

《设计模式》这本书列举并描述了 23 种设计模式，虽然这本书的英文版是1995年出版的，出版中文版已是7年之后，但是在我看来，这就是设计模式在我国软件业流行起来的开山之作，在当时是面向对象设计方面最有影响的书籍。

就Java语言体系来说，设计模式是Java基础知识和J2EE框架知识之间一座隐形的桥。设计模式的内容本身属于技术范畴，这个观点无可厚非，但是究其本质而言，它讲述的是思想，展示了接口或抽象类在实际案例中灵活应用的智慧，以及如何让程序尽可能地可重用。这其实在向一个极限挑战：软件需求变幻无穷，计划没有变化快，但是我们还是要寻找出不变的内容，并将它和变化的内容分离开来，这需要非常的智慧和经验。而GoF的设计模式，是这方面探索成果的重要里程碑。

J2EE属于框架软件，框架软件设计的原则是将一个领域中不变的部分先定义好，比如整体结构和主要职责（如数据库操作、事务跟踪、安全等），剩余的就是变化的部分，针对这个领域中具体应用产生具体不同的变化需求，而这些变化就是J2EE程序员所要做的。

与工厂、单例这些模式共同到来的，还有闻名遐迩的MVC架构，那个年代各大企业招聘程序开发岗位的面试题中，设计模式和MVC几乎是必需的。只要能答对这些问题，对Java的异常、事务、锁、多线程、JDBC再有些实战能力，找到一份像样的工作还是没有问题的。

在面向过程的语言时代，要设计程序的逻辑处理流程以及程序文件本身，是典型的逻辑流程驱动设计。进入面向对象的语言时代，设计者更关注类之间的关系，设计模式能让任何类如同积木块一样组合，程序的能力因此真正“活”了起来。对于软件架构，此时更具象的、显式的表达词语是Module（模块），它是一组子程序和变量，可以被视为一个整体（架构量子）。在通常情况下，模块外部的代码只能访问模块内部一部分专门对外公开的子程序和变量。

设计模式席卷天下，意味着高级程序员必须使用设计模式来设计类图和包结构，架构量子的体积已经明显增大，这个趋势在各类软件设计中表现得极为明显。

架构关注点聚焦于模块后，“一个系统由多个模块组成”成为当时（对系统的组成）最为通识的理解。注意，此时还未进入分布式系统时代，在单体系统（或者单体系统组成的系统群）中，“面向服务”的理念还未大展拳脚，与大多数人一样，此时我对软件的理解还是功能性的。

设计模式发展至今，其概念早已被泛化，JavaScript有设计模式，数据库有设计模式，大模型智能体也有设计模式……几乎任何技术领域都可以有设计模式。相比之下，GoF设计模式不仅最为经典，而且最纯粹、精致，它的地位坚如磐石、不可撼动。

1.3 不甘平庸，非天才也要当决策者

1.3.1 书呆子难以逾越的鸿沟

做出一个良好的决策，有多大成分是依靠技术？下面讲讲我读研究生期间的两件事。

第一件，去微软亚洲研究院面试，被问了这样一个问题：有一款软件定于几天后在全国各省发布，但是现在发现软件有Bug，发布前修改完Bug已无可能。在这种情况下，建议如何去做？这个问题，当然没有所谓的正确答案，重点是看思路。

第二件，数据库课程中有这样一个项目实践：有一个清华同方数据库导出的数据文件，文件里面有500万条数据，要将其导入Oracle数据库中，评价的标准，一是导进去的条数要尽量多，二是导进去的字段内容要尽量准确、不失真。这实际是一个（跨

数据库的）数据迁移任务。

这两件事，我都以失败告终。第一件，我的答案并没有得到面试官认可；第二件则更糟糕，使用Oracle的命令进行操作，数据格式不兼容问题严重，很多数据无法导入，即使导入的，也因强制类型转换问题造成数据失真。真正迁移成功的数据，屈指可数。

拿同样经历过这两件事的同学来对比一下。对于第一件事，他的答案是：既然已经没有任何办法，那么策略应该是尽量减少损失，可以先在新疆、西藏等用户少的地区发布产品，将东南沿海用户多的地区放在后面，为修改Bug争取宝贵的时间。对于第二件事，他先是遇到和我一样的问题，然后调整策略，解决办法是先将同方数据库文件迁移到SQL Server数据库，然后从SQL Server向Oracle迁移，他的理由是，同方数据库与SQL Server都是基于Windows操作系统的，甚至是内核相似的，因此两者之间的兼容性应该比较好，SQL Server与Oracle都是业界知名、技术成熟的产品，市场上的工具套件也比较完善，在两者之间导数据，效果应该比较好。事实证明，以SQL Server作为桥梁，的确是锦囊妙计。

两件事的结果不言自明，同学均取得了完胜，不仅课程得了高分，而且拿到了微软的Offer。对此，我的认知是，想做出强于常人的决策，可不是“认真刻苦学技术”这么简单。仅凭机械式学习，无法在众多竞争者中成为佼佼者。技术决策绝非是纯粹的技术工种，而是一种综合能力素养。

当初的理解，无疑是浅显、稚嫩的。如何才能拥有最强的决策能力？下面我用成熟、结构化的观点，来给出答案：以常识（认知）为基础，以（科学）技术为核心，最终以艺术为大成。

1. 常识（认知）

第3章的内容即属于软件领域从业者应该掌握的常识，从某种角度来说，我们可以把这些当作真理。什么叫作不掌握常识？例如，某些人想造出永动机，或想超越光速，这样的尝试一定是失败的。试图突破能量守恒定理、速度极限，一定是徒劳的。即使量子计算能够将破译密码的速度提高百万倍，也没有突破任何真理级别的极限。

在计算机领域，我们应当掌握冯·诺依曼定理、摩尔定律这样的基础理论，在软件领域工作，除了需要大量使用泛数学知识，还时常依赖物理领域的知识。千万别忘记，我们还经常将建筑业作为软件架构的“近亲”，例如将架构设计比作盖大楼，两者在很多（尤其是过程方法）方面大同小异。那么软件工作必须遵循人类历史上相关学科已经总结的真理。

2.（科学）技术

我们多数的技术决策工作是依赖科学技术的。这个道理显而易见，理解科学和运用技术的能力越强，决策能力越强，只要情商没太大问题，（技术力与决策力）两者之间可以是正比关系。本书所讲的设计模式、架构风格等可用的软件设计技术与方法，都属于技术范畴。

科学和技术具有可重复的特点，这是软件能够得到预期结果的核心保证。今天能煮熟米饭的方法，明天还可以煮熟米饭。今天写的“Hello World”Java程序可以运行，明天这么写还可以。绝大多数工作不会超出已知技术的范畴，号称要自创什么技术的人，多是自不量力，或是刻意“摆花花架子”。

需要注意一点，这里并没有对科学与技术做严格的区分。其实二者并非一回事，科学侧重于理论，技术则偏向于应用。

3. 艺术（天赋）

如果决策能力满分为100分，常识、真理，以及科学和技术，这些能力能达到的上限，只能是90分，最后的10分属于艺术。苹果手机技术指标比不过同价格的华为手机，喜欢苹果手机的人，更多是认为苹果手机将科学技术与艺术的结合做得更好。因此，是最后的艺术因素起了作用。放眼奢侈品领域，多数产品都具有如此规律。同理观之，优秀的技术决策者，拥有独特的艺术天赋，让他们做的事情能够趋于尽善尽美。

1.1.1节中，笔者将编程与画画做类比，两者都是独立的艺术创作过程。在利益驱使下，能够掌握科学技术的人很多。但是如果缺乏艺术天分（例如建筑、绘画的审美观），或是没有从技术迈向艺术的能力，技术决策能力一定会遭遇瓶颈，这就是所谓的天花板。

对立志深扎于职场之士，本节的内容，应该算是有所指点。但是，能否做技术管理岗，因人而异、因时而异，可遇不可求。虽然具备天性洞察力、为人行事八面玲珑者占据天然优势，但是，技术管理也可另取其道，走朴实无华路线。希望读者不必有任何负担。

1.3.2 在计算机大世界里淘金

1. 书呆子的人生思考

相比其他院系，计算机系好像是一个更大的人才圈，可容纳人才的范围更广、类型更多。在班级里，前排那个长发女同学可能拥有数学家的潜质，后排那个卷发男同学则更想当一名工程师。这些同学中，一定还有建筑师、画家，甚至是社会活动家等各种标签的人才，不排除还有几个未来的商业翘楚。很多同学有个共同点，那就是对学校生活总是流连忘返，仿佛“一年三百六十日，日日如此，倒也乐此不疲[①]”。

逐渐临近毕业，为早日给家里添砖加瓦，浮躁心态占据了主导地位，我已经不再留恋校园生活。那时的学校，在我眼中一方面像是远离自然、培养无土蔬菜的实验室，象牙塔里的“温暖”令我感到不适；另一方面像是无规则竞争的荒野之地，“寒冷”无比。这与初入校门时的心态真是截然相反。很多事情回想起来都是如此，有时喜欢到无以复加的程度，有时则离经叛道，对周遭的一切淡漠如斯。

要想在IT领域混出个名堂，相比于才华横溢、五星智商的那些同学，我倒是觉得书呆子这个词更适合形容自己。书呆子可能必须走属于自己的技术路线，才能打造一份未来同学聚会上不太差的人生价值成绩单，实现“复仇”。我的复仇方式，只有充分地利用特质，发挥好洞察力、抽象力方面的才能，为行业做些更有价值的事。这其实并没有什么高大上之处，更合理的解释应该是，要成为真正的读书人，这是必然要承担的一种无形压力。

无论如何，思考“自己适合做些什么、做这些的意义何在”的问题，从求学时直至如今，贯穿始终。用自夸一些的说法，可对此美其名曰为一种“系统化思维”。20多年前的这些认知，对我产生了深远影响，直至今日。在闲聊时我常与员工分享建议，例如，如果掌控力不强，可以选择做一些小项目，应该拥有“不以项目大小论英雄”的良好心态；计算机的世界足够大，如果在洞察人性和行为方面有天赋，并不一定非要改行做销售，可以去做IT项目管理。

① 引自清代李宝嘉的《官场现形记》。

2. 创造可叠加的进步

信息技术行业的两大从业方向，一是做基础科学或底层（系统、算法类）研发，二是做（应用）项目。

在行业发展的初、中期，更多的人愿意做项目，在市场未成熟之时，这是挣快钱的好机会。但是，做应用项目的人，可能会发现应用的知识过时得特别快，而且不同项目的场景不同，每个甲方情况不同，各个项目的场外因素众多。在不同项目间切换，每个项目从头开始，这导致难以连续地去积累、深化技术。因此，近20年，很多技术创业者的人物画像变为了生意人。

市场机会转瞬即逝，一旦生产关系基本固化、行业发展相对成熟，这样的趋势就会悄然发生转变，从事算法和系统级研发的岗位会更被推崇。这类底层技术岗位的知识技术更深，具备更强的抽象性、更多的理论通用性。做系统和算法，不仅职业生涯更稳定，而且“越老越值钱”。

选择从业方向要贴合行业发展的要求，这是大势所趋。对于个人而言，或许没必要如此锱铢必较，毕竟“三百六十行，行行出状元”。但不论处于信息技术的哪个赛道，都应该尽早认识如下三点。

第一，注重职业发展的杠杆效应，或者称为乘法效应。市面上不乏这样的人，开发出一门不错的课程，做成视频教程发布到网上，作为讲师出去讲课或接单企业培训，还是这套内容，换个表达形态，整理成书出版发行。将一个技能反复使用，能够做到“一鱼三吃”，是明智的选择。

做一点延伸，对于想做投资的人，或许最好的投资恰恰是自己的专业。在一定的积累上再次积累，才有可能发生乘法效应，创造一种可叠加的进步。

第二，注重智慧的提炼。只要社会在发展，科技在进步，就不存在不会衰减的技能。与技能不同，智慧并不会随着时间而衰减。两千年前的道德经还在广为流传，儒家思想、佛学……皆是如此。不论是做底层技术还是跑应用项目，不论是深耕一门独门绝技还是以人脉关系筑起护城河，只要保持鲜活的思维、独立的思考，将意识下沉，就会在任何种类的工作中发现长久有效的规律、方法论，并以此形成自我的核心支撑。

第三，做生产者，别做消费者。成功的企业家总是先人一步，在“跑马圈地”之争中占得先机。在商业市场环境下，人与人的竞争结果也因此形成，如果用短视频平台来做比喻，打造平台的（生产者）叫作精英，刷手机看视频的（消费者）是普通人，消费者不仅将自己的时间奉献给了生产者，还不知不觉充当了平台的免费宣传推广者。

另外需要注意一点：相比于外在的体力劳动和操作性工作，知识与经验存在于思想与意识形态中，因此具备一定的欺骗性风险。从统计概率上说，成为体育界的世界冠军，比成为亿万富豪要容易，但是普通人明确知道自己注定与世界冠军无缘，却仍然怀揣着成为后者的梦想。

绝大多数新技术的半衰期不会超过5年，这个时间还在不断缩减。以大模型为例，从2023年正式登场，一年时间内已经百家争鸣，进入“百模大战[①]”时代。如果不是国产GPU算力研发和生产还有些跟不上，这个速度还要更快。如此说来，也就不难理解为何会有“35岁危机论”了。在信息技术急速发展、更迭的态势之下，所谓“长年资历”的价值明显褪色，5年之前的项目经历或许对当前的项目并无大用，反倒可能是一种历史负担。年轻人可以通过两三年的时间快速获得必要的项目经验。

对于没有特殊资源的（软件业）普通群体而言，知识与能力的增长量大于衰减量，是避免35岁危机的唯一选择。进入通用人工智能时代更是如此。人被机器淘汰的趋势如果愈演愈烈，必然倒逼（全人类的）人才教育与培养体系尽快地转型、创新。同时，也是要求每个人更加关注智慧，而非技能。

言归正传，以架构来做本节的收尾。架构具有技能与智慧双重属性，从广义上理解，其思想与思维更重于软件技术。智慧的产生是个抽象的过程。对任何人、任何类型的工作，智慧不会嫌贫爱富、挑三拣四。如果将智慧认为是终极目标，那么对于架构而言，不论从业者沉浮于计算机世界中的哪个赛道，不论从事何种工作，最终都可以殊途同归。

---

① 大模型技术圈内的俗语，指代大模型生态发展迅速，生命力强劲。

1.4 乌合之众，敏捷更像是职场把戏

1.4.1 小团队作战的魅力

求学期间不论是在校外找机会做项目、接兼职开发的活儿，还是完成课程作业与实践课题，一切内容无一例外地属于小团队软件开发模式，每个人完成自己的任务，或是两三个人共同做一个任务，只要小于5个人，都算是小团队[①]模式。

小团队作战，具有更强的可观测性和可衡量性。

小团队作战，不会有委员会设计[②]问题，不会有分析瘫痪[②]问题，一般也不会有设计过度问题。

① 本节中所谓的小团队，侧重指那些以“创立事业”为目标的精英团队。

② 是一种反模式，具体含义参见3.3.2节。

小团队作战，会极致激发人类的艺术创造力。小团队不会期盼有救星。

小团队作战，既无项目管理角色配置，也没有软件测试人员，但只要有兴趣做某个软件，他们的代码质量就远高于很多现代企业里的团队。

小团队作战，是天然的“谁构建，谁运行”体系。微服务、DevOps……这些最先进理念所倡导的分工职责模式，在现代企业技术管理工作中，常因受制于部门墙、官僚思想而无法实践落地。这些难以克服的顽疾，对小团队而言，好像从来不是问题。

小团队不能盼望先有完美翔实的规格设计，然后编程。小团队会简化设计，关心编程和验证，以及对设计的同步修正。小团队对“提前设计”也抱有担忧，会关注如何让设计可以拥抱风险、适时变化。这些不正是可持续架构的核心思想，或者说是演进式架构所宣导的理念么？

我正式接触敏捷软件开发宣言，是在毕业后10年。敏捷宣言强调的四个核心价值是：个体和互动，高于流程和工具；工作的软件高于详尽的文档；客户合作高于合同谈判；响应变化高于遵循计划。

求学期间的小团队作战经历，好像完美具备了敏捷的一切特征。换个角度说，敏捷，不过是职场上的乌合之众跟风一样的说辞。很多经理关心的不是公司如何成功，而是不承担决策失败的责任，所以，最安全的做法就是跟随大多数人的选择行事。

对于计算机软件开发，5～10个人是最完美的团队规模，沟通可以直达，不需要二级管理，单人效率最佳。我经常胡思乱想：软件工程是因为大组织、大团队的无能才造出来的学科，而项目管理，则是为低效的团队所配置的。小团队不需要这些。有句话说得好：“低位的人求安全，中位的人求公平，高位的人求价值”。在我眼中，学校中那些小团队创业者，永远处于高位的姿态，敢于创新、进取，即使失败也不曾真正低头。

我喜欢小团队的一切[①]，对真正的程序开发高手羡慕万分。从广阔的心胸和格局认识角度来说，越是争风吃醋，越会成为井底之蛙。因此，我从未以嫉贤妒能的心态看待真正的技术天才。相比于软件工程的社会性，在计算机领域中，我更喜欢纯粹的技术性话题。进入社会后，无论做多久的技术管理工作，纯粹的软件从业者们可能都会

① 但是有一点一定要说，很多天才会告诉你所有高级语言基本相似，学通一个可以无缝上手第二个。依我看来，这是他们对自己才华的炫耀。

回到原点，用心审视技术本身。或许每个人的内心深处，都蕴含着对尖端技术的向往和追求，这是一份初心。

在那个技术创业的最佳年代，大概技术高手们没有必要“为五斗米而折腰”吧，毕业后其他人都开辟了独立发展的道路，宿舍里只有我进入了体制内企业的技术部，开始从事朝九晚六的坐班工作。离开校园进入职场之后，我再未能参与到真正意义上的小团队开发，再无机会去切身体会技术天才的艺术力。小团队的魅力，于我而言已渐行渐远。

在小团队中，几乎不需要使用软件工程来管理项目，小团队的天才们永远不会看一眼PMO办公室制作的繁复项目管理图。他们好像与现实格格不入，并以此为荣。我并非崇拜这种放荡不羁，但确实无比怀念这样的经历。

1.4.2 技术管理的真与假

在企业的软件开发部门里，有一场永不停息的暗战，书生气的技术开发者与衣冠楚楚的职业经理（或是业务需求负责人）总是冲突不断，貌合神离。笔者见过这样的数据：即使最先进的高科技公司，大概也有80%的人无法从工作中获得真正的乐趣。仔细想一想，这样的观点不仅只是令人生厌而已，而是已经严重到成为“质疑人为了什么而活着”的哲学性问题。这正是“才华横溢的编程者，更喜欢单干”的原因。对世俗束缚的厌倦，古今中外大抵如此，否则为何会有陶渊明的那句“误入尘网中，一去三十年”？

1. 技术管理的“假”

有一项权威调研，在对学校教师的访谈中，有超过70%的教师认为自己的学术水平应该排在30%。将集体中每个个体的感觉加在一起，会得到明显错误的结论，这足以说明个体错觉的广泛存在。技术本身是客观的，可是一旦涉及评价、评判，则完全是另一回事。

如同“人之初性本善还是性本恶”的问题没有答案一样，我从始至终质疑技术管理的真实性。用“带有批判性的有色眼镜”来审视技术管理，可以帮助我们增加一些洞察力。下面列举几个读者并不陌生的场景。

- 设计评审会上，事无巨细的模型让一切无所适从。细致的模型频被表扬，但实际上，这样的模型最后多数会变得面目全非。
- 长达几小时的“巨大”周会，几乎耗尽了参会人的精力，仍无实效结论。对于我的大脑，连续运转1小时就会进入低效状态，如果失去了头脑敏感性，那么后面几个小时的会议意义何在？我很少从长时间会议的后半段感受到吸引力（或感召力）。
- 技术决策者自顾自地提出一套架构想法，然后征求意见。但是其他人提的意见和建议，已如耳旁风，百无一用。技术决策者陶醉于自己构建的故事线中，浑然忘我、难以自拔。这并非是指责决策者的能力，这与技术管理工作的本质有关。尤其是架构管理，除非是明显荒谬或是有缺陷的，否则任何一个架构想法都很难被客观证伪。

这样的问题广泛存在于企业的日常技术管理工作中。放大至行业，技术管理者们创造出无数的理念、模式、战略。SaaS软件模式、中台化战略①、低代码平台等被证明是其中的佼佼者。而其余的大部分已经随潮涨潮落被人们所淡忘。很多主观意识形态的产物，并非硬核技术②，是“假”概念、“假”模式问题的重灾区。

以笔者拙见，从哲学角度看：管理学的主观性，决定其必然具有一定的“虚假性”本质。

著名的《第五项修炼》一书中有这样一句经典：“大多数管理团队会在压力下分崩离析，管理团队在日常问题的处理中可能运作良好，但是，当他们面对可能使他们陷入窘迫和危险境地的复杂问题时，那种团队性似乎就崩溃了。”吴军博士在他的《格局》一书中曾经讲道：“我从2007年开始做风险投资至今，几乎每一年都能看到共同创始人闹翻的事情。实际上，调解创始人之间、创始人和投资人之间的矛盾，成为投资人工作的重要组成部分。由此可见，共患难的朋友关系非常容易破裂。”这些观点都说明了管理在本质上具有相对性，难以从根本上摆脱人性的束缚。用难听的话说，就是“虚假性”。

---

① 虽然中台化已被证明过于理想化，实际落地可行性存在问题，因此难有作为。但在架构战略与策略层面，毕竟红极一时、广为流传，有过举足轻重的地位。

② 即使是硬核技术，有时也难逃被淘汰的命运。例如，多数人可能已经不记得，在液晶电视一统天下之前，还曾有过风靡一时的等离子电视。

多年从事技术管理工作，我的实践经历（作为凭证）足以印证这些观点的正确性，但因自己名气实在有限，用自己的语言毕竟难以服众，因此才引用大师们的金玉良言。

2．技术管理的“真”

那么，技术管理又“真”在哪里呢？本书没有过多篇幅来讲企业管理，对于这个话题，希望通过一个例子，以点带面，将这个问题讲清楚。我小时候常经历这样的场面：一群男孩子蓬头垢面，在野球场上踢足球。这承载了我很多美好的回忆，同时，其中不乏值得思考之处：我们总是花很多时间用于吵吵嚷嚷，话题大概是“我们的球门摆得太宽了，要重新弄”“人分得不对，你们队伍厉害的人太多了”“不允许发力踢，如果踢出场子太远，自己捡球去”……再加上中间争吵谁谁犯规、谁谁进球无效。总之，有很多时间用在了扯皮上。还有很多次闹得不可开交，结果是不欢而散。

大家都不愿意看到这样的结果，来踢球的目的，当然是享受踢球，但是如此“内斗”却是为何？答案在于，这是必须要付出的成本。要想踢好球，必须将规则、规矩掰扯明白，不仅如此，甚至还要搞清楚谁是老大，谁的话语权是什么。这是在确定秩序，进行一场比赛、下一盘棋局、做一次游戏……对于任何既有合作又有对抗的活动，这都是必要的过程。正所谓“无规矩不成方圆”。

同理观之，IT技术管理也是如此。很多看似令人厌烦的管理类工作，恰恰是为了员工能够理解工作、执行工作、完成目标而做的前期准备和环境铺垫。

因此，最后需要以一个大转折结束本节内容。一个事物，虚假性越强，驾驭难度越大。难度越大，越是兵家必争之地，因此越是成功必不可缺之物。要在当今社会有所成就，单打独斗的成功案例越来越少，越发规范化、成熟化的社会形态，对技术创业者的高阶要求，必然是精通合理的组织分工、争取有利资源、获得广泛支持、善于利用人才。从这一点上来看，管理学无疑是门“真”学问，由不得半点虚假。小到技术管理、大到企业管理，莫不如是。

2

第 2 章

黄金年代，风驰电掣
——软件生产力和生产关系的革命

语言的盛宴并未随着第一个时期的过去而结束，但行业主旋律已经悄然变化。有了语言及工具的加持，软件生产力的爆发式增长随即应运而生，随之而来的是软件生态和市场格局的确立。企业架构由单体系统、简单的BS架构系统，迅速向复杂系统群演变。第二个时期，无疑是我国软件行业和企业软件架构发展的黄金年代。不论是横向的虚拟化、纵向的服务化，还是前后端的分离化，设计者们在所有方向上对软件系统进行快速解耦。

本章内容依然聚焦于过去已经发生的事，从软件行业过去20年发展历程中几大重要脉络中提炼精髓，并进行有意义的思辨。人类善于快速创造技术及工具，但若想平添智慧，则绝无可能。软件业的发展历史中蕴含的思想和智慧结晶，并非匆匆过客，将长期存在并影响软件及架构的未来发展。

如果仅从技术角度审视软件业发展，则如同盲人摸象、管中窥豹，结果可能是以偏概全。笔者认为，不应该脱离经济因素去谈论任何一个行业的发展。因此，本章内容使用经济学中的生产力与生产关系作为支撑，更加通透地解读技术及架构发展的底层逻辑，最终目的当然还是为架构话题服务。以更丰富、立体的视角去理解架构技术、架构思维与思想，始终是本章的使命。

2023年的统计数据已经出炉，在大环境严峻、很多企业减员的情况下，软件行业产值依然保持了较高增长，同比增长了11.9%。笔者的乐观判断是，软件行业是处于良好发展态势的朝阳产业，能够扎根于此，对于个人职业生涯而言应属明智之举。

2.1　开源制造，软件行业生产力的彻底释放

2.1.1　以GitHub见证开源之道

开源，是个真正的王者，一项真正意义上的软件行业生产力革命。

本书没有足够的篇幅来仔细地讲开源，为了体会开源对软件行业的价值，感受开源项目的魅力，本节分享的是开源管理平台GitHub的诞生史，希望可以由此窥知那段软件行业发展的黄金年代。

林纳斯·托瓦兹（Linus Torvalds）是技术宅们心中的英雄，他作为Linux之父而广誉天下，Linux既是免费的又是开源的，年轻时的我是无法想象的，真正的原因当然是自己太渺小而无为。然而Linux并不是托瓦兹对软件行业做出的唯一巨大贡献。20世纪90年代，托瓦兹就绞尽脑汁地想将开源社区的贡献融入操作系统中，这个过程其实就叫作“版本控制”，托瓦兹因此成为Linux的“集中守门员”，对开发者做出的变更最终负责。集中式管理当然不可持续，一个人无法完成所有变更的管理，大量有完善可能性的代码因此被永远湮没。2005年，托瓦兹开发了一个开源软件来解决这个问题，为其取名为Git，Git让各个项目所有者（或是任何能“拍板儿”的人）进行项目的管理，还让任何人能够轻松地创建Linux分支，拥有属于自己的版本。

有趣的是，Git在英文俚语中的意思是“讨厌的人”，指的是那些如同守门员一样的开源项目管理者们。

故事还未到精彩之处。Git存在一个问题，作为一个命令行工具，使用起来令人头疼。对于程序员而言，或许不是特别严重的障碍，但的确限制了程序的易用性和吸引力。因此，直到2007年，Git依然没有被Linux社群之外的人们广泛知晓。在这之后，出现了GitHub，在硅谷人的眼中，它具备Facebook、维基百科、Twitter这三者的先进基因，是名副其实的集大成者：GitHub是程序员的社交网络平台以及内容的维基百科，让他们能编辑档案、追踪变更内容，任何人都可以评价他们的代码或者添加、完善。通过跟踪特定的代码，可以在有变更时得到通知，这就像在Twitter上关注某人，当他发布新的推文时，关注他的人就会被通知一样。GitHub具有用户界面，大多数人可以轻松与其互动。GitHub就此成为托管和发掘开源代码的全球平台，是寻找开源项目的第一选择。用经济学的词汇来说，GitHub极大地缩减了人们在软件项目合作的交易成本，这个交易成本，包括了用户搜索和获取信息的成本、多方之间谈判和合作的成本、每个参与方工作执行的成本。

除了缩减交易成本，GitHub价值主张的另一个关键部分是为用户提供一个管理并编辑代码的环境。这个平台被设计来鼓励用户去创造，而不仅仅是交易。承载创造成果的，正是代码仓库。GitHub提供基础设施，使得软件开发者托管和管理开源项目更容易，包括版本跟踪、编辑和沟通。

为何用GitHub来谈开源呢？在有限的篇幅内，作为开源革命的催化剂，我们很容易以GitHub掌握开源项目的实际面貌。开源将软件生产者的范畴，由顶尖的一小部分人扩展到千千万万的软件从业者，全民参与性使得各类软件的生产力得到空前绝后的发展。

从GitHub的2023年年度报告中可以看到：93%的开发人员用Git来开发和部署软件；项目（或称为代码仓库）总数超过4亿[①]；全球开发者账户增长迅速，总数超过1亿。在某次技术交流中，笔者听到这样一句话：我国软件的创新项目，至少有一半来自GitHub。

① 这个数字不能说完全准确，仅供参考。不同来源的报告中，披露的数字不同。

这些数字足以说明GitHub市场占有率之高，还有一个数字值得关注，私人项目占据了GitHub活动的80%以上。之所以强调私人项目的活跃性，原因在于私人项目更能反映技术创新的热度。

一个领域的发展，通常是由0到1的孵化，再由1到100的过程。开源产业至今仍是软件生态中的主角，还在迈向100的旅途上。关于开源产业的全面、翔实的信息，上到白皮书、下到某个项目情况，在网上很容易搜索到。但是，笔者更加关注那段确立其价值和市场地位的（由0到1）过程，这才称得上是革命，也是最具启发意义的，这个过程正是发生在第二个时期。认识这个过程，对于深耕于这个行业、在激烈竞争中保持韧性，是一种自我赋能。

对软件从业者来说，不好好地理解开源的前世今生，容易像是一个门外汉。成为开源参与者会带来更强烈的、属于软件人的一种归属感。即使普通的软件开发者，尽可能地了解开源，也会极大地提升自己的底蕴。这种底蕴难以言表，可以将其理解成一种无形之中的实力和内涵。

2.1.2 是乐高积木，还是组织器官

本节要谈的是开源革命与软件架构发展两者之间的关系话题。

开源提供了一个全球项目的代码存储中心和流通中心，源源不断地提供各种实际可用的软件原型，这些原型内置了各种模式的架构，普通从业者更多是通过直接阅读开源文档的方式来反向学习架构，不再自己费劲地创造。这就好比开汽车的人，可以先学会驾驶汽车，进而掌握发动机、变速箱和底盘（意指汽车的架构）的知识，拿着成品学习，当然比从基础理论开始研究要容易得多。这就是很多人眼中的“弯道超车”之法。

开源增大了软件架构量子的体积，结果自然是系统更加臃肿。封装了各种设计模式的技术框架成为软件开发者的必需品，早期使用过的JMX、OSGi技术框架，至今印象深刻，我不再追求精细化，而是只能一股脑地拿来用，在上面叠加自己的应用程序。软件系统的发展，好像是从赤道到西伯利亚的旅行[①]，层层封装、层层加码。

系统臃肿会诱发一种趋势，即“代码如同浮云，重构不如重写”。这当然不能都怪罪于（因引入开源造成）系统体积膨胀、体量太大而无法承接，在实际工作场景中，

① 意指一路上需要不断地增穿衣服。

或许还与文档越来越少、工作交接不充分、职场团队帮派之间明争暗斗等多种问题有关。这样的趋势有利有弊，但总体来说，我更愿意用“只要存在的，即是合理的”这样的哲学观点来理解这些变化，顺其自然地承认它。

开源软件是安全漏洞问题的重灾区，谈此话题，我头脑中更多的印象是黑客们对于攻入开源漏洞的津津乐道。除此之外，开源还可能与（企业自身的）统一架构规划格格不入，开源软件中使用自己的接口网关、服务注册、消息队列、数据库，无法将其拆解开纳入到企业的技术栈和架构管控体系。从管理与维护视角看，对于使用者而言，开源软件更多情况下是一个无法打开的黑盒，技术决策者则要考虑“开源软件与企业已有架构”异构问题的长期影响。

没有什么是真正免费的。在开源社区中，人们可能会看到“TANSTAAFL”这个缩写术语[①]，意思是“天上不会掉馅饼，世上没有免费的午餐”。当用户下载并使用开源软件之后，他们会开始发现它的局限性。有时，代码只需要一些小改进；有时，开源软件根本没有适合的功能。开源软件在免费提供时即使功能不全也很少有用户抱怨，但要补齐开源软件缺少的功能，对开发者来说是一个巨大的负担。即使免费开源软件实现了99%的目标，最后1%的开发工作对于开发人员来说也可能是一个非常艰难的过程。虽然开源以免费著称，但如果真实计算投入，使用开源项目通常高于市场化采购，两个中级开发人员的年（人力）成本会达到100万元，这个价钱已经足够买到大多数的商用软件。

每个企业都希望复用代码，因为软件看起来模块分明，如同电子元器件。然而，真正模块化软件很难实现。这些言论绝非危言耸听，著名的技术类反模式——代码复用和滥用，正是讽刺复用问题。虽然软件开发者们对外承诺的是“可随意组合的乐高积木”，但是现实世界中充斥的是“从其生长环境中单独拿出来就会死亡的组织器官”。例如，在SOA架构中，最佳实践是找到公共的部分尽可能地复用，但事实远非如此，即便公司多个业务系统中都有名为Customer（客户）的领域模型，欲将它们整合为一个公共、共享的Customer服务，结果也常常适得其反。为了实现复用，需要引入额外的选型和决策点以适应不同的用途，开发人员为实现可复用添加的定制化内容（或者说特性）越多，对代码的可用性损害越大。

有一点需要说明，使用开源包括使用开源框架、开源库，从工程实践来看，上述

① 英文全称是There Are No Such Thing As A Free Lunch。

所述的主要风险主要针对开源框架，开源库对架构耦合性影响较小，自然更为可控。

建设软件系统有三种方式：完全自研、开源+自研、商业化采购。在开源的基础上进行自研，已成为主流的技术决策路线，引入开源的几个评价标准无外乎是功能成熟度、所用语言和技术栈优劣、社区活跃度情况。对创新类项目，笔者鼓励如此，例如本人最近参与建设的交互式安全测试平台、基于联合建模的隐私计算平台。然而对于核心、传统的项目，则是另外一回事，例如资金交易系统，或是数据库系统，商业化服务的保障是必要的。

被开源项目所吸引，但是未深入评估的情况下，不能被其迷惑。从另外一个讽刺的视角来看这个问题，技术决策者面临的左右为难的话题，被谁绑架（或者说是控制）对自己更为有利？是付出更大的员工（工资）成本进行自研，还是指望开源软件及框架，抑或是依赖供应商服务？三个答案各有利弊，正确的答案只能根据自己的需求和现实情况而定。

2.1.3 是自力更生，还是拿来即用

如果将自研比喻为自力更生，那么适合形容使用开源软件的成语应该是拿来即用。拿来即用这个词，其实与意味着工匠精神的精耕细作一词并不相悖，但总是给人“粗制滥造或是（以不合理方式）据为己有”的感觉。的确，软件设计无比推崇复用思想，这听起来貌似无懈可击，但知识复用本身也是一种反模式，仔细想想这和公开抄袭好像是一回事。拿来即用可以推进生产力发展，其弊端是“以抄袭为家常便饭”而导致的文化问题，其结果是：过于向往能够快速达到目的、获得利益，从而淹没了对于真实创造力和原生力，以及技术纯粹性的追求。

开源给软件生产力带来巨大提升，必然使得拿来即用的开发方式成为潮流。1.1.2节中讲道，软件设计与开发的核心原则和方法，20多年并未发生根本性改变。如果非要在其中找一个最大的变化，那么应该是“重用”似乎比“耦合和内聚”更为重要。“低耦合、高内聚”在架构中的地位不可动摇，但是设计人员在此方面投入的精力在减少。更加注重复用的价值，无形中降低了耦合的可设计空间。无论是桥接的外部服务接口，还是引入的开源框架或组件，均提供了（或者说是界定了）天然的耦合点。

有句行话叫作“二次架构”，隐喻的现实情况是：今天的架构师似乎有太多“捷

径”可走，因此不再需要架构知识，例如借助云平台从丰富的工具和基础设施中做些选择，或是在已有的开源项目上进行二次开发，抑或是找些免费的类库做些拼装，即可以完成工作。原创性的缺乏，令人对架构师行业的未来看淡。这需要我们真正回到问题的原点，扎实地掌握软件架构的底层逻辑。

综上所述，拿来即用思想的负面影响在于软件系统建设的粗糙化、功利化。这样的做法看似抢滩登陆，实则涸泽而渔。敢对人人称道的开源如此诟病，大家可能觉得笔者是鸡蛋里挑骨头，无理取闹。因为对于个人的职场发展并无影响，所以对个体而言，拿来即用思想问题是潜在的、不重要的。但是放大到整体格局层面，提升基础技术的研发意愿、关键技术的研发投入，避免软件应用同质化，降低软件建设重复化，是行业决策者们应该真正思考的问题。与软件发达国家相比，这是我们的薄弱之处。目前，我们缺少打造Transformer这种现象级软件产品的核心实力。值得欣慰的是，这样的差距在不断缩小。

是否使用开源软件还有一个因素需要考量，那就是“有效利用率”问题。开源软件普遍是泛而不精，因为基本不依赖商业化运营资金的支持，存在这样的问题是必然的。但是我们需要的软件多是细分领域上专而精的。因此，使用开源软件搭建自己的系统 经常出现的现象是，为了能够让开源软件跑起来，首先要部署和配置整个框架，但其实只有一小部分功能是业务需求所必需的。然后，剩下的精力就是花费时间去完善这部分功能，做大量的增量开发，精耕细作。这样看来，如果隐私计算最终投产应用的业务场景只是隐私求交，自动化测试仅用于作为发包器进行系统服务可用性探测，那么，其实从零开始借助函数库自研的效果也不会差太多。

问题归问题，不要看到问题就让阴暗面占据上风，演变为偏激的贬低和抱怨，更无须将二次架构视为是反面教材。本节内容更重在体现思辨精神，在完整的架构思维体系中，批判性意识是不可或缺的。将这样的问题解读为“成长的烦恼”，让工作始终保持螺旋式上升的态势，才是良性的认知。

开源是商业世界中的奇迹，很难从其他行业中找到类似案例。除了借力行为[①]背后隐藏的深层次弊端之外，我几乎找不到开源的任何吐槽点。开源许可证像是一条大河，架构设计则如同顺水行舟，两者的加持，令软件系统的建设势头空前高涨。开源，更像是软件行业进入了共产主义。

① 指本节所讲的拿来即用与快速复制。

2.2 平台模式，软件行业格局的划分确立

2.2.1 连接客户重于生产制造

20世纪90年代早期，诺基亚还是移动通信硬件（个人手机）的领头羊。但事情并不是一成不变的。2007年苹果公司推出了iPhone，2008年谷歌公司推出了安卓系统，游戏的规则彻底改变了。在这个原本以硬件为核心的产业里，这些软件平台极其成功。相比之下，诺基亚的塞班操作系统不仅略显过气，更加不妙的是，很难基于它开发应用程序。但是，那时谁也不会认为诺基亚会一败涂地，而且速度如此之快。说实话，回忆这段历史，笔者至今仍为平台模式的恐怖力量所震撼。仔细回味平台的魔力，对创新二字会有更加理性的认同感。

2011年2月，诺基亚首席执行官给公司内部员工发了备忘录，坦言诺基亚现在处于一个“燃烧的平台”之上，必须决定如何改变公司及所有员工的行为模式。这个糟糕

的备忘录，其实只是诺基亚衰败过程中的一个注脚。首席执行官贬低自家产品，注定是个容易被炒作的热门话题，多年后，公关经理们对此依旧谈论不休。其实准确解读诺基亚的危机并不难，诺基亚失去了硬件与软件融合发展的历史机遇，它依然只是一家生产手机产品的公司。但是移动通信产业其实并不只关乎产品，更在于平台。客户回忆这段时间，更多印象是苹果手机的简洁设计和唯一的物理按键。但是，苹果手机和安卓手机并不是通过设备的参数和特征抢占诺基亚手机的市场份额，而是占领和控制了整个生态系统，将大批的用户和开发者连接在它们搭建的（以开发平台、应用市场、搜索服务为核心的）庞大网络中。

诺基亚本有机会联手安卓系统，从商业结果来说，它错失了最后一次正确决策的机会。接下来的几年，诺基亚转向Windows Phone系统，但是两者的表现都差强人意。2014年初，诺基亚市值已经滑落到300亿美元，和2002年的2000亿美元相比，可谓一落千丈。

平台化是商业模式的重大革命。平台成为经济的主导正是那些年发生的事情，我也是在那些年懂得了，真实世界中确实有赢家通吃这回事，而且是以“凭借方法和思维创新”这种相对公平的方式做到的。通过苹果和谷歌两家公司的市值占比，足以看到平台经济的影响力之大。除了苹果和谷歌，eBay、Uber（优步）、Twitter（推特）等都是此商业模式的代表性平台。为了免于口舌之争，笔者以国外公司为例，其实在国内也是大同小异，大家耳熟能详的那些互联网超级大厂，其模式大多如此。

所有的这些变化创造的是一场“连接革命”，经济和社会开始转型，这一动态使得适用于20世纪组织的规则不再有效。在商品过剩的智能社会，连接比生产更为重要，拥有庞大客户数量的企业享受着最优的资本估值。这就是互联网经济。

以平台能够构建生态，但制造产品则很难。很多平台型企业并不具备生产的手段，而是创造连接的能力。成功平台的护城河（或美其名曰“防御性策略”）是什么？是以互联网软件为载体建立的用户连接和用户网络，以及获得的业务交易或软件中保存的数据。有句行话叫作“软件定义一切”，在这个时期，软件接过硬件的接力棒，主导技术世界的变迁与发展。网络效应才是最有力的经济护城河。

平台化商业模式的必然结果是软件行业生产力和生产关系的革命。Apple Store在全球有几百万应用开发者，为了鼓励他们，苹果公司提供廉价的软件开发包和开发应用程序所需的接口，使得开发者可以挖掘手机提供的核心功能。因此，毫不夸张地说，苹果公司能够脱颖而出、如日中天的成功秘诀，是全世界的开发者为其打工，这样的软件生产关系为其提供了无与伦比的软件生产力。

这样的结构关系在第二个时期得到确立，平台企业（通俗的说法是核心大厂）成为软件生产力的核心底座，并向外辐射，吸附围绕其生态运作的应用开发生产力。这样的特征在前后端开发领域都体现得十分明显，著名的云原生架构，如果从技术栈角度来看，每一个云原生实际都是某个厂的云原生。生产关系的形态具有长期稳定性，小程序、App开发领域，一直是几个大厂生态的天下。有点讽刺意味的是，美其名曰“去中心化”的互联网机制，运行结果恰恰是少数平台型巨头独霸天下[①]。这也是符合市场竞争规律的结果，无可厚非。这些大厂的名字可能会变化，主导生态的头把交椅也可能会风水轮流转，但是这种生产关系的结构实质，自从确立至今，几十年未曾改变，未来亦是如此。

最后，还要补充些夸赞，大家经常能将“平台”与“创新”二者画上连接符，这令平台拥有了真正的金字招牌。微信本来想打造一款社交软件，结果有了意外收获，取代了电话和短信，成为独占鳌头的通信工具。这绝非是自顶而下的决策，而是来自创新尝试的动力。

2.2.2　平台的核心交易与功能

构建一个平台，在了解质量属性、探究架构模式之前，首先要对功能及服务有深刻的理解。大型平台决策者的特质在于，具备系统化理解平台的手段，无论平台投资多大、功能多复杂，都能有条不紊地将其解构。

那么，所有平台的共同之处在于其提供的核心交易价值。核心交易，指的是消费者和生产者为了实现价值交换必须完成的一系列行为。每个平台都有一个核心交易，在打车平台上，消费者提交乘车需求，司机接受订单；在视频网站上，生产者上传视频，消费者观看、评级并分享这些视频；在招聘网站、知识问答平台、借贷平台……都是如此。这些核心交易的目的很清晰：构建一组简单并且可重复的动作，让生产者和消费者参与进来。核心交易，就是平台的核心价值。

① 长远来看，赢家通吃的局面并不受社会欢迎。如果要对未来给出一个预测，我认为这样的趋势不会加剧。

围绕核心交易，任何平台必然要实现的服务能力包括：

- 一是拓展受众，吸引一定规模的生产者和消费者，为他们打造一个流动市场。
- 二是对双方进行配对，推动互动，促进交易的达成。
- 三是制定标准和规则，明确哪些行为是允许和被鼓励的，哪些是禁止或不提倡的。
- 四是为核心交易提供工具和服务，降低交易成本，消除进入的壁垒，让平台因交易数据变得更有价值。

掌握如此模式，或许任何一名设计者都能够“在15分钟之内描绘一个平台”。这是一种对技术平台的结构化思维力，一种无形之中的控盘能力，具有普适性价值。

与传统的软件开发方式不同，平台模式对技术提出了更高的要求，技术决策者和架构成员们，要能够时刻站在业务身边，主动引导业务发展。总而言之，与平台型的业务相匹配，一定要有平台思维的技术。这并非唾手可得，而是要经历一段艰辛之路。

在软件行业格局的划分确立的过程中，必然要付出代价，如果我们将互联网巨头看作软件平台的先驱者，那么在“先驱”之前必然还有“先烈”。大家可能并不了解20世纪90年代后期IBM公司的旧金山项目，IBM野心勃勃的计划是设计并开发一系列可复用的业务组件，并将所有的业务功能分类封装到各类别产品中，打造万能的业务软件。这号称是当时世界上最庞大的Java项目。在项目交付了几个模块之后，就开始走向灭亡，国内从业者应该没有真正看到过这套庞大的业务软件，其失败的根本原因在于很多功能是多余的，而很多关键功能又是缺失的。

想凭借自己的天生知觉将事物分门别类，这样的思维可能适用于学校里的自然科学课程，例如生物学、地理学。整洁的软件解决方案无法解决现实世界中（例如企业业务流程）如此混乱的事情，这就是著名的反模式——最后10%陷阱。其实也可以善意地将其理解为水土不服。2005年我在银行工作时，当时全国各大银行的大集中项目和核心业务系统换代正在如火如荼地进行。鉴于与国外的技术差距，很多银行选择的路线是采购国外厂商的金融核心系统，其结果本书不再多言，很多系统最终未成为先驱，而变成了先烈。如此重大的决策，可能就毁在“轻视最后1公里”上。

最终打破瓶颈的是互联网世界的平台模式，以混乱的现实世界为出发点，以真实场景为需求锚点，将护城河建立在客户连接侧，避免踏入“优先编写完美软件”的决策误区。虽然目前这已经成为行业的共识，貌似浅显，但是其背后有着不下十年的形成过程。

正是在第二个时期，软件工程由传统的瀑布式进化为迭代式，同时，架构思维出现了质的飞跃，预制式设计逐渐被很多从业者认为是架构反模式，技术人员开始脱离枯燥、低效的设计文档，“所见即所得”的开发方式成为主流，演进式架构、可持续架构等名词备受推崇。

要想取得竞争优势，就要能操控更复杂的平台，跟上技术多元化发展的节奏，不断向软件添加各类功能和服务，保证交付质量并推动业务目标的达成。实现方式上，无疑是更加趋向于进行优势互补，进行各类服务的桥接与复用，走生态合作的路径。遵循这种理念，做更强大的平台，从这个时期开始，立刻成为绝大多数高新企业发展的主命题。

平台引领的架构思维变化，使得架构作为一个学科，快速走向成熟、稳定。在此之后，架构领域的各项原则、策略、模式、方法均未出现本质性的变化。不同平台的实现技术有所不同，但有关如何“打造好平台”的话题，成功的模式已经摆在面前，至少在基本思想和认知方面，好像已无须再进行过多的争论。

2.3　笃行致远，企业软件架构的纵横跨越

2.3.1　内外隔离与服务治理并进

过去20年企业软件架构最大的变化是“系统体积的不断膨胀，以及数量的不断增多”，主导架构由单体系统架构进化为SOA架构，再到微服务架构和云原生架构。在第二个时期，企业软件日益庞大，“面向服务”成为系统建设的主题词。软件架构的技术关注点，已经由实现模块的设计模式（核心是对象间关系）层面，上升为颗粒度更大的架构风格（核心是系统间、服务间关系）层面。本节从几方面来透析（以互联网为代表的）企业软件架构的演变道路以及路上的几大主角。

1. 单体架构与分层风格

单体架构多使用水平分层的架构风格。例如几乎每个人都能倒背如流的表现层、业务逻辑层、数据层。分层风格的单体系统，优点是结构清晰，容易开发、部署和测试，缺点是耦合性高，技术选型单一，众多功能堆积在一个系统[①]之中，迭代效率比较低。

① 也被称为巨石型应用。业界所说的大泥球系统多指此类系统。

单体架构并非一无是处。现在很多平台也开始发声，倡导单体架构。这是挺有意思的事情，大抵是因为不堪微服务系统（过多节点）复杂性的重负吧。这好像印证了那句俗话——此一时彼一时。软件只是手段，能否交付业务才是最终评价，如果依靠功能堆积的开发框架和开发方式，可以满足业务需求，那么单体系统也无妨。

2. 以通信为线索扩展

银行的账户有一个，但是有柜台、自助机、网银等多个渠道，这就是一个系统群（或平台）。在15～20年前，如何建立这样的系统群架构呢？限于软硬件资源和技术能力，那时候架构工作更多是面向通信领域，以“系统间通信处理”[①]为核心命题。在技术实现层面，高级语言广泛使用Socket（套接字），对于Java来说选择则更多，例如使用RMI。HTTP协议此时也正快速发展，但是在H5之前，HTTP还谈不上是公认首选的通信协议。

XML出现之前，联机系统之间的交易还是字符串文本格式，对于银行来说，广泛使用的是“8583标准[②]”的报文，字符串之间常以“|”作为分隔符。

那么多个渠道怎么接入呢？各类业务线的系统群架构中，广泛存在前置系统（或者接入系统）的概念，前置系统在系统群中地位重要，却并不实现业务功能，从这点来说，我们已经可以看到：软件是个业务功能和质量属性的二元世界。

对于前置系统来说，系统间关系中的通信关系是最重要、最基础的关系。并发、日志、鉴权、统计、监控等非业务功能类职能，都是在通信基础上逐步发展和建设的。这时的前置系统角色已经体现了边界和网关的理念。

3. 网关隔离边界

随着业务发展，机构间系统的对接量得以快速增长。以支付领域为例，商户、三方支付机构、银联、发卡行……多机构方系统串行连接，联合实现业务场景，成为业务发展的主要形态。

① 主要指通过通信协议的封装、解析、转换操作，实现通信接口，完成数据传输。

② 基于ISO 8583报文国际标准包格式的通信协议，8583包最多由128个字段域组成，每个域都有统一的规定，并有定长与变长之分。8583包前面一段为位图，用来确定包的字段域组成情况。8583协议多在POS机的开发上使用。

前置系统已算是机构API网关的雏形，但明显跟不上互联网发展[①]的脚步。对于跨机构形成的系统群，架构师关注的架构量子的体积明显更大，边界更为明显，网关系统迅速发展起来，名正言顺地成为架构中的主要角色。

网关的技术形态和实现方式很多，代表性的形态包括：①供C端用户业务操作的页面网关，例如互联网支付时点击支付按钮，跳转到了微信平台提供的支付网关页面；②提供接口聚合、请求路由、协议转换的API网关，这是面向合作机构的网关的最常见形态；③其他特定目的（如减少跨网间系统网状调用等）的技术型网关，这类并非严格意义上的网关，主要是实现优良的系统部署架构，与企业应用架构的关联性相对较小。

网关的核心理念是通过反向代理等技术对外屏蔽细节。中大型平台架构中，网关作为边界隔离成为企业架构中的战略级要塞，与应用系统形成一对多关系。网关的地位，自出现后有增无减。

笔者从2004年开始在银行工作，那时的架构中枢是前置系统。20年后的今日，其替代者是网关。两者都是汇聚服务、聚焦边界架构思想的产物，他们背后的思想脉络和角色定位实际上是相通的。

4. 内部服务治理

企业内部系统数量的激增，导致另外一些质量属性成为重要话题，包括可扩展性、高可用性、灵活性。换句更容易理解的话说，系统数量过多，就需要从架构方面进行管控与治理，在银行工作的后期（2008—2012年），SOA架构风风火火，迅速走红。整个厂商或者行业铺天盖地地宣扬以Service API和中心化的服务总线（ESB）作为系统群的统一管理机制。SOA到底是哪路神仙？与其说是架构风格，倒不如称为一种理念。SOA架构风格已经体现了业务服务化的理念，但是技术本质上并没有真正摆脱单体架构的束缚，每个系统都对ESB存在硬性依赖。

以ESB为轴心建立的系统间契约式关系体系，跟不上时代的发展，随着应用系统的数量越来越多，ESB耀武扬威的时间并不长。其核心问题在于，系统的形态与业务模型之间并不协调。SOA基于严格定义的服务分类方法来组织服务，业务服务的目标

---

① 例如更丰富的协议、更好的用户体验。

是以“抽象的方式捕捉公司所做的事情”。在促进服务复用的同时，“服务本身的分类方法、服务抽象的合理性”通常会形成致命障碍。例如，要实现客户的统一账单，需通过ESB调用众多的业务服务，每个业务服务的背后可能是对多个应用系统的查询请求，而这些部分由不同的团队负责。即客户账单这一业务领域概念被打散到整个技术架构中，ESB驱动的SOA架构对于迭代式变更十分不利。

工作多年以后，我对SOA架构的通用服务一词给出四字评语，那就是“过于理想”。实际工作中发现，服务越通用，就越干瘪，越需要开发人员定制使其发挥作用，不仅引入更高的复杂度，而且很容易受到服务变更的冲击。如此发展下去，通用服务最终会成为“美丽的僵尸”。

在弹性、耦合性方面，ESB不能满足越来越多的应用系统之后，去中心化思想应运而生，更高级的服务治理模式出现了，这就是微服务架构[①]的最重要价值体现。由微服务框架提供服务注册、服务发现、服务流控、服务熔断、轻量级通信等完整的服务管控与治理体系，例如，大名鼎鼎的框架——Spring Cloud，就是集成了这些能力的典型代表。

面向服务的架构风格在架构世界占据主要地位，但是它们只能称霸于同步通信的领域（或阵地）。以事件驱动为核心思想的异步通信架构，在这个时期同样呈现爆炸式增长的态势。虽然异步通信架构在实现服务协调和事务行为方面颇具挑战，但是它们能提供极好的并发规模。以代理、中介为主的架构风格，在大型企业平台被广泛应用，尤其是对于需要削峰、解耦等业务场景，成为不二之选。

最后，对本节做一下总结，对于应用架构的发展和成熟，第二个时期的重要程度不言而喻。网关隔离边界、内部服务治理，这两者是当代架构思想的标志，是近20年应用架构发展历程的重要线索，是很多企业（尤其是互联网业务类型企业）中后台架构的命脉。

2.3.2 系统控制与应用逻辑分离

如果系统间关系是企业系统群架构中的纵向关系，那么这一节我们从纵向切换到横向，描述在第二个时期中，横向关系方面的架构变化。

---

① 从思想理念对架构进行归类，微服务架构也属于SOA风格。

1. 控制和逻辑分离

先来看边车模式，边车模式的英文名称是Sidecar，生活中的原型是在二轮摩托车旁边增加一个座位变成三轮摩托车，增加的部分称为边车。也就是说，我们可以通过给一个摩托车加上一个边车的方式来扩展现有的服务和功能，对应到软件系统，即是体现“控制”和“逻辑”的分离。

从实现方式来看，边车可以是控制应用服务的Agent（代理）服务，在分布式开发工作中体现为：开发者不需要在应用程序中实现（如监视、日志记录、限流、熔断、服务注册、协议适配转换等）控制面上的能力，而只需要专注地做好和业务逻辑相关的代码，然后，由Agent服务来实现与业务逻辑无关的控制功能。

对于系统节点数量超过千级的中大型平台，控制的重要性提升到技术战略地位，“控制”和“逻辑”的分离，也就成为重要话题。上千个使用单车模式的应用节点，部署后就是一个由上千个控制应用服务的Agent形成的巨大网格，即服务网格（Service Mesh）。

服务网格更适合作为一种架构思想来体会，实战中，服务网格的技术体现正是锐不可当的Kubernets（简称K8S）。K8S是云原生体系中最具代表性的技术能力，近年来，如Istio、Envoy和Linkerd这样的主流开源服务网格项目，不约而同地选择以K8S为技术基础进行构建和发展。能够掌控K8S，几乎等同于拿到了服务网格的“毕业证”。

K8S提供一整套的虚拟基础设施和容器[①]编排能力，除此之外，在服务治理领域的出色表现，令其横跨软件世界的两大领域：一是作为基础设施平台层面的服务提供者，K8S技术所向披靡；二是作为实现应用系统服务管控的技术框架，K8S在应用开发侧也产生了深远影响。

2. 基础设施无关性

回顾云计算发展历程，不难发现发展方向始终是让应用开发者的关注点由底层一点点向上层移动：先是用操作系统来管理物理机，然后是将软件运行在托管虚拟机

① Kubernets中管理的应用服务均以容器为载体，最著名的容器产品无疑是Docker。需要注意的是，本书写作过程中，Kubernets宣布弃用Docker。几年前两者间的商业合作问题，早已为今日这个分道扬镳的结果埋下了伏笔。

上，进一步发展更加小型化、轻量化的容器。我们常说的SaaS模式，即这样的发展理念体现到最终具体形态上的例子，其特征是，作为云服务的消费者，用户完全不用管理任何应用和基础设施。这样的发展趋势非但没有减缓迹象[①]，而且还在加速涌现新生架构，作为其代表，Serverless（无服务器）架构是新一代云计算技术的佼佼者。

在以前，我们常需要花费很多时间来弄清楚为什么在一个环境通过测试的系统，在另外一个环境会失效。使用虚拟化环境的好处是能够实现环境一致性。在高度虚拟化的软件运行环境中，持续集成服务让一切应用可以无数次重新构建，镜像技术让一切系统可以被无成本、无差别重新部署。“增量修改”不如“全量重建”，这是基础设施无关性的典型特征。软件的规格虽然从未被标准化[②]，但是软件的制造，已经开始享受流水线式生产的待遇了。

多层虚拟化成为常态，并催生了云资源和自助服务，这种趋势的目的是什么？降低管理基础设施的成本，降低开发门槛，让技术人员将更多的精力应用于业务中。如果用架构思想来进行概括，可以是“关注点分离”五个字。架构师可以将运行资源视为商品，并可以将其作为独立领域外包出去。

那么，虚拟化是否有反模式呢？当然有，最明显的是性能开销。面对这样的矛盾，只能做折中平衡。从质量属性角度看，性能虽然依然重要，但其敏感度确实在降低，适当牺牲性能，使用云平台支撑分布式集群、大型系统群的建设，已经成为必然。运行于JVM上的Java成为第一大语言，这场好戏还在继续，只不过舞台的主角（从语言的虚拟化）换成了整个系统环境的虚拟化。抱怨无用，很多反对虚拟化技术的技术极客们必须要醒一醒。

这就是云原生架构的由来，以云平台、云计算为依托搭建企业软件，成为主流的系统建设模式。云原生架构的典型特征包括在业务层面强调基于云化的中台战略，在开发运维层面强调依托云服务提供（包括服务网格、Serverless应用、容器化、API服务化、自助资源管理、持续开发与持续集成，以及DevOps开发运维一体化等）若干能力。

云原生一词，是对相当多技术的宏观概括，是一个庞大的技术集团。相比于技术架构，将其理解为软件业的时代现象，更恰到好处。

---

① 行业中有“SaaS已死”的说法，指的是以SaaS为载体的业务形态，与企业数据私有化环境管控诉求之间的矛盾对立。勿要将其理解为“SaaS所依托的技术已死”。

② 具体含义见0.2节。

在第二个时期，以API网关、服务注册与发现的应用架构治理思想，以及以K8S与Serverless为代表的云原生架构逐渐发展起来，进入第三个时期之后，立刻成为架构领域的主宰者。展望未来不难预测，他们依然会是主角，难觅取代者。

经历了单体、SOA、微服务、云原生四个架构时代后，面向未来，我们迎来的是智能原生架构时代。每个时代的涌现，都能在上一个时代找到伏笔，智能原生四个字，描绘出基于人工智能的软件世界，而人工智能则始于大数据处理技术和机器学习的不断发展。在分布式技术框架的加持之下，传统软件架构已经步入成熟稳定期，云原生、智能原生，已经是从另外一个轨道上开辟软件行业的新空间，它们并非取代（或是抛弃）传统架构的任何成果，而是在其基础之上，引入新的关注点，结出更多的果实。

希望智能原生一词能恰如其分地表达新的架构时代。对于思想而言，没有人喜欢背诵长篇大论，使用关键词来画龙点睛，或许是表达技术哲学的最佳境界。

2.3.3 前后分离与数据架构破茧

1. 前后端[①]分离，前端架构的革命

企业架构发展的主脉络，一直掌握在后端技术手中。如果要说得更具体一些，应该是“架构是由‘后端架构风格和模式’所主导的世界”。这是为何？答案在于后端承载着企业业务逻辑，并进行企业数据资产的操作行为，这样的职责使命督促着后端架构的率先发展。前端领域，起初只是页面这薄薄的一层，局限于以HTML以及Script脚本语言为主的开发技术。在第二个时期的开始，ASP、JSP是前端的主要实现方式，前后端耦合性较高，行业中还没有独立的前端工程师岗位。

1998年Ajax[②]技术的出现，允许客户端脚本发送HTTP请求（XMLHTTP），并且局部刷新页面，这种突破性的创新推动了Web的发展。随着HTML5、CSS3、ES6的出现，专职的Web工程师从无到有，被赋予了更重要的使命。

整个事情的转变从前后端分离思想开始。在这个时期中，前端从一个薄层向立体

① “前后端”是IT业中的行话。前端指页面展示与处理层；后端指中后台应用系统，也包括数据库等底层资源。

② 即异步JavaScript和XML技术。2005 年，该技术被大众所接受，并确定使用术语——Ajax。

化、架构化迅速发展，这样的发展势头一直延续至今，从未放缓脚步，主要标志特征如下。

（1）SPA单页的应用：随着Ajax技术的出现和发展，特别是使用CDN作为静态资源存储之后，SPA迅速占领前端市场。前后端分工明确，接口契约的重要性增强，Ajax接口成为关键协作点。

（2）大前端：前端开发的重要性提升，出现了多种前端架构模式，如（以同步通信为主的）MVC、（以异步通信为主的）MVP和MVVM，使得前后端的职责更加清晰，且分工更为合理高效。

（3）前端全栈：Node.js的出现使得前端开发者可以在服务器端进行编程，从而实现了前端的全栈开发，进一步提升了开发效率和灵活性。

（4）整体架构：垂直方向使用Mock Server进行前后端并行开发，使用BFF作为前端、后端之间的中间层；水平方向使用微前端架构将单体前端工程拆分为多个小型前端应用，可以独立开发、独立部署。

上面这些远非前端发展故事的全部内容，前端私服（如Nexus）、脚手架（如Lerna）、组件库、混合开发平台（如Uni-app）、工程构建（如Webpack）、开发框架（如Vue）……各种新技术层出不穷，令人眼花缭乱。等到本书上市时，很多技术的面貌（指版本情况、市场使用情况等）可能早已焕然一新。

只要系统越来越庞大、复杂，那么任何重要领域都不会是世外桃源。摩尔定律让移动设备的性能与日俱增，互联网快速步入千家万户。客户端多样化发展，浏览器、App、各类小程序争相抢夺用户，越来越多的内容（例如短视频）进入移动端。前端生态的新陈代谢也在持续进行，鸿蒙生态已经由冉冉升起之星，成为前端生态的新巨头。软件架构思想仍旧以后端为代表，在于后端所承载的业务属性和数据属性，如果抛开这些，仅就技术属性而言，前端与后端可谓是旗鼓相当、不分伯仲。

2. 数据架构，稳中求进并迎头赶上

第二个时期的初期，是大型商业数据库的天下，Oracle以跨平台优势逐渐占据比SQL Server更大的份额，金融行业还广泛使用IBM DB2，期间超大型企业使用Teradata等产品建立自己的数据仓库。在这个商业数据库主导市场的年代，数据库软件及专用

硬件价格高、技术封闭相互不兼容。

大概2007年、2008年之后，MySQL等开源数据库的突出特点，让很多企业降低了数据软件投入的成本，虽然单体性能不及大型商业数据库，但是开源属性催生了集群化部署，以及分库分表、读写分离技术的广泛应用，实现了投入成本与性能之间的真正平衡，使得开源数据库成为中小企业、新生企业的首选，传统大资产行业也在逐渐剥离对昂贵商业数据库的依赖。此时，“数据存在的形态和主要的应用模式”这些最核心的要素并没有变，仍是SQL标准和范式下二维表的结构化存储和输出形态。

大概2013年、2014年之后，以大数据产业驱动和分布式计算发展带来的Hadoop生态圈，其中的数据库技术栈是革命性的，包括NoSQL、HDFS存储、非结构化数据库（如HBase列式数据库）以及数据仓库（Hive）等，并极大地推进了数据智能、数据服务、数据搜索、数据推荐等多种多样的数据类应用。

SQL的统治地位发生动摇发生在第二个时期末期。面向超大规模应用，NoSQL和多种持久化日益成为主流，该趋势发展迅猛，在第三个时期成为数据领域的主要市场。放眼未来，这样的格局变化应该会继续深化。架构师的武器库里面，不仅可以有键值型数据库、文档型数据库、宽列型数据库，还可以考虑向量数据库（数据结构是向量，它采用向量化存储和查询技术，将数据以向量形式存储和处理）、图数据库（数据结构是图，使用节点和边的关系来表示和存储数据）这样更先进的技术品类。

这么多的技术品类，对于传统架构师简直是有些超纲了，很多从业者因担心跟不上技术发展节奏而搓手顿脚。但是，必须要承认的是，数据经济的到来，数据库产品线的繁荣，这些终归是好事情。

那么应该以何种心态面对技术产品发展速度如此之快的局面呢？当今时代，已经不存在“通吃天下”的全能型技术人才。即使有某个奇才，对前端、后端、数据三个领域都无比精通，但可能对量子计算的世界一窍不通。因此笔者认为，大可不必每见到一门新技术就如同惊弓之鸟一般惶恐不安，相比于盲目地学各种技术，还是镇定自若些更好。

讲架构思维，不得不提“治理”的理念，于应用侧而言是服务治理，对数据则当然是数据治理。当前，大范围的数据治理已经成为各大平台的标配，数据标准、数据字典、数据质量、数据分级分类等各项工作目标皆为让数据更加坚固、可靠。

总体而言，数据库技术与数据架构发展的脉络十分清晰，但数据侧的发展总体滞后于应用侧，这是不争的事实。数据库语言远未达到程序语言那样“百花齐放、百家争鸣”的场面。相比于应用系统的设计开发，数据库开发工具应该说少得可怜，这是为何？答案在于，数据领域的可设计空间，并不像应用领域那么大，可从三方面体现。

一是固化的设计模式方面。本质上，数据模型是对实体、关系和属性的定义，以及所使用的范式。不同的范式，在数据冗余与数据完整性上给出不同的原则和约束。列式非结构化库本质是存储技术上改变了数据存储方式，近年来，各行业数据类服务应用的拓展可谓是锋行天下，然而从数据模型的设计角度看，几十年来并没有产生什么革命性的设计模式和新方法，数据在各方面的可伸缩性、容错性，远远弱于应用程序。

二是数据的“笨重”性方面。影响到数据的问题往往解决起来更加麻烦，要改变代码和行为不是大问题，修改发布即可，将数据结构从老版本迁移到新版本，则需要付出更加巨大的努力。有经验的发布人员都知道，发布失败的回退，对于进行了大量数据结构和内容变更的上线投产工作，往往是无路可退的。

三是数据的不可变性方面。用户界面和应用逻辑会变化，业务会发展，人员会变动，但是数据会永远保留下来，不论是二维结构化还是非结构化数据，都改变不了数据的不可变特性。

有句行话叫作“数据为王”。如果说“程序是碗”，那么“数据才是碗里的肉”。数据承载着企业的核心资产，这无形中约束了数据产品的开放性、灵活性。专业厂商的商业化数据库产品，仍然是数据领域的领头羊。同样是软件从业者，程序员和DBA的职场生存策略截然不同。DBA找工作，很大程度依赖于持有某厂商的中高级认证。生活在世界各地的DBA，好像是数据库厂商所拥有的隐形部队，他们是厂商的拥趸者，对数据库厂商的效忠程度，甚至大于其雇主。DBA会忽略那些来自第三方的数据库工具和开发组件，其结果便是数据侧工程实践的创新水平有些停滞不前。在Hadoop生态圈以及众多NoSQL数据库出现后，这样的问题已经得到明显缓解，但是承载联机交易的数据库、中大型企业的核心业务系统数据库，至少占据着数据库市场的半壁江山，这些数据库显然无法快速转型。对此，只能寄希望于信创工程的发展，以及全行业的国产化替代要求的推行。

2.3.4 糟粕与精华交替相伴而生

我对这个黄金年代[①]充满了无限赞誉，从软件技术、软件市场、软件就业等各个维度上看，这是一个无比美好的高光时代。如果要找几项美中不足，或者是选点精华中的糟粕，也并非难事。这样做，既不是想泼冷水，也不是图一时口舌之快，真正的目的是揭示问题，避免走弯路。这是一种批判精神。

在信息过剩的年代，技术能力唾手可得，软件从业大军中更为可贵的是具有批判性精神的人才。工作实战中，在批判性思维上投入少量的精力，即会有“从根本上避免大量失败”之效。

1. 以统一开发平台之殇为鉴

企业里的IT管理，最大问题并非出在技术身上。中大型企业的技术决策，所面临最大的困境在于：掌握信息的不掌握决策，掌握决策的不掌握信息。中小企业的软件开发工作则更不乐观，大量的情况是，技术团队与业务出身的老板之间，在面临压力时出现分崩离析的局面，信任感瞬间消失的背后原因在于：双方的思维理念和所使用的对话语言根本不在一个频道上。

管理层经常会听到一些“完全正确”的技术观点，并为此引入看似完全符合正确观点的技术产品，著名的反模式——死亡征途，或许最适合形容这样的项目。

在这个时期，看似正确技术观点中的著名反例，就是很多企业大张旗鼓地引入“由某个软件商打造的，封装了表单、任务流、报表等各类功能组件的”统一开发平台，支持这个技术决策的理由包括：部门所有员工能够使用一致的技术栈；使用这样的平台开发出来的软件易于统一管理与维护；这样的平台能够让程序员少犯错误；这样的平台能够自然提供底座，加快各个业务系统的实施进度；这样的平台可以降低开发门槛，让程序员们不需要考虑底层框架，专注于业务逻辑代码开发；使用这样的平台进行应用系统开发，易变和风险性更小，即使遇到问题，统一开发平台厂商会统一进行解决。

可惜，决策者们的世界存在盲区。因为若干有利原因而引入统一开发平台，这是决策陷阱的典型例子。

---

① 即本章所指的第二个时期。

很多企业花钱引入了这样的开发平台，然后开发工作就走上了一条不归路。那么结果呢？决策者们当然不会承认决策失败，而是把责任归于统一平台厂商不给力，或者其他的背锅侠。最终，统一开发平台会令人忍无可忍，被逐渐地摒弃，具体方式，可以是某项目写明不适用统一开发平台的原因，因此不再采用它。有第一个这样的项目，就自然会有第二个、第三个……接踵而至。以笔者切身经历来说，企业此时其实早已经付出了极大的代价。

为何拥有完美技术观点的统一开发平台会成为“罪大恶极”者呢？这是一个很好的技术决策思辨话题。

上面列举了若干个支持统一开发平台的观点，这些无疑都是正确的，但是只要有一项致命短板，就足以令其不堪一击。这个短板就是统一开发平台的领域能力问题。在软件行业早已市场化的时代，每个领域都有众多专业化产品，细分领域的竞争态势焦灼。任何统一开发平台，不可能在如此多的领域内都达到业界领先性，那么结果就是，报表多样性不够、任务流的功能还有差距、表单功能不好用等问题。

领域能力的重要性极高，足可以拥有一票否决权。这与木桶原理是一致的，最短的那块板决定木桶能装多少水。

除此之外，统一开发平台是应用系统的一部分，与上层应用程序形成强关联，因此，过度依赖统一开发平台厂商也是致命问题。引入软件要考虑“耦合度”问题，采购统一开发平台，导致企业在应用开发方面，全面地、直接地被捆绑，这如同打开自己围场的栅栏，让外人一脚踩了进来。相比而言，采购云平台、大模型是情有可原的，做应用系统的企业难以有自行构建的能力。这样的采购令各方之间保持良好的距离，并不会打破各自的赛道。

2. 云计算的反模式——云遣返

现在，把批判性思维的话题延伸到云计算领域。云计算扛起了近十几年IT生态发展的一面大旗，但即使这样，我们仍旧不能对它的反模式视而不见。

最近进行的一项研究结果显示，在美国接受调查的企业中，有42%的企业考虑或已经着手将基于云的工作负载迁回内部基础设施，可以将这种现象称为云遣返。这项调查收集了350名IT领导者目前其公司正在采用的云计算战略方式。调查显示，94%的受访者在过去三年中参与过云计算遣返项目。相比IDC公司于2019年公布的有80%的客户报告云遣返活动的数据值，如今有越来越多的公司加入这一浪潮。

关于云遣返的原因，首要因素是安全问题（占全部调查中的41%）和对项目有较高的期望值（占全部调查中的29%），另一个重要驱动因素包括客户端/服务器、企业应用集成、面向服务的架构以及现在的云技术未能满足内部期望，占全部调查的24%。与此同时，不少受访者还提到了云会导致一些意外的成本、性能问题、兼容性问题和服务停机。

企业云资源分为公有云、私有云、混合云几种形态，上述研究结果主要指的是公有云。倘若是对于私有云用户，调查结果会如何呢？我认为赞成云遣返[①]的比例也不低。原因在于，除了安全问题相对可控之外，前面列举的其他问题，对于私有云而言或多或少同样存在。

云仍然是构建和部署新系统（如生成式人工智能）最方便的平台，它还拥有几乎所有的最新、最先进的技术。云平台非常适合利用无服务器、容器或集群等服务的现代应用程序。然而，这并不适合大多数企业应用。

以我的观点，这份调查并不会威胁到云供应商。云供应商可能会失去原本就不应该出现在公有云上的工作负载和数据集。但是考虑到AI的快速普及趋势，他们仍将享受爆炸式增长，毕竟云是构建和托管生成式人工智能应用和数据最方便的地方。建立和运行基于 AI 的系统所需的大量基础设施，将迅速取代因不少企业选择云遣返而造成的任何损失。因此，云计算还是很健康。

反模式是必然存在的，反模式意味着局部不健康，但并不代表整体不健康，只是必要的新陈代谢。这是一条重要的架构思维。

鲜活的思维，可以令我们随心所欲地想象、不被束缚，并且在这个过程中享受创造的乐趣。本节的最后，把云遣返的话题再做延伸，思考一下，能否在云遣返行为与软件架构之间发现一些有启发价值的关联？

笔者这里给出的参考答案是，软件架构有无数的质量属性，有一个不得不提的是“可牺牲性”，很多从业者可能听过“可牺牲性架构”这句行话。可牺牲性架构是指在概念性

① 私有云使用的是企业自身的基础设施，因此云遣返的含义是不再使用云服务商提供的云平台软件。

验证[1]之后即可被抛弃的架构。

eBay最初使用Perl开发，然后迁移到C++，最后又用Java重新改写。这样的折腾行为，按理说是不可取的，但是并未妨碍eBay的成功。是否指重做系统并非成功与否的答案，关键在于有没有本事如此操作（指在可牺牲方面的战略和战术素养）。

eBay的例子好像在暗示，即使是“最佳实践”这个词，也是靠不住的，对于如何建设系统，没有什么一定是客观绝对的。我们生活中的事实也是如此：张三、李四都取得了成功，但两者的实践方式大相径庭。软件与生活，两者间多数道理是相通的，具有一致性。

云上环境使得可牺牲架构更具吸引力，对于实施云遣返工作的企业，正是通过公有云获得了这种能力，如果开发人员需要验证或搭建某个项目，可在云上构建初始版本，并能够在未来需要时进行彻底变化。这就是复杂性的深层来源——任何问题的无穷缠绕性。云遣返本来是作为一个反模式登场的，但摇身一变，反转成为“可牺牲架构”的代表者。

精华和糟粕，两者之间交替着相伴而生，形成合力，在整体上最终呈现螺旋式上升。所有的行业皆如此，软件当然也不例外。

① 在架构层面，开发人员努力预测需求（及其他方面）的迅速变化，尽量获取足够多的信息，并在选择架构时进行概念性验证。

3

第 3 章

先行利器，无坚不摧
——重要定理和定律的价值

于软件行业而言，第三个时期不仅是微服务和分布式架构的时代，还是大数据与人工智能的时代，更是云平台与云原生的时代。于我个人而言，第三个时期意味着更多，这是对软件架构实践工作进行理论化、体系化梳理和沉淀的时期，是进行泛化、抽象性思考和总结的时期。第3～6章即是这些“虽基础但极为重要”的内容总结。

如果说IT经理层之中不乏泛泛之辈，那么普通从业者们的职业水平则更加参差不齐。事实的确如此，IT大潮之下，很多年轻人涌入软件行业淘金，如快餐般的速成方式，让这个行业越来越臃肿，有外强中干之嫌。一旦潮水退去，IT行业必然迎来瘦身，缺乏技术底蕴的从业者将迎来艰难的时刻。

很多从业者对经常使用的技术范式烂熟于胸，但对软件系统的基本原理却形同陌路。 缺少定理、定律、规则、事实标准这些基础理论底蕴的支撑，后果是软件设计工作事倍功半、错误频出。本节介绍软件系统的概念和若干主要的重要特征，目的让读者对于软件系统有一个基础、扎实的认知。读者可能会认为，这些概念浅显易懂，在软件开发领域摸爬滚打多年，学习这些冗词赘句有些多此一举了。但是实际上，对于软件系统的理解，其实包含很多层次，有感性、理性之分，或是量层面、质层面之分。熟知这些内容，能够更加客观地看待软件系统，从原则上去把控软件系统，对于带领团队和对下属的布道解惑，大有裨益。

反模式体现了一种积极反思的行为。本章中的反模式内容，与本书自始而终所倡导的主动思考和思辨思想可谓不谋而合。

本章的重要目的，是帮助读者从本质视角上，客观全面地、深层次地、理性地认知软件系统，从容自如地驾驭方方面面的工作，不做无源之水、无根之木。

3.1 基本论点，别输在起跑线

3.1.1 从4方面认知软件系统

1. 软件系统的涌现效应

软件系统的第一个特性就是涌现性，或者称为涌现效应。软件是一系列实体和这些实体之间的关系所构成的集合。那么，涌现是何含义？涌现是指软件系统最终呈现出的功能要大于组成软件系统的各个实体的各自功能之和。

古希腊哲学家亚里士多德的名言“整体大于部分之和”，是古代朴素整体观最有价值的遗产，至今仍是现代系统论的一个重要原则，这与涌现效应有异曲同工之妙。可以从以下两个视角来理解涌现。

第一，系统的每个部件如果独立存在，其功能并没有实际价值，因此显得微不足道。但把它们拼装在一块儿，就会由若干没有价值的0突然变成100，这即是在功能上的涌现。

第二，大家应该听说过技术奇点这个词，技术奇点是一个假设的未来时间点，技术增长变得无法控制和不可逆转，从而导致人类文明发生不可估量的变化[①]。对于AI大模型而言，其参数在达到几十亿时，模型智力会突然出现一个向上的跳跃，这就是跨过奇点之后的能力突变。所谓大模型的玄学，正是如此。

很多现象就发生在眼前，对我们来说却如同雾里看花，难以捉摸。在人类科学高度发达的今天，仍旧无法用数学或者其他公式解释和预测涌现效应，这就是软件系统的神秘之处。

软件系统最关键和最明显的涌现物一定是功能，既包括意料之中的，又包括意料之外的。意料之中的不难理解，即指满足业务需求的功能。意料之外的功能，可以有很多种类，例如，可以是进入一种未设想到的分支，体现出其他的运行结果（或现象），也可以是一些异常，当然也包括软件Bug和难以预测的运行故障，从本质上讲，Bug和故障也是软件系统的特有组成部分。

除了功能之外，系统还会涌现出性能等各种质量属性，以及其他附加价值。大家应该对此有所体会，做系统时没有觉得某个功能到底会怎么样，在交付使用后，需求方才会发现计划外的、潜在的价值，并决定以后应当如何延伸。这是系统带来的附加值，是对其他方面扩展的一种牵引力（或是拉动）。

2. 软件动态性

软件系统有2种状态：一种是静态，另一种是动态。静态指的是在架构设计中所看到的功能态，动态指的是进程部署和启动之后的运行态。在动态中，又分为变化态（也就是过渡态）和稳定态。

如何更深刻地理解软件变化态和稳定态呢？可以用汽车发动机打个比方，启动的瞬间，发动机处于变化态，启动后运行平稳了，进入日常行驶时就是稳定态，也可以称为常态。软件系统有一个设计难点，设计者常用视图去描述所设计系统的功能组件，

---

① 另外一种解释是当AI超过人类能力时，所有的事情都将变得不可预测。

E-R图、组件和连接器图、部署图……各种视图无处不在，但很难通过这些模型去描绘变化态。这其实如同绘画跟视频的差距，任何软件设计视图，都是偏向于描绘稳定态下的结构，但是从开始运行到进入稳定态的过渡过程，很难通过静态视图描述。

要描述变化态，常用的工具是曲线，但是曲线多是基于横纵坐标。例如，横坐标是时间，纵坐标可能是电压、转速、温度等重要的指标值。曲线能描绘某指标的动态性，但是并不具备全面描述模型的能力。架构设计所呈现出来的内容，若能“动静结合”，在模型视图的基础上，有侧重地描述出值得关注的动态，体现关键要素的变化，是更高阶设计能力的体现。

软件动态性还有一个解读视角是强调软件的变化。时间可以改变一切，过去看重的方法，一段时间后可能会被自己否定。“唯一不变的是变化”，这条真理名言很值得架构师和技术决策者铭记。架构师在设计时，对实现与设计完全一致会抱有过高的信心，因此时常会陷入应当投入更多精力的误区。开发团队会认为详细设计已经覆盖了所有的方方面面，这也是一种错觉。实际情况是，事物的发展总和想象的不一样，始料未及的需求变更、沟通中的信息盲点、某种客观限制、某人古怪而拙劣的代码等问题不时出现，而且周而复始，永远无法杜绝。

软件的这种变化，本质上是（对任何事物都存在的）偶然复杂性。例如，进屋子就需要开门，就会有灰尘被带进来，能够控制灰尘的因素对于我们人类的日常生活来说完全是偶然的，与气温有关、与空气质量有关、与开门的速度有关。偶然二字，强调了不存在绝对意义上的方法去杜绝它的发生。对于软件而言，偶然复杂性指非可控因素会带来无法预测的触发条件，导致软件系统的非预期变化。

一旦出现变化，只能不断应对。在不断变化的情况下持续修复、完善软件的过程，要求技术设计工作本身必须保持灵活性、连贯性。如果说很多企业的架构部门没有达到预期成果，很多情况下原因在于他们的架构工作太过静态了，面对突如其来、不可预计的变化，缺乏调整和演变能力。

3. 软件的复杂性

软件系统的复杂性主要有两方面：表面复杂性和本质复杂性。

（1）表面复杂性。名字即代表含义，因此不需要再解释其概念。例如，图3-1所示为两个系统各个端口的连接关系，左边连接关系的连线很乱，给人感觉很复杂，但实际上只是一种表面复杂性。经过梳理，立刻呈现出右边有序的、相对简单的状态。软件设计的一个主要职责就是梳理各种关系，识别系统的表面复杂性，进而去简化它、破解它。

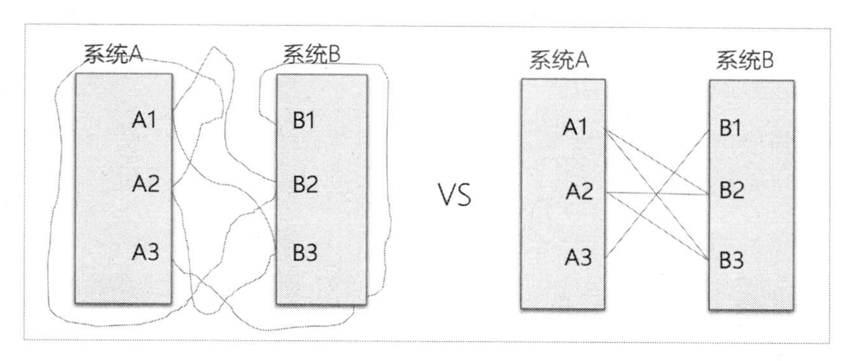

图3-1　两个系统各个端口的连接关系

（2）本质复杂性。也可称为客观复杂性。只要向软件系统添加功能或质量属性，就是在添加矛盾，会驱动本质复杂性的发生。

本质复杂性并不难理解，大型系统的规模大、投入大、参与方多，利益团体协作关系复杂，对于团队硬实力、软实力的要求极高。随着系统数量增多，技术决策的难度也将呈倍数增加：追求微服务的灵活性，其代价是增加系统通信开销以及管理复杂度；提高安全性，除了牺牲性能外，还可能会降低用户体验；加强质控流程，会影响交付速度。这些即是本质复杂性的具体例子。

软件设计与开发属于知识型、创造性的工作，过程中存在大量的主观性发挥。这也是本质复杂性的来源，其结果是很多工作难以量化评价，潜在问题没有被揭示出来，成为“水面下的冰山”，最终造成进度未达预期、系统故障等各类（问题）结果。

4. 极端斯坦与黑天鹅现象①

极端斯坦指个体能够对整体产生不成比例的影响。从统计学角度来说，极端斯坦是因个例而导致统计结果的巨变。

① 指的是那些具有意外性、不可预测性且不常见的事件，通常会对个人、经济和社会产生巨大的影响。这种事件在发生前往往被忽视，而一旦发生，却能引起重大的冲击和变化。

用10个人的体重和财富来举例，如图3-2所示。以他们的体重作为统计对象时，即使某个人体重再大（例如150千克），也不可能把全部10个人的平均体重拉高特别多。所以，体重不符合极端斯坦理论。当统计对象换成财富值时，可以看到，只要有1个人是超级大富翁（例如拥有上亿资产），就可以把这个群体的平均值拉高上万倍甚至更多。即个体财富的影响力足以影响整个群体的结果。所以，财富符合极端斯坦理论。

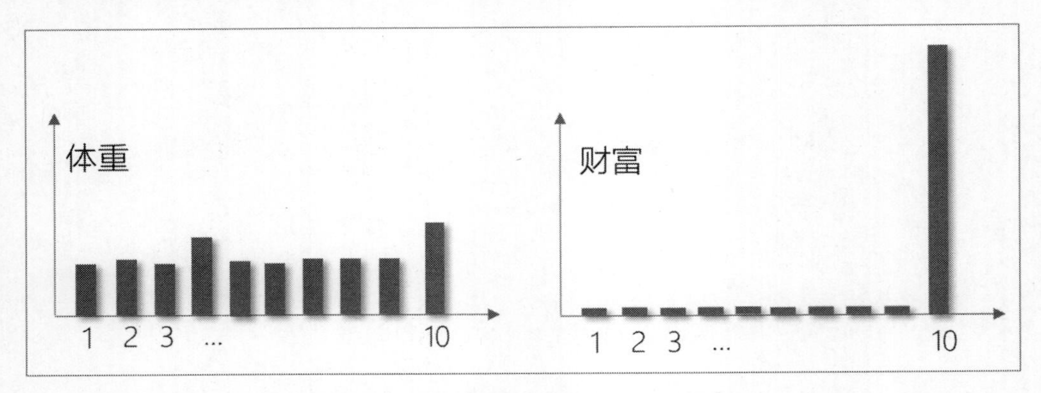

图3-2　10个人的体重与10个人的财富

极端斯坦带来的一些社会性现象，包括个体价值的突破性和事物发展的跳跃性，一夜暴富、赢家通吃、富可敌国……正是这方面的代表。极端斯坦多数时是贬义词，暗指人们的生活（甚至是生存）会受到单个事件、意外事件、未知事件和未预测到事件的统治。极端斯坦是造成黑天鹅现象发生的理论基础。

复杂系统平台的特点，其实是与黑天鹅现象相吻合的。例如，一个环节的问题会被多级放大，演变为严重故障，一次故障可以引发管理层地震，一个小Bug可能会导致大家都无法承受的结果。

一个病毒可以感染成千上万的计算机，一句话可以在互联网软件上瞬间被传播、炒作。这就是软件世界中的极端斯坦。如果没有软件病毒，要破坏一群设备，只能挨家挨户提个锤子去砸；如果没有网络通信系统，即使喊破嗓子也只能将语言传递给周边10米半径内的人。如果说在古代社会时，人类生活在平均斯坦①的世界，那么电子技术将我们带入极端斯坦的世界。

① 指的是在某个领域或系统中，大多数个体或事件都接近平均值或平均状态，离平均值越远的个体或事件数量越少，当样本量足够大时，任何个体或事件都不会对整体产生重大影响。

3.1.2　技术债务与架构适应度

1. 技术债务与债务奇点

当功能需求与质量属性出现矛盾时，是用更多的时间一次做好，还是先做妥协？一旦选择妥协，就积累（或留下）了技术债务。掌控技术债务，是三大架构基本活动（具体见4.5节）之一。做妥协并非下策，但要积极捕获技术债务、主动记录和跟踪技术债务，并在合适的时机和预算下偿还技术债务，避免技术债务积累对系统造成的风险。所谓偿还，并非是对错误的整改，而是指假设回到最初，资源和时间都充足的条件下会采取的方式。

3.1.1节讲解了技术奇点的概念，既然有技术奇点，当然也存在债务奇点。事物发展到达了奇点后，会突然地发生巨变，可能是能力的向上涌现，也可能是向下的坍塌与毁灭。当质量属性问题积累到了奇点，软件系统立刻变得千疮百孔、不堪一击。换句话说，债务奇点意味着质量底线，如果底线被打破，则无法再保证（业务需求交付与系统质量属性）两者间的平衡关系。

因此，积极地管理债务是整个架构保持可持续发展、演进的重要原则，这需要架构师能够保持合理的风险偏好，善于审时度势，既有洞察力，又不缺乏执行力。能将技术债务控制在合理的范围内是高阶能力的体现。

2. 架构债与架构适应度函数

如果将技术债务进一步分类，可分为代码债和架构债。对技术债务的广泛研究和工具实现，较为集中在代码债方面，但是用于发现代码债的工具和方法（例如代码质量检查、代码漏洞检测）通常不适用于发现架构债。架构债涉及非局部关注点，因此更难以被根除。在这个领域，有一个专业词汇叫作“架构适应度函数”，可以此进行架构有效性检验。

使用适应度函数检测架构债，具有大量的成例可以参考，常见的包括：一是不稳定的接口，方法是搜索具有大量依赖项且经常与其他文件一起修改的问题；二是违法模块化，方法是搜索一起频繁变更的、两个或多个结构上相互独立（意指彼此之间不存在相互依赖关系）的文件；三是不健康的继承，如果父类依赖子类，或是一个调用者同时依赖父类和子类，则属于此类架构债；四是循环依赖或者派系依赖，对一组紧密相连的文件进行搜索，发现其中是否出现循环关系，这需要一点算法技巧；五是包循环，检查存在相互依赖关系的多个包。

适应度函数给人的感觉有点像是执行某个测试动作的函数，这其实是错误的理解。测试是一种正确与否的直接判定，而适应度函数很多情况下是用于架构特征的评估、衡量，体现了演进性、持续性、动态性。除了检查开发人员是否保留了架构特征，适应度函数存在的意义还在于帮助架构师解释什么方案更好，以及何时能达到目标。具体方式可以是使用适应度函数执行真实运行数据采集的任务，了解性能、可靠性、安全性等质量需求的实际达成情况。此时，适应度函数履行的是监控职责，有点像是对系统做健康程度评估。

另外，适应度函数还可以用于衡量程序方法的复杂度，帮助开发人员提升代码规范。

3. 技术暗债与假设

管控技术债务是架构活动的重要组成部分，此处更多指相对可见的债务。下面讲解一种称为暗债（dark debt）的技术债务。

暗债是更为潜在的技术债务。暗债具有偶然性，与系统的混沌现象[①]相生相伴。暗债产生时并不被立即发现，不会妨害开发工作，还会越过测试防线，最终造成生产系统异常。

在设计、开发、测试新功能的过程中，工程师不免会做出了一系列假设，这可能包括：架构是正确有效的，拓扑结构不会改变，网络是安全且稳定的，带宽是够用的，接口是可用的且延时很小，存储空间和数据库性能不是瓶颈，有了解系统且尽职尽责的管理员。对于任何软件交付者来说，成本和工期永远是第一要素，对于非工程师可控的范畴，只能按照经验大致去判定。因此，做这些假设是客观必然的。

既然是大致的经验，那么假设终归是假设，假设变成假象只是概率问题。

对于假设还有一个问题必须重视，即时间因素。软件开发过程中的任何假设，极易被后续的各类迭代淹没，因此，久远之前所做的假设更是危机重重。

① 关于混沌现象，具体参见3.2.1节。

软件系统中的各个因果关系相互作用，可能产生不可预见的结果。架构设计的目的当然是打造可用的生产系统，规避暗债和假设的影响。但是问题在暴露前是不可见的，任何人不可能将异常与故障一网打尽。一个人无法将所有环节（和细节）都装入大脑，如果程序出现Bug，可以将主责归咎于程序开发者，而暗债和假设则超出了个人工作职责能够控制的范畴，其最终爆发的后果并不能归咎于构建和维护系统的某人。即从更抽象的层面来看，不良行为是复杂系统平台的天然属性。

3.1.3 架构与系统故障相关度

IT工作中最刻骨铭心的记忆是什么？我可以毫不犹豫地给出答案——系统故障。

故障与错误是复杂系统的必然产物，那么，通过学习架构知识，提升架构实践水平，对避免系统故障能起到立竿见影之效么？笔者对记录的若干次系统故障进行了整理分类，归结为如下四类，编号为A类～D类。现在做一个架构与故障相关程度的分析，相关度越高者，通过改善架构避免故障的可能性更高，即效果越好，反之则可能性更低。

1. A类——静态错误类

（1）测试系统与生产系统的环境不一致。测试环境中缺少真实数据，有些细节处功能点测不出真实效果，或者测试环境字典表内数据和生产不一样，系统运行在测试环境时一切正常，进入生产环境则不行，测试用例覆盖不了此类问题。

（2）大查询导致应用数据库的压力过大（操作系统的CPU使用率高或者用户请求响应时间过长），造成系统瘫痪。此类原因通常在于，未建立合适的表索引造成SQL性能不佳；或者大查询不应该使用业务库，应该将此类功能放到数据统计平台上做；抑或是未做客户查询限制等。

（3）时间太紧导致测试不足和上线准备不充分。例如，需求临时变更，上线当天加塞了一些内容，导致来不及组织有效测试，在业务需求方压力下只能凭经验认为可以上线，或者时间太紧上线步骤准备不足，上线单遗漏了某个隐蔽的配置变量等。

（4）对于诡异的输入参数，没有在检查与处理中覆盖各类可能的异常情况。例如，多个参数进行运算后出现意料之外的异常结果，导致后续程序运行失败，未能完成业务处理。

可以通俗地将静态类错误理解为系统有Bug（也包括无法满足并发性能要求等问题）。对于这些较为细节的问题，依靠架构能力的提升并非良策，更好的解决办法应该是诉诸技术管理，能在技术评审环节或测试与质控工作管理等方面“做些文章”为佳。

2. B类——动态变化类

（1）重试风暴。某个服务超时没有返回结果，这样的失败引起了用户重试，用户越重复点击功能，服务承载的压力越大，结果可想而知。

（2）雪崩效应。一处堵塞蔓延到全平台，造成大面积故障。这样的场景，读者或许并不陌生，尤其是在抢票、商城做秒杀活动时。

（3）维稳陷阱。为了保证系统在大型节假日、重大会议、赛事举办期间稳定运行，特意避免在这样的日子前做程序发版。但是，笔者遇到过的情况是，没有发版恰恰会导致故障爆发。要弄清其中缘由，只有使用逆向思维。反过来想象，发版时有何动作会掩盖一些问题？答案是发版会重启应用，是重启动作掩盖了某些隐藏的问题。经过排查发现，某些系统存在缓慢的内存泄漏问题，每周发版时重启应用，“泄漏的内存”会被清零，因此这个Bug并不会导致故障。一旦程序持续运行时间达到2周，内存泄漏积累到一定程度，可用内存空间被填满，整个系统立刻瘫痪。这是个挺有意思的案例。

架构设计能力与此类问题关联程度较高。例如，在部署设计上做好泳道资源隔离；在防御机制上做好熔断机制，做好高可用、高并发等质量属性方面的架构设计，都可以有效规避此类故障。

3. C类——能力与机制类

（1）没有灰度发布环境，或没有红黑部署能力。

（2）监控中缺少对内存变化趋势的监控，Redis运行导致占用的内存一直在增长，没有被发现，最终引发服务宕机。

（3）虽然有回退机制，但是实际出故障时，操作起来很烦琐，需要很长时间。

（4）共享Maven的多个项目组之间没有信息同步机制，某个组拉取了新版本的三方程序包，影响了另外一个组的程序。

此类问题造成的故障，跟架构工作有一定的关系，例如，完全可以将具备灰度环境视为一种特殊的质量属性，将此列为部署架构的职责。另外，此类问题与技术管理上重视程度的关联性也较大。

4. D类——随机偶发类

（1）使用Java OSGi框架开发的系统，一直以来都是可以正常启动的，某天突然鬼使神差地出现了无法加载全部Class的问题。其原因是前几天有一个新加入的依赖库（JAR包）莫名其妙地打乱了OSGi原来的包加载顺序，因某些依赖冲突问题，导致启动后有些Class未加载成功。

（2）订单系统给支付系统发送扣账交易，时而会丢失。排查很久才发现，原因在于（两个系统中间的）负载均衡软件上的配置策略给交易加了时序设置。以两笔交易为例，先发的交易先到则一切正常，而到达顺序与发出顺序不同的，会被支付系统视为是风险交易而拒绝接收。

（3）操作系统的配置文件，使用的名称服务器（NameServer）是外网地址，按照生产地址管理要求，网络团队上线前进行网络优先级调整，启用了内网的名称服务器作为主服务（超时失败后，才会使用外网名称服务器解析作为备用机制）。系统上线后，所有操作系统找不到配置的名称服务器，大量节点之间的连接因此出现超时故障。但因为备用机制的存在，超时后又能继续连接，几乎所有人被误导，将原因定位为程序问题，导致最终原因很久才被发现。

（4）运行在WebSphere的WAR包，在浏览器中加载显示页面超级慢，前方为客户做演示的业务人员已经抓狂。排查很久，发现War的解压文件是Root权限，启动WebSphere的用户对WAR包中的Class文件及目录没有写权限，导致每次访问都要重新编译Java文件来生成Class。

此类问题更难以察觉，一旦发生，解决时间会很长。因此，即使这几个例子来自早年工作中遇到的问题，但依旧记忆深刻。解决这类问题的人，通常并非是技高一筹的架构师，而是对于系统的环境、场景更为熟悉的一线工程师。总体来说，此类故障与架构工作的关联度一般。

通过以上分析可见，在系统建设与故障防御工作领域中，要保有客观的心态，架构并非解决所有问题的银弹。架构对于系统很多方面的影响，实际上是潜移默化的，既是间接的，又是无法客观衡量的。难以直接证明成效，这正是开展架构工作的难点。以笔者实践经历来看，企业老板们对系统故障的解决方案，大多聚焦在开发、测试能力或质量管理流程，能够反思架构方面投入不足的，实属凤毛麟角。

这些难点所造成的影响，正是架构领域灰犀牛效应①的体现，对于架构师的发展而言是致命的。企业更能注意到的是直接结果，对于“架构到底是什么，对业务有何帮助”的问题，很多业务出身的老板们要么不愿相信，要么将信将疑。即使有些企业对软件架构有较高的认可度，但在时间方面的忍耐度却十分有限，此时，架构工作的价值如同一张时光信用卡，通常几个月后（这张卡）就透支了。

① 指的是那些常见且影响巨大的风险，这些风险在大概率发生的情况下，由于人们常常忽视其严重性，或对警示信号视而不见，最终可能导致无法承受的后果。

3.2　10大定律，厚积才能薄发

3.2.1　跨越学科，亦堪当大用

1. 熵增定律

熵增一词，来源于热力学第二定律，熵并不神秘，是用于衡量无序的单位，与克是衡量重量的单位同理。熵增是不可逆过程，孤立的系统必然会趋于熵增，最终达到熵的最大状态，也就是系统的最混乱无序状态。但是，对开放系统而言，可以借助外力的作用将内部的熵增向外部转移，所以开放系统有可能趋向熵减而达到有序状态。

熵增定律是具有普适性的理论，在各个学科中都有对应的体现。例如心理学，人的心理也是一种能量，一旦切断心理与外界的联系，不能释放已有能量、去外界吸收新能量，让心理能量有序发展、有序进行，精神能量就会停止流动，心理熵增的结果即是心灵的死寂。

对于生命体而言，熵增意味着死亡，对于统计学而言，熵增意味着无法精确描述系统微观状态。在日常生活中，将一个有序缠绕的线团放进裤兜里，过一段时间线团只会变乱；不收拾房间，过一段时间房间只会变得越来越乱，不可能变得更加整齐。这些简单现象的背后理论就是熵增定律。

本书多次指出软件系统平台各方面的庞大性、复杂性，与强大的功能相生相伴的是更多的复杂性，在建设发展与持续迭代更新的过程中，缺乏有效控制的系统群只会越来越混乱，这是IT工作中无法回避的问题。对抗熵增、维持有序是IT工作中的永恒主题。架构过程实际上就是软件系统的负熵（熵减）过程。

只要保持鲜活的思维，实现熵减并非听起来那么深奥。只要从无序变有序的措施都可以被列入熵减工作清单。最令我记忆深刻的是，2021年，我参与建设的某个系统平台在闯过（几乎周周变更、天天冲刺）初建期后，开始使用固定上线日政策，将程序版本上线固定在每周的周四。默认版本排在上线日，紧急版本走临时审批政策灵活安排时间，不受上线日政策限制。执行的结果是，团队的心理预期、测试准备、上线评审、审批安排等一系列工作有条不紊地进行。相比于每天上线，每周上线方式不仅没有降低交付吞吐量，还提高了交付质量。

DevOps并非是提升软件生产效能的唯一手段。一个正确决策，几乎不需要任何投入，即可以带来惊喜的效果，可谓一本万利，这个小例子完美诠释了技术管理的杠杆效应。世界上总有些好的点子，是AI想不出来、计算机替代不了的，至少目前是这样。

2. 混沌理论

混沌（Chaos）理论广泛存在于人类社会和自然界，大自然中混沌无处不在，从天体运行到天气变化，从星系的旋臂到溪涧的流水，处处充满了未知。著名的“三体理论”和“蝴蝶效应”是混沌理论的典型代表。

三体理论告诉我们，两个互相吸引的天体的运动规律较简单，它们的运行轨道基本是椭圆形，但是加入一体，三体问题则不能精确求解，寻找三体问题的通解注定是无用功，只在特定条件下成立的特解才可能存在。蝴蝶效应更为大家所熟知，亚马孙河的蝴蝶偶尔扇动几下翅膀，两周后可能会在得克萨斯引起一场龙卷风。包括天气在内的许多自然现象，即使可以化为单纯的数学公式来表达，但是其行径却无法加以预测。

混沌理论具有几大理论特性，篇幅限制，本节只简单介绍4个[1]，为第7章讲述混沌工程内容做一些理论基础准备。

- 随机性。混沌现象是随机产生的、不规则的、无法预测的行为，一方面是以“内随机性行为”为主因，另一方面是受“外加随机性”的影响。
- 敏感性。在一个动态系统中，事物发展的结果，对初始条件具有极为敏感的依赖性，初始条件的极小偏差，会引起结果的极大差异。除了初值的敏感性，还具有时间敏感性，即长期时间行为的不可预测性、不可观测性。
- 分维性。系统内各个元素之间无穷缠绕、折叠和扭结，具有无穷层次的自相似结构。
- 普适性。系统处于混沌时，所表现出来的特征具有普适意义，很多核心特征，不因系统的不同，或者动力运动方程的差异而变化。这暗示我们，混沌中还是有一些规律可循，这为应对混沌提供了希望。

因为混沌，世界有无限可能，正因如此充满新奇，一切都在意料之外。

软件系统复杂性到了一定程度之后，就会出现混沌现象，不可驾驭的情况随之发生。混沌现象与3.1.1节所讲的软件偶然复杂度有些相似，但两者的来源和背后的理论体系有所不同。偶然性强调“无法预知”，偶然性与简单和复杂无关，是天然存在的随机性，即使简单事物也同样受偶然性的影响。混沌理论则面向复杂系统，因无法掌握多个因素的复杂运作关系和相互间影响，系统实际处于失控状态。如何准确预测哪里会发生故障？答案自然是不得而知。如果系统十分简单，也就没有混沌现象可言了。

复杂系统的建设过程，伴随着各种各样的技术暗债与假设。这实际是软件逐步复杂化进程的副产品，是造成系统混沌问题的源头。但对于设计和开发人员来说，做出有利的假设是必然的，也是必要的[2]。很多暗债与假设只存在于人脑思维活动中，太过于隐蔽，难以被记录，更无法被追踪。

熵增定律和混沌理论已经告知我们，只要足够复杂，不可预测和不良行为必然存在。自然科学为很多工作提供了基础性原则，也设定了某些上限，而极限只能接

① 本节的重点还是要回归到软件系统话题上，不过多阐述混沌理论。如果要更深入地理解，读者需要另行查询相关资料。

② 如果对关键条件不信任，认为响应有延迟、网络不可靠、带宽不够、文档不准确，那么开发工作无法开展。

近，不能达到。因此，如同发明永动机一样，打造完美无瑕的软件平台无异于痴人说梦。零故障系统在理论上是不可能的，SLA[①]指标可以是4个9（99.99%），甚至5个9（99.999%），永远不会是100%。

认识熵增定律、混沌理论等自然科学，对于“快速了解任何种类工作的本质，知晓很多问题的根源、原理，懂得很多工作的边界”尤为重要。这对于带领3～5人的小组进行需求开发可能过于抽象了，但对于管理百人团队、驾驭复杂系统、引领技术方向而言，如果缺乏底层理论与逻辑的加持，难以走出思维局限的泥潭。所谓“技术道行浅、格局不够高”说的正是此意。

3. 第一性原理

这个原理的故事性很强。2002年，埃隆·马斯克开始寻求向火星发射第一枚火箭的方式，在拜访了世界各地的许多航空航天制造商之后，马斯克发现购买火箭的成本是天文数字，高达6500万美元。考虑到高昂的价格，他开始重新考虑问题。

马斯克是这样想的：“火箭是由什么制成的？航空级铝合金，再加上一些钛、铜和碳纤维。这些材料在商品市场上的价格是多少？事实证明，火箭的材料成本约为火箭总价格的百分之二。”

马斯克没有以数千万美元的价格购买成品火箭，而是决定创建自己的公司，以较低的价格购买原材料，然后自己制造火箭。SpaceX公司诞生了。在短短几年内，SpaceX已将发射火箭的价格大概降低至原来的1/10，同时仍可获利。马斯克用第一性原理的思想将情况分解为基本原理，绕过航空航天工业的高价，并找到了更有效的解决方案。

第一性原理以最本质的组成来看待问题对象，是用来分解复杂问题并生成原始解决方案的最有效策略之一。这也是关于如何进行创新的关键思维。如果不太容易理解什么时候可以使用第一性原理，那么可以看它的对立面——类比推理。当大多数人预见未来时，他们会向前投影当前形式，而不是向前投影功能并放弃形式。

类比推理并非是反模式，很多人认为类比是知识和经验的复用，多数情况下它是高效且可靠的。但是有时候还要擦亮眼睛，我们确实要葆有怀疑之心。

---

① 即服务级别协议（Service Level Agreement），是指提供IT服务的企业与客户之间就服务的品质、水准、性能等方面所达成的双方共同认可的协议或契约。

人类的模仿倾向是对践行第一性原理的常见障碍。无论是设计制造，还是采购软件，都要评估投入、框定预算，这是类比推理大发神威的时候，一旦拿到几个报价，当事人通常会以其作为投入的参考。如果没有衡量真实造价，这就违背了第一性原理。

马斯克造火箭的例子好像并不会发生在我们身边，但是原理的魅力不止于此，造价的学问其实永无止境。对于采购还是自建的问题，即使做出了正确的选择，还是会错误估计或轻视造价问题。在笔者经历过的系统建设案例中，很多出现了建设的功能远大于最后有用的功能。规划过大、造价过高造成的浪费问题，在我从业的20多年间不绝于耳。

3.2.2　土生土长，更应当如数家珍

1. 康威定律

系统设计的结构将不可避免地复制或者受制于设计该系统的组织的沟通结构。通俗来讲，即系统设计结果就是其（人员）组织沟通力的缩影，或者说是映射、写照。这就是康威定律的核心内容，它是马尔文·康威在1967年提出的。这个年份对于当代从业者所了解的软件行业历史而言，可以算作远古时代了。能经历多年的检验，至今仍被认为是绝对正确的定律，并且被很多书籍引用，这足以说明这些软件行业奠基者们的远见卓识。从另外一个方面看，底层思维，一旦达到高度抽象的级别，即会呈现出哲学的特征。对于任何一个行业都是如此。

对于康威定律，从我的切身经历来说，先后有过两个含义的理解。

- 第一个含义，作坊式的沟通方式、草莽式的项目管理，带来的多是缺乏工匠精神的软件系统。这是相对直观的理解，但我感觉这样的理解未免太粗浅且主观了，大抵低估了伟人的智慧，并非康威先生的本意所指。
- 第二个含义，沟通的耦合点即是软件的耦合点，例如，前后端清晰分离的软件，背后的开发团队大概率是前端、后端分属不同组，再如，企业总线架构的背后是软件实施组织中存在一个中枢团队。

为何（服务）接口的重要性无与伦比？直接的回答是接口是组件（或模块）之间的耦合点，关注耦合点是架构思维的重中之重。不止技术，还可以切换到“人”这个视角来看待接口的重要性，接口意味着契约，修改服务契约需要另外一方的同意和配

合，因此可能变得很难。修改服务接口，有时甚至如同“挽救沉没成本”一样令人痛苦和厌烦。康威定律将人员组织结构的合理性，以及沟通协调的开销，提升到软件系统成败的决定性因素层面。

康威定律的准确含义已经难以客观求证。康威定律认为组织架构的影响会在设计方案中体现出来，设计方案需要各部门协作，互相沟通，而组织架构会影响协作和沟通的效率和质量。这样说来，上面的两种含义都是对的。

2. 布鲁克斯定律

布鲁克斯定律由著名计算机科学家弗雷德·布鲁克斯提出，他是（被誉为软工圣经的）《人月神话》一书的作者。此定律的核心含义为：为延期的项目增派人手，非但不能缩短，反而会拖慢项目工期。其背后道理在于，项目成员间的沟通成本和达成共识的难度，随着人数的增加而增加，添加到项目中的人员需要一些时间才能变得富有成效。软件系统的设计与开发是“化学反应”过程，既取决于成员对项目的理解程度，又需要各成员之间的思维融合和工作共识。试图通过“物理叠加”的方式提升速度，更像是饮鸩止渴之举，结果也常适得其反。

与康威定律的共同之处在于，布鲁克斯定律的思想经久不衰，足以称为软件哲学。可以看到，这些定律的内容十分通俗易懂，那么读者可能会质疑本书为何还要讲这些老古董？笔者在现实工作中，不止一次遇到过“应当好好去学习布鲁克斯定律”的老板。在项目的中后期，为了提前上线，老板们经常提出临时增加开发人员的条件。对此，我的回答多是：“这个时候，加人不如加班，而且加人反倒可能会让大家加班更多。”

上面是对布鲁克斯定律较为公认的理解。另外，还有一个小众化的解读：布鲁克斯定律是“没有银弹”原则，指没有一种单一的技术或方法能够解决所有问题。这个观点强调：在解决问题时应当谨慎，不盲目追求所谓的“银弹”，技术决策者们要全面考虑各种因素，不应在缺乏充分了解的情况下仓促决策。

3. 必要多样性法则

要想用软件实现日益复杂的业务，相关的软件开发过程必然是一个包含大量组件及其关联关系的复杂系统，无法将其简化为简单系统。所以，要从心态上接受软件开发过程是复杂系统的事实，接受其“事与愿违”和“难以预测”的特点。

罗斯·艾什比（Ross Ashby）在1958年所提出的必要多样性法则告诉我们，能对付复杂的，唯有复杂。这是对那些“天天高谈阔论如何进行弯道超车”的管理者们泼的一盆冷水。

必要多样性法则指出，对于能够完全控制系统B的系统A，必须至少与系统B一样复杂。换个角度说，为解决问题而进行的额外建设，其本身很可能会带来同样的复杂性。

如果一个系统没有做好，那么靠另外一个系统去拯救它的代价是巨大的。这像是在说“不要逃避，应当回过头去，把该做好的事情做好”。

必要多样性法则对现实工作的指导意义重大。例如，技术决策者轻易地要求开发一套监控报警平台，对系统运行问题进行检测、控制和维护。这样的工作场景读者应该不陌生，因为期望达到的目标无疑是正确的，所以这样的要求无可指摘。但是，这样的目标“不只是正确的①”，还隐含着“过于美好”之嫌，因为可能远低估了设计和实现良好的监控系统的复杂性。如果没有充分估计难度，投入必要的人力和财力，那么结果可想而知。

在现实中，必要多样性法则并不总是成立，有些情况下，能够对付复杂的也可以是简单的手段。尽管如此，了解必要多样性法则仍然有益，它可以帮助我们少做错误决策。

4. Hyhum 定律

由谷歌软件工程师Hyhum Wright提出，因获得广泛认可，得名Hyhum定律。国内同业者很少有人听说过这个定律。Hyhum定律给出了有关于软件接口的最佳实践建议，其核心含义为：在API的用户数量足够的情况下，在合同中承诺什么并不重要，系统的所有可观察到的行为都将被某人所依赖。

其实可以将Hyhum定律通俗地称为“隐式接口定律”。如果使用量足够多，使用者将共同依赖于实现的各方面，无论是否有意。例如，一个接口可能无法保证性能，但接口的消费者（或调用者）通常会期望它的实现具有一定的性能水平。这些期望成

① 反语，暗指这只是表面正确而已。

为系统隐含接口的一部分，系统的更改必须保持这些性能特征，才能继续为其消费者服务。消费者为何会有这样的期望呢？这不难理解，如果是之前有过合作，那么会默认期望未来还会如此，如果之前没有合作，那么会按照所了解的行业惯例（或以往经验）来设定期望。

隐式接口定律会约束对接口实现的更改，导致实现必须同时符合显式文档化的接口和调用者心中的隐式接口。那么，即使接口中有Bug，也被调用者照单全收，可以将这种现象称为“Bug对Bug的兼容性”。

隐式接口是大型系统有机增长的结果，虽然我们可能希望这个问题不存在，但设计者在构建和维护复杂系统时最好考虑这个问题，除了知道隐式接口是如何约束系统设计和进化的，更要意识到：任何流行系统的接口，已经历过长期考验，远比表面看起来更有深度。

除了上述学科式的描述之外，对Hyhum定律，我总会主观联想到另外一种解读方式，这就是（以Spring Boot框架为代表的）“约定大于配置”的理念①。两者的相通之处在于习惯的就是合理的。

5. Woods 定理

随着系统复杂性的增加，任何个人对系统所建模型理解的准确性都会迅速下降。Woods定理指出，庞大的系统里面，任何人一次都只能合理地领会其中一小部分内容。

混沌理论更多是从“多实体间相互影响”的角度来说明系统复杂性，熵增定律是“有序与无序的相互转换”理论，以此阐明系统混乱的必然性。这二者的共同点来自自然科学领域。Woods定理虽然相对小众化，却是在软件领域土生土长的。Woods定理是以人作为视角来阐述庞大系统混乱的必然性。

6. 软件架构第二定理

这条定理的含义很简单：为什么做比如何做更重要。即虽然架构师最终要弄清楚技术实现方案，但是首先要知道为什么要这样做，以及做选型和决策的背后决策点在哪里。

---

① 核心目标是克服Spring的“配置地狱（指配置十分烦琐）”问题。

一旦有了丰富的系统建设经验，架构能力即成为一种本能，面对一个陌生的系统，一个架构师可以相对容易地确定使用怎样的系统架构，但是对于“为什么使用这样的架构而不是其他架构”，则摸不着头脑。

这个定理十分小众，在网上难以找到。对于技术决策者，必须要清楚这样的道理：知道如何做，是技术层面的贡献，而懂得为什么做，是破局级别的能力，两者不在同样的量纲上，其差别是倍数，甚至是指数级的。

读者可能不免要追问：“怎么凭空冒出来个第二定理，那么第一定理是什么？”

软件架构的第一定理是：在软件架构中的每一件事、每一个选择都是一种权衡。这个道理本书多处都有提及，此处无须多讲。如果说一个架构师在做决定时没有感到需要做权衡，那么原因可能在于他没有意识到利与弊。

7．新版摩尔定律

摩尔定律是英特尔创始人之一戈登・摩尔的经验之谈，其核心内容为：大约每经过18个月到24个月，集成电路上可以容纳的晶体管数目便会增加一倍。换言之，处理器的性能大约每两年翻一倍，同时价格下降为之前的一半。摩尔定律并非自然科学定律，它在一定程度揭示了信息技术进步的速度。

那么，在如今AI计算量飞速发展时代，是否也存在类似的定律呢？

OpenAI公司CEO、被誉为“ChatGPT之父”的Sam Altman，在Twitter发文提出新版摩尔定律，指出全球AI的运算量每隔18个月就会提升一倍。新版摩尔定律无疑指明了大模型领域和算力经济的发展空间，这一切正在发生。

有专家已经放出豪言：“未来依赖于智能科技的企业，一半的成本在于算力。”算力会取代人工，成为企业最大的成本么？这是有可能发生的。

如果新版摩尔定律不成立，那么通用人工智能的发展会戛然而止。这个定律太过新鲜，是否能经受时间的考验，还需拭目以待。这并非指达不到定律预计的速度，相反，新版摩尔定律的“错误”有可能在于“18个月提升一倍”的估计太过保守。

3.3 反模式，不良方法的警示

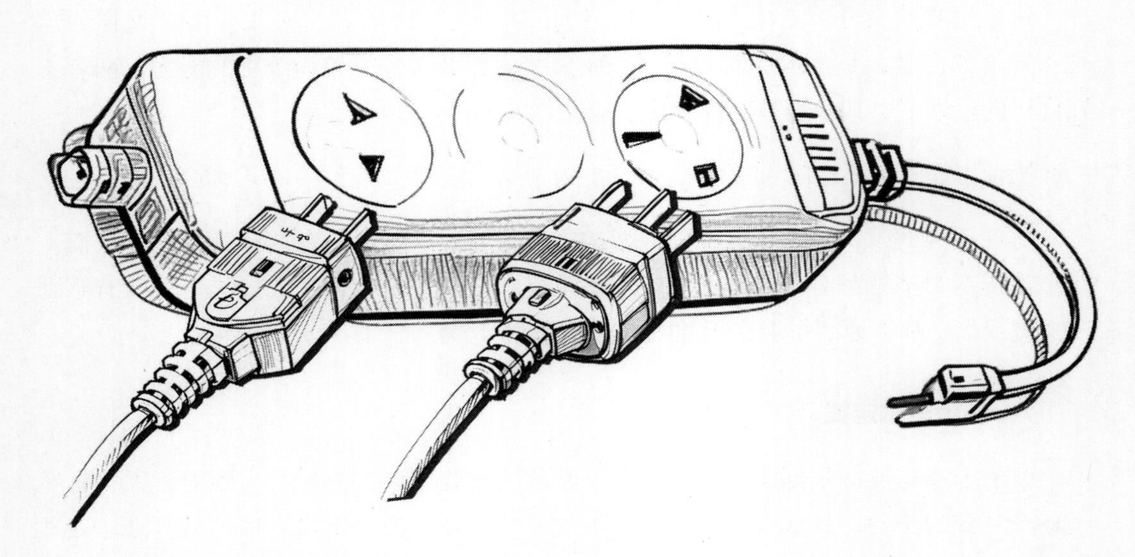

3.3.1 10个技术类反模式，一板一眼

反模式最初来源于设计模式，是指在实践中明显出现，但低效或有待优化的设计模式，是带有共同性的不良方法。这些模式已经经过研究并分类，以防止日后重蹈覆辙，并能在研发尚未投产时辨认出来。Andrew Koeing在1995年首创了这个词，三年后*Anti Pattern*一书出版，反模式概念得以普及。反模式发展至今，早已由设计模式领域逐渐扩展到了软件行业的方方面面。

关于反模式，最重要的观点是，只要有正模式，就有反模式，任何一种模式都是如此。有设计，就可能存在过度设计问题，有分析，就有分析瘫痪风险，架构设计有最佳实践，就有最差实践。反模式概念在实际工作中很少被提起或引用，但反模式问题确实是大面积存在的，因此应当被足够重视。

对于GoF提出的23种设计模式，是否有反模式呢？答案是显而易见的。一个设计模式在特定场合是积极并且显现优势的，但是在偏离最佳适合场景时，它本身就会转变为一个反模式，从而导致不良影响。

从图书网站上，可以搜索到一些反模式的书籍，比如《测试反模式》《SQL反模式》……各领域反模式的书籍或者资料都不难找到。这些书中总结了一些最差实践，可以让我们学习并在工作中避免。因为反模式太多了，无以穷尽，本节只选10个作为代表，一是起到画龙点睛的作用；二是希望读者对软件的世界有更好的全局观，意识到有反模式这样的细分领域。这样的意识是软件从业者应具备的职业素养。

1. 反抽象

反抽象的一种理解是需要的功能未提供给用户，导致用户要在较高层次重新实现一些功能；另一种理解是“面向接口编程”滥用的问题，所有的服务类都有一个所谓的接口以及对应的接口实现，可称为代码坏味。

在面向对象的设计中，接口是属于抽象层面的概念。那什么时候需要抽象呢？一种是自底向上的抽象，是指两种及以上事物拥有一些共同的特征时，才能形成抽象；另一种是自顶向下的抽象，是指从高层定义一些抽象特征，然后由两种或以上事物来体现这个特征，使得抽象有意义。

2. 四不像

一个设计模型可以暴露不同的接口给用户，不同的接口表现了模型的不同方面。四不像指把不同方面的功能混在一起。

3. 万应灵

万应灵指一个对象了解的内容太多，或者要做的事情太多，好像无所不能。万应灵可以代表一类反模式，面向对象设计中的万能类、神仙大类、上帝类，说的都是此类问题。这样的设计严重违反了单一责任原则。

4. 无用的幽灵

无用的幽灵本身没有真正的责任，经常用来指示调用另一个类的方法或增加一层不必要的抽象层。这与另外一个名为吵闹鬼（指建立某对象只是为了传送信息给其他对象）的反模式的底层含义有些相似。

大道至简设计思想的核心在于，完美的设计不是无一分可加，而是无一分可减。

无用的幽灵违背了这样的思想。

5. 贫血模型

领域模型包含很少或没有业务逻辑，因此，只能由调用模型的程序去转换贫血模型的对象状态，解释和实现本应该在贫血模型中实现的功能和用途。最常见的例子是，Web应用中几乎都有名为Dao的模块包，包中很大部分的Bean实体类用于做数据表的映射。很多系统中，这些类里面只有机械式的Get和Set方法，它们存在的目的是用来表示实体，但几乎没有携带任何业务语义和处理逻辑。

6. 黄金大锤

黄金大锤指使用相同的工具、产品或技术，解决几乎所有的问题。

- 有一个关系数据库，企图用其解决所有业务问题，任何问题看上去都是其中的一张关系表。
- 学习了设计模式，然后开始肆无忌惮地到处用设计模式，如果对入门程序也要用上几种设计模式，那就是把设计模式当成黄金大锤了。
- 使用程序类时，涉及List的都是ArrayList，涉及Map的都是HashMap，其他都使用String，好像其他对象都不存在一样，这相当于把String、ArrayList和HashMap当成了处理全部数据类型的黄金大锤。

7. 过早优化

想要知道实践中的确切瓶颈很困难，试图在得到实验数据之前就实行优化，可能会提高代码复杂度，并引发难以察觉的Bug。对过早优化反模式，还可以理解为过早地进行低级别的优化，如果因此造成在最初的代码开发阶段进行项目整体计划调整，那么过早优化无异于“万恶之源”。

8. 快结束时修复性能

项目的开发过程中一个经常被忽视的领域就是性能的测量和评估。很多时候，团队会争分夺秒地开发新特性并修复 Bug，而性能工作则被抛在脑后。人们常常无法制定性能目标或基准，而且开发人员第一次考虑性能则是在收到性能问题的报告之后。

这种反模式看起来很明显，但是许多项目总是在重蹈覆辙。如果团队不投入精力去关注并测试软件性能，或者等到项目接近尾声才开始，那么不太可能得到好的结果，即便成功也是偶然的。

9. 任意读取

任意读取是著名的软件设计原则——开闭原则的反模式。

10. 微服务银弹

微服务银弹指使用微服务时，并没有判断其复杂性。软件架构设计领域没有任何银弹。即使连“最小必需原则”这样几乎无懈可击的思想，不排除在有些时候也是错的。

最后对本节做总结。糟糕透顶的解决方案不断出现，对其深刻反思、抽象总结而形成的反模式，能够帮助从业者汲取教训，避免出现类似的问题，以提升工作效率。

3.3.2 11个管理类反模式，更显高超

笔者认为，反模式在项目管理领域的价值已超过了技术领域。对于已经理解了软件工程体系理论的技术人员，要获得更大的提升，学习反模式是个不错的选择。

其实，我对反模式含义的理解可能不仅限于“不良、错误、问题”这个层面，更潜在的威胁在于，反模式还意味着“陷阱”。很多管理类反模式具有潜在性特征，当事人在不知不觉中越陷越深，其危害性难以度量。例如，很多设计人员在规划和文档上投入的时间和精力越多，就越可能保护其中的内容，即便是已经有证据表明它们不准确或者过时了。

没有人单纯依靠学习编程反模式成为编码高手，要获得大量必备的技术知识，必须通过正向内容的长期、充分学习。但是管理方面则不同，即便没有体系化的学习经历，只要具备一定的项目经验，就能够对项目管理有常识性的了解。因此，通过理解反模式识别管理的误区，快速提升管理能力，有助于实现职场上的“弯道超车”。以我个人感觉而言，1个管理类反模式的信息量和价值可以抵得上两三个正模式。为什么会有这样的感觉？因为反模式更容易引起共鸣。这与人性是分不开的，抱怨、吐槽的言论总是更容易吸引人。

反模式提供众多管理帮助，希望大家能够养成“用反模式与现实工作进行对标、比较”的思维习惯，可以把问题看得更加透彻。本节精选11个管理领域反模式作为代表，特意比3.3.1节多了1个，是想彰显管理类反模式的发展程度更胜于技术类。

1. 分析瘫痪

分析瘫痪指花费太多精力在项目的分析阶段，更广泛的含义在于对问题的过度分析，阻碍了行动和进展。这和一个名为单车车库（其含义为花大量时间来辩论和决定琐碎、主观的问题这种趋势）的反模式有类似之处。

分析瘫痪的后果可想而知，首当其冲就是士气涣散，形成分析麻痹症（指项目分析过程已经长得不成比例，却听之任之）。

2. 委员会设计

好的编程语言没有一个是委员会设计的。好的项目设计也是同理。委员会设计反模式是指设计项目有众多人参加，却没有一致的计划或看法。有时也暗指没有相应技能或产品设计经验的技术专家所设计的特性系统。

3. 死亡征途

死亡征途指除了CEO，每个人都知道这个项目会成为一场灾难，但是真相却被隐瞒下来。另一种定义是，雇员由于不合理的完工期限，被迫在深夜和周末加班。

4. 蘑菇管理

负责一线执行工作的雇员被置于阴暗的角落，意指不通知或是错误的信息通知方式。在IT工作中，蘑菇管理指系统开发者和系统用户隔离开，用户的需求只能间接地通过媒介（架构师、经理或者需求分析师）传递给开发者。

5. 过度设计

过度设计的例子太多了，模式病就是典型的一种。良好设计取决于模式能力，这一事实让“在任务中摆出大量模式，以此展示非凡的架构功力”显得非常诱人。因为喜欢某个模式，而套在了不适用的问题空间上，这属于典型的“模式病”。

6. 进程鸡窝

一伙儿产品经理或是一拨儿业务人员提出一套业务需求，并要求技术部门为此购买相应的硬件，新建设并部署专用系统。所谓的技术规划在业务人员面前不被接受，无人问津。其本质是话语权问题造成系统建设的畸形问题。最终的结果是，机房堆满了大大小小的服务器，机架如同一个杂乱无章的大鸡窝，每个服务器运行着一套单独的业务系统。服务器不仅资源利用率低，而且形成信息孤岛。

进程鸡窝问题通常发生在部门众多的大企业，它本身是一个技术问题，但实质是管理问题。笔者曾作为此问题的亲身经历者，那种“明知道如此建设系统是错误的，却无能为力”的感受，真是难以名状的苦涩。

7. 摇钱树项目

摇钱树项目的本质是吃老本，一件有利可图的产品让新产品故步自封。和这个反模式相对立的另外一个反模式被称作永远革命，指总是要不停地、不计代价地将现有系统移植到新的环境。

吃老本问题的实质是恐惧创新，无意愿（或无力）走出舒适区，永远革命（反模式）则讽刺太爱折腾，甚至将不断迁移系统当作高价值工作业绩，殊不知多数情况下其成本投入远高于能带来的业务产出。

8. 军阀式管理

没有容忍异议的空间。

9. 范围蠕变

允许专案范围增长，而没有适当控制。这和无止境的需求变更好像是一回事。

10. 数字管理

数字管理指盲目信任数字的危险性，例如，模型无效了但数字还在，或者模型过期了不能再精准代表现实，这就会导致一些错误的决定。尤其要注意的是，模型与数字的自动化程度越高，这个反模式的危险性越大。

依赖于数字做决定带来的另一个问题是，管理者为达成期望的数字指标，随着时间来调整应对策略，造成了为数字好看而进行的“假大空”行为。

对数字管理反模式，有一句十分经典的比喻：“用代码行数来衡量开发进度，无异于用重量来衡量制造飞机的进度”。

11. 供应商锁定

一种定义是从技术角度看，系统过于依赖外部提供的部件；另外一种定义是从工作角度看，被供应商关系所挟持，不买不行，买了则意味着长期的大量投入，发展受到制约，因此也可将此模式称为供应商绑架。

和供应商锁定十分类似的另外一个反模式叫作供应商为王。例如，一些大型企业购买ERP软件来处理业务任务，但是对这类软件的使用过于激进，直至形成严重依赖，导致整个企业架构最终围绕供应商ERP软件来构造，令ERP成为事实上的企业架构核心。一旦让采购的供应商软件成为王者，那么企业未来的架构必然被其左右，演进能力受到严重限制。

书中并非只有本节这21个反模式，在其他很多章节内容中，也引用了相应领域的经典反模式，帮助大家更深刻地理解书中观点。另外想补充说明，看过本节后，对反模式有兴趣的读者，可以读一下笔者的第一本书，里面还有些经典的反模式，例如团队迷思、架构腐化……以及我自己定义的一个反模式——话语权需求；除了反模式，还使用“烟囱式建设”“大炮打蚊子”“雷声大雨点小”“说书的走江湖，全凭一张嘴”“虎头蛇尾，不了了之”“缓慢混乱，积重难返”等讽刺软件项目建设中的突出问题。这些问题有着与反模式相同的属性，两者都是对不良方法的指代，不同的表达方式，殊途同归。在单调、乏味的软件工作中，这些内容或许是为数不多的学习乐趣所在，尤其是对那些爱吐槽的从业者。

如果读者经历过足够多的项目，相信一定会认可这个说法：项目失败的原因，不论在数量上，还是在程度上，管理类问题影响的占比绝不会低于技术类。希望本节内容能在大家心底对管理类反模式打上深刻的烙印。对反面的、错误的对象，人类更易于使用诙谐的词，大锤、鸡窝、蘑菇、幽灵、摇钱树，这些词在任何技术行业中可都难得一见。对于管理问题的冷嘲热讽，或许只有软件领域具有如此的开放性、包容性。

3.4　项目管理，轻装上阵为佳

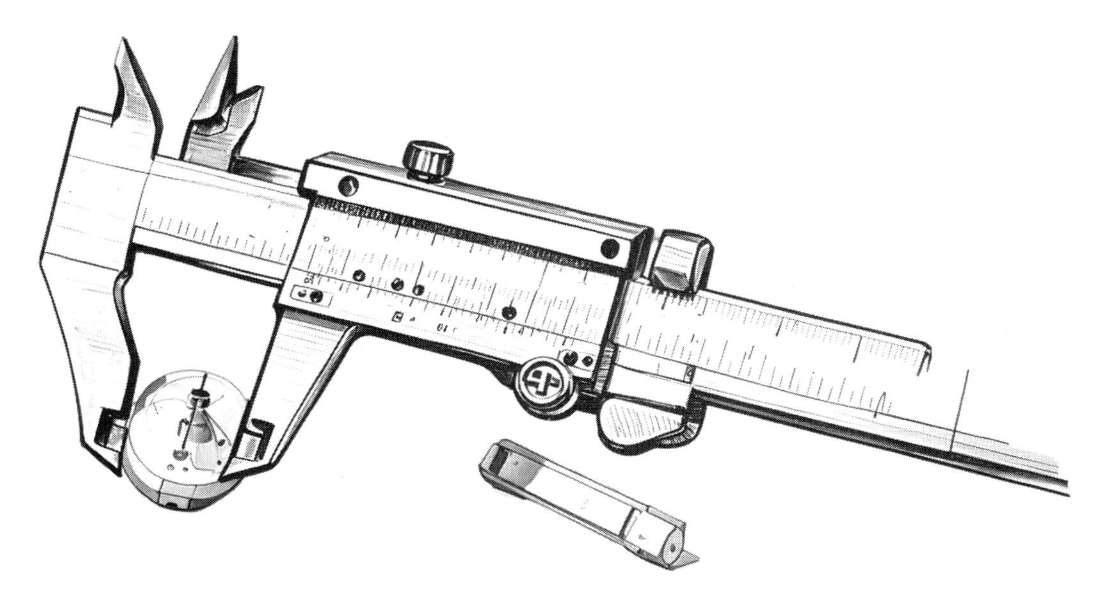

3.4.1　难以突破固有本能之限

项目管理经常要做工作量估算，对项目（或任务）进行“人天”级别的量化评估，这几乎是最基础、最核心的工作。下面讲一些耐人寻味的问题，来看看这些看似“天经地义”的工作中的不可预测与不可衡量。

- 对设计工作，不同身心状况下的产出差距很大，状态良好还是糟糕，设计效率可以是几倍之差。编写代码当然也存在同样问题。这样的影响因素，显然已经超出了项目经理量化评估的能力范畴。更何况很多场景下，技术设计工作还要依赖于团队间协作，这也常常是不可控因素。
- 开始发起申请、对接供应商……按照流程完成一台服务器的订购，可能需要3周时间，而运维人员实际设置服务器，包括设置地址、加载模板化的系统镜像、做其余的安装和配置，可能只需要2～3小时。除非能够改变服务器的申请流程，否则再努力提高运维人员的工作效率，也不会对整体速度产生实质提升。而实际工作中，恰恰只有设置服务器才是技术部门能够控制的。

- 任何人在一天8小时的工作时长中，必然存在多个任务之间的切换时间（更准确地可以叫作间隙时间），这个时间用于必要的信息准备、进入状态、头脑预热，任务切换的间隔时间可长可短，但绝非可以小到忽略不计[①]。项目经理能够量化间隙时间对工作量的影响程度么？当然不现实。
- 对于需要输出设计图的设计工作，设计与制图两者之间的关系，是先进行设计，设计定型之后，按设计结果画出设计图，还是以绘制设计图来推动思考和交流，以画图来驱动设计往前进行，可能当事人自己都无法事先准确预估。那么，试图计算此类任务的工作量，更是无从谈起。

心情和身体状况，当然是不能控制且无法预测的，间隙时间的长短、设计与制图的关系，亦是如此，这些即是执行技术任务中的本质复杂性。无论项目管理学如何发展，方法、工具如何进化，仍需要适当承认并且依赖主观判断和经验之谈，“拍脑袋”方法依旧还有用武之地，工作量评估这项基础性工作即是如此。

我们容易说出某项工作很有用，但是没有办法用价值转换来量化它的价值。软件项目管理隶属于软件工程领域，因此归为工科的学科范畴，但根深蒂固的不确定性，令其更近乎社会科学。

以评估工作量为例，只是抛砖引玉，放眼到各种类型技术工作，认为自己掌握了真理并能够实现绝对正确的管理结果，属于缺乏自知之明之举。我们还只是在人类大脑能够认知的范围内，尽力去做一些量化和控制而已。

在技术管理领域，不应该高估繁复规则的作用，也无须过度推崇精准化度量，更不能对使用所谓客观公式的计算结果盲目自信、营造出风险可控的“表面和谐、虚假繁荣”的局面。“认识复杂性的固有本质，理性理解知识性、创造性工作的难以度量性，并保持工具与经验适度结合之道”才是最佳实践。

对于很多管理工作，不必苛求绝对的“对与错、好与坏”的考量标准，因为这种答案本身就是不存在的。有创造力的系统，绝非靠（机械式的）繁复的计算规则和管

---

① 举个例子更容易理解：情况A是，对于4小时工作量的任务，下属反馈说“我已经在做了”；情况B是，2小时工作量的任务，但下属仍没有开始做（意指还需要切换时间）。要顺利完成任务，哪种情况更令你放心？答案应该是A。这正是间隙时间杀伤力的体现。记得小学暑假，父亲和我说做假期作业时，一个半天（2～4小时可用时间）内只做1门课，最多2门，不要再多。这即是减少“更换作业及相关材料、转换头脑状态进入另外一门课”的切换时间的影响。

制手段可以打造。灵性并非是设定规矩、刻意安排出来的，需要管理人员从内心深入对精简、协作的认知。

3.4.2 倡导极简化的管理原则

有这样一个会议，背景是新做一套更具数字化理念的业务报表，产品方、运营方、项目管理方，以及相关领导均来参会，各方代表高谈阔论、评头品足，大家各有各的想法，各提各的要求。但是，会上谈到任何一个实质性话题，必然绕不开如“能开发么、多久能做完、对相关系统影响如何、怎样维护”等问题。最终这些问题的答案，全依仗在场的一位报表开发工程师。讽刺的是，这种“一群人指挥一个人干活”的场面，很多人早已司空见惯，达到熟视无睹、置若罔闻的地步。

笔者还经历过很多这样的工作场景，项目、质量管理者，打着“高质量、精细化管理”的旗号，对开发员工进行严厉的批评教育，内容不外乎是指导他们“应该提交这个文档，遵守那个流程，符合某些标准，做好工时填报，每天要开晨会”之类的话语。笔者不反对提出并纠正问题，但其程度过甚、形式过重，这种舍本逐末、是非颠倒的管理行为会将“工作关系以及价值导向”带入深渊。

正确的主次关系应该是：管理为辅、交付为主；指点为辅、干活为主。质量管理应该具有服务意识和心态，管理为交付服务。如果支撑部门、后台部门的统治感、优越感，超越了“为生产部门保驾护航”的责任感，那么工作一定会呈现畸形状态。切记，这并非是降低非生产部门的地位和价值，只是将其控制在最利于生产和交付的范畴之内。

在软件行业，外行指挥内行，“管理被妖魔化”的现象屡见不鲜。

无论投入多少资源，打造多么精细化的项目管理机制，不仅（投入产出的）性价比极低[①]，而且无法真正彻底地解决（不可预测、无法衡量的）复杂性问题。建立庞大的项目管理机构（PMO）很少能真正解决棘手的问题，进行事无巨细的任务追踪也并非真正利于促进任务的完成，详细的施工进度图，可能并没有多少真正的受众，开完会即已无人问津。这样的例子不胜枚举，在软件系统建设领域，这些项目管理方式的作用，很大程度上是给管理层带来所谓“安全感”的表面文章。

---

① 例如，在项目管理上再提升10%，可能意味着项目成本提高20%。

就倡导的项目管理风格而言，笔者本人更倾向于极简流派，免于在无法控制之处消耗大量的时间、精力和资源投入。只做“最小必需”的项目管理工作，“在时间、精力有限的情况下，尽量轻装上阵”可能是最好的策略。对不可预测的内容，应该“多努力、少承诺”，学会用动态的、相对的、交互的观点去看待和解释问题，更利于建设柔性组织、打造韧性体系。

这并非否定项目管理的价值，站在管理的角度，工作量核算与排期，这是牵引项目前行的必要驱动力。本节更重于强调，对于不确定性领域，应当拥有思维的鲜活性，保持工作的弹性与应变力。

在软件系统架构的世界，核心技术理念不易变化，技术管理更是需要长期稳定。技术内容虽然日趋复杂，但并非意味着管理变化。管理与技术恰恰应该是相背而行的。技术的不断发展，需要稳定可靠的管理来保驾护航。越来越复杂的技术+越来越简单的管理，让轻量化、常识性的道理与IT技术相互结合，这才是最好的组合模式。

最后做一点补充说明。管理风格因人而异，没有绝对意义上的答案。那么，本节内容所表达的观点，可能偏笔者一家之谈，不免偏颇。即便如此，也可供大家作为开阔视野所用。结合各种观点，思考利弊，让管理工作物有所值。

第 4 章

提纲挈领，一览无余——架构管理全景结构解析

如何能将架构管理刻画得入木三分？基于笔者近20年的系统建设经验，本章内容力图囊括架构管理工作涉及的方方面面，并且像拼积木一样将它们拼接起来，进行抽象提炼，形成一个有机结构体。

为何要这样做？笔者希望传达这样的理念，即我们应当泛化地看待架构管理，它是一套体系，既是生态圈，又是闭环链条。生态圈意味着各组成部分或组成元素相互影响、相互关联所形成的多维体系。闭环链条则强调每个参与者应认知整体与局部的关系，认知自身工作定位，以及与上下游角色之间的关系。我们应该拥有一种模式，可以优雅地描述这样的体系，这就是本章内容的意义。

笔者认为，本章提供的架构工作体系全景图，是关于架构管理工作的集大成之作。这个体系是与时俱进的，关于架构与敏捷的相互结合，不论是在架构思维，还是在架构活动、架构设计驱动方式中，均不难找到落脚点。需要说明一下，本章内容并非全部自创，有少部分来自对国内外专家观点的学习理解，整理后用自己的方式表达出来。

2.2.2节中讲到，用四方面服务能力可以快速描绘一个平台，这是对业务架构掌控力的彰显。对于大型系统架构设计，可同理观之，拥有良好素养的架构师，能够干净

利落地将设计命题快速分解，犹如庖丁解牛。希望本章内容对读者有所帮助。

不同于纯粹的技术开发，架构跨界于技术与管理之间，架构管理是技术、情商、经验三者的综合运用，不仅强调对真实环境的认知、掌控，而且需要更多软实力的加持。做好架构工作，重点在于挑战自我，跳出思维模式惯性，走出心理和行动的“舒适区”，才能实现质的飞跃。

4.1　架构管理的全景地图

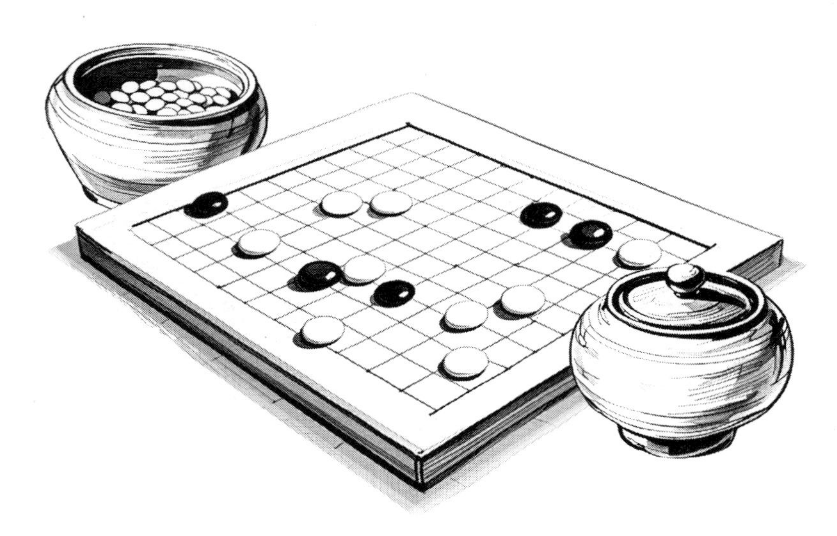

图4-1是本书最重要的一幅图。本图描述的架构管理体系，由人、环境、过程、工具、活动、技术与方法几方面组成。用一句话解释这张图所表示的体系：面向设计标

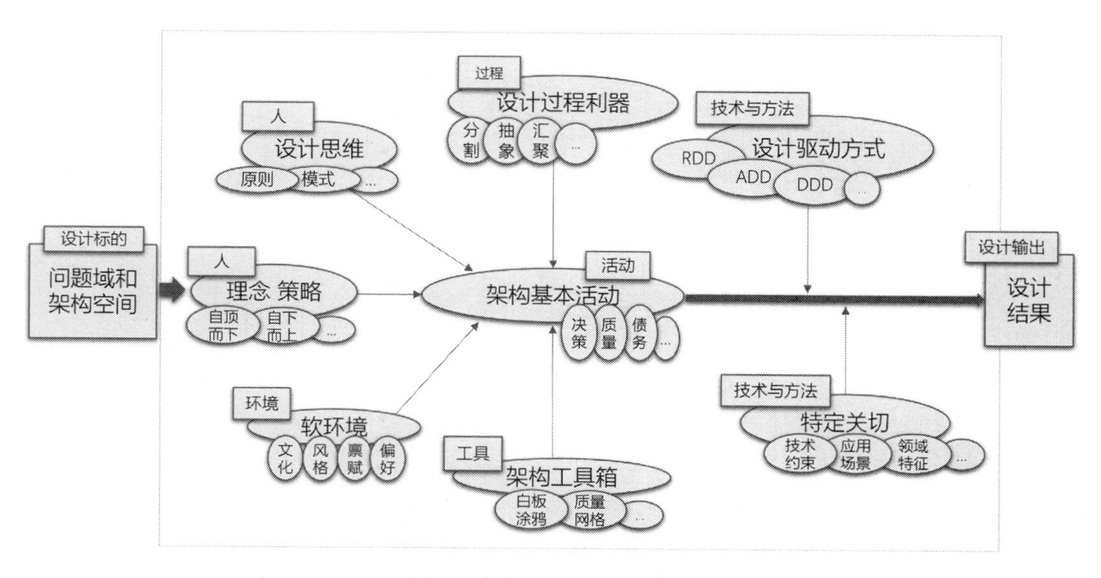

图4-1　架构管理的世界地图

的所对应的问题域（即被设计的对象，是整个过程的输入）和可设计空间，在参与人的设计思维、设计理念和策略，以及设计工作软环境、设计过程利器、架构工具箱的作用下，所进行的一系列架构活动，这样的活动与设计驱动方式、特定关切相结合，最终形成设计成果，即设计输出。

源于对本图内容全面性、抽象性、普适性方面的自信，我喜欢将其称为“架构管理的世界地图”。希望本章内容能够帮助大家“登上架构管理之巅，一览众山小”。

- 设计标的，指的是设计输入物。每个设计标的有客观的问题域，每个问题域都存在客观的可设计空间，这是天然的，设计空间如同装有所有设计可能性的容器。也可以将设计空间称为架构空间。如果是高难的设计标的，那么架构设计可以施展的空间可能就比较小；如果设计标的相对简单，或者具有多样性特征（可以理解为拥有灵活的关系和丰富的组合方式），那么设计的可选择空间就比较大。
- 人的方面。设计者的维度不可缺失，设计者有设计思维的原则和模式，设计者有各种设计理念和设计策略。
- 环境方面。主要指软环境，环境因素对于架构活动的影响绝不容忽视。
- 工具方面。即架构工具箱，具体指白板涂鸦、质量网格、WBS工作分解卡片等架构研讨使用的工具，这样的工具意在帮助团队形成架构共识，拥有一致的心智模式。
- 过程方面。设计过程利器，体现了架构设计过程的控制力。
- 活动方面。上面几方面，最终的落脚点是架构活动，可以将架构活动理解成工作载体和工作责任。在技术与方法的加持之下，架构活动最后形成并输出架构设计成果。
- 技术与方法方面——设计驱动方式。这是设计能力的重中之重，是最重要的线索、技能、方式和方法。作为本书的重头戏，将在第5章详细描述五种方式。
- 技术与方法方面——特定关切。每个系统特点不同、每个决策场景不同，每个设计的工期不同、约束条件不同、干系人不同，没有一劳永逸的架构设计，笔者总结了架构设计与管理决策的六大关注面，在第6章进行具体讲解。
- 设计输出。指的是形成设计结果交付物，并以某种方式予以输出。

序章中提到，架构更像门手艺，而非学科。其典型特征是：“随机应变、跟着感觉走、个人发挥”的情况很多见。很多架构工作的通病在于，多是依赖主观经验，基于个人能力的模式，对于技术的运用也经常知其然不知所以然。当建设大型系统平台时，团队整体作战能力受到严重制约，难以突破瓶颈，欲想提升却后继无力。

那么应当如何去理性地表达和解读架构管理体系呢？图4-1正是笔者心中的答案。这种模块化、抽象化的表达方式，不仅展现了对知识和规律的总结，易于传播和分享，而且可以直接用于指导工作。架构管理工作中，应该关注什么、如何发力、哪块做得不足、如何去弥补加强……对于这些问题相当于有很好的底层理论参考。

4.2～4.5节对全景图的各组成部分逐一讲解，设计输出很容易理解，故不再单独讲解。

4.2 架构活动的主体——人

4.2.1 设计思维的原则与模式

1. 架构设计思维的四项原则

第一，以人为本。不论是开明的领导风格，还是达成任务的方法论，无不倚仗良好的组织力和沟通力。设计工作的本质是人与人的交往。任何架构工作的顺利开展必须要求架构师融入团队、理解相关方要求、驱动下属团队认知。只有尊重所有干系人、换位思考、出色沟通，才能成为领导者。

以人为本，对决策者提出了“掌握禀赋、正确用人”的要求。应将深入了解员工性格当作一项严肃、认真的事项。这不仅为“员工的最佳使用方式”“人员与其岗位的匹配性”“整个队伍的正确用人之术”给出清晰、准确的指导参考，对于改善员工关系也很有裨益。

第二，延时决策。决策者经常会陷入决策误区，匆忙的决策经不起事后的推敲。对于架构设计工作而言，模棱两可的工程是危险的，不到条件成熟的那一刻，不要着急做出最后的设计决策。在敏捷产品理念和迭代式开发方式被铺天盖地宣扬的工作环境中，任务制订者容易产生思维倾向，在很多情况下，会有“先做起来，然后再说”的冲动。这种思维理念本身没有对错之分，把控得好是加分项，反之，拿捏不当则易导致任务发布过于主观，任务启动过于草率，这样的陷阱时刻围绕在我们周围。

如果决策者是极简主义者，那么不直接影响软件质量和交付进度的设计决策都可以是低优先级的，有些甚至可以放到工作范畴之外，留给后来的设计人员去决定。这绝不是逃避责任。

第三，借鉴复用。我们处于面向对象和模式的世界，“不要重复制造轮子”已经成为至理名言。本节这四项原则中，借鉴复用可能是读者最为熟知的，每个人或多或少都已知晓。但是将其作为一个原则，清晰地提炼出来，则是将认知提升到一个新的高度。

我们完全可以在前人的基础（或总结的成果）上开始自己的设计，或者使用别人已经搭建好的框架来解决问题。设计架构时，必须花费更多的时间研究已有的设计，避免自己重新创造（意指低效的产出方式）。因此，广泛阅读、认真学习过大量设计模式的人，通常会显得能力更强，这个道理太过简单易懂了。

借鉴复用的反模式是过度设计[①]，实际工作中要谨防此类问题。很多设计工作的弊病在于：模式使用的目标不再是软件本身，而是出自于掌握这项技能的私心，也许可能是源于某种炫耀感，或者为了取胜话语权争夺战而已。好的设计是简单的设计，过度设计的行为则本末倒置，与简单原则背道而驰。

第四，化虚为实。架构设计，不论思维多缜密、理念多先进，其最终原则是要良好地呈现出来，力图让下属团队及相关干系人通过感性的认知去理解设计、评估设计、接纳设计。如果无法做到让他人接受设计意图，再好的设计创意也无法产生价值。

读者可能会质疑，这四项思维原则到底有何现实意义？笔者以切身所感，分享一些见解。

从抽象层面上看，原则不仅可以于无形中提升底蕴、为工作赋能，而且是一把标尺，在迷茫无助时能够支撑心理建设的恰恰是原则。人生如此，技术也如此。不论从事哪个行业，在一个领域干很多年，中间会多次陷入困境，徘徊不前，需要自我理解、梳理、回顾、总结、提升。此时，把一些问题对应到原则上，有助于从量变到质

① 具体含义参见3.3.2节。

变的提升，跨越障碍。

有时候感觉项目遇到一些问题，做得不好。其原因可能在于与需求部门的利益关系方面，没有在最开始时充分地了解对方的利益诉求和价值主张。建设过程中，各方一直没有“拧成一股绳”。此时，如果能清晰地认识“以人为本、换位思考”思维原则的重要意义，那么原来的一些感性认识很快会被理性所控制。此时，原则如同标尺一样，为当事人提供客观的参考答案。

对于具体工作的实际指导，思维原则的应用价值其实俯拾皆是。例如，设计工作中不乏这样的现象，某些设计人员（甚至是决策者）点评、吐槽他人时“头头是道、思如泉涌”，但自己真正做设计方案时，则内容干涩，不是缺模型就是少视图，或是在积极分享、组织评估方面无所作为，这样的反面教材可不少。

设计工作中，要尽早发现并揭示设计者的真实能力问题。如果用设计思维原则作为对照的标尺，识别设计者真实能力变得易如反掌。化虚为实的原则，能够令各类设计低能现象无处藏身，降低“难堪大用的言论、各显神通的花架子”对真实设计工作的干扰。

2. 架构设计思维的四种模式

第一，理解模式。研究利益相关方关心的业务目标，理解重要的业务需求内容，更要了解非功能需求，包括开发团队的资源、风格，甚至办公室政治，均要做到悉数掌握。除此之外，切勿忽视理解各类技术约束的重要性。

第二，探索模式。有些流行的说法，将设计探索等同于头脑风暴，把设计工具等同于白板和卡片（或便签），这样的说法虽然透露出对积极性、协同性的认识，但只是探索想法的一种手段，无疑过于片面。对概念进行定义时，应该注意全面性和严谨性。架构设计探索是指形成一系列设计观点，确定解决问题的工程方法，包括研究大量的模式、技术和开发方式。

第三，展示模式。展示，不仅体现四原则中化虚为实所强调的让他人理解和接受设计想法，并且供架构评估和校验所用。展示想法实际就是输出设计内容、推进协商、制订计划。最常用的方式包括（线框形态表示的）架构图以及配套文档，有些任务可以加入原型制作，或者使用数据展示这样的方法。除此之外，设计者更需要注重如何提升自我表现力和表达力。

第四，评估模式。分享架构的唯一方式就是把它具体呈现出来。很容易理解评估对验证架构设计适用性的作用，用于判断是否满足各个干系方的需求。架构评估活动即架构决策的产生过程，可以使用有助于决策的方法论体系，例如可以采用架构权衡分析法、成本收益分析法等。这样可以避免陷入“人云亦云、随声附和”的境地，也能适当降低“主观发挥的评估意见”的占比。

四种模式并非只体现于软件架构设计工作，也适用于很多知识密集型工作，即使没有接受过设计思维的训练，多数人也在无意中使用了这些思维方式。如果缺乏理论的认知，当事人经常处于“知其然不知其所以然”的状态，被直觉和感性所控制，那么能力提升可能是线性而缓慢的。

架构设计工作的全部内容都可以归纳到四种模式中，在各类工作循环中不断地并行、串行使用。在实际场景中，需要频繁快速地切换思维模式，例如，在一次对话中就可能多次发生，随时选择使用哪种方式来解决对话中的问题。

当产品增加需求、客户增加约束时，如果可能对性能产生影响，设计者则需要更多的信息，进一步理解问题，这是发生在“理解模式”，以便进行风险判断。如果对话中发现问题点在于需求方对当前状况不甚了解，那么需要迅速切换至展示的思维模式，这不一定要求立即在对话中进行演示，而是可以约定时间对目前的设计结果进行一次展示沟通，这其实是在用“展示模式”进行思维。

在这四种模式中，总能找到适合的一种很好地应对“日常那些卡住我们”的问题。一般来说，认识这四种模式并加以思考和练习，有助于跳出思维定式来破局，这就是“知其所以然”的作用。

4.2.2　设计者的理念和策略

本节继续讲解架构管理体系中关于人的方面，解读架构体系中的另一个组成部分——设计者的理念、策略，通俗地说即应该如何看待和开展架构工作。

1. 由下至上，演进式架构

当前是“敏捷开发、持续交付”的时代，快速迭代思想拥护者们倡导的观点是：

架构不是预制的，而是演变的，是通过由小到大、由下至上的过程，渐进式得到的，如同聚沙成塔。因此，应当专注于“使用微小的架构活动解决现实的开发问题”，这样做才是接地气的，见效快并且利于反复检验。架构工作应更重视实战中的标准和通用服务，而非架构风格和花哨的架构图。

这样的理念是完全正确的。很多国外专家赞誉的演进式架构、持续架构，以及增量架构，其精髓即是如此。构建架构的过程没有最终状态，会随着时间而不断变化、演进，这样的架构是增量发展的、可适应的、有牵引力的。

2. 自上而下，预制式架构

另外一种类型的代表是传统瀑布式的架构方式，它是自上而下的，其特点在于预制式或计划式。很多人认为这样的设计方式是闭门造车、纸上谈兵，甚至应该被淘汰。这样的说法过于极端，是错误的认知。高层设计或蓝图设计作为此类设计理念的典型代表，其重要性从未降低[①]。

由下至上与自上而下，两者各有各的价值，各有各的市场，根据系统规模及复杂度，结合影响设计决策的各个特定关切[②]，有针对地进行结合与取舍，因地制宜获取平衡之道，才是最佳实践。关注架构工作的实效性，聆听多方反馈，善于适时调整，才能令架构设计与需求开发交付相互融合、协调一致。

最好的架构应该是在上述两者之间保持一定的张力，达到对两者的兼顾。用什么词语去表达呢？笔者认为应该是“刚刚好”（Just Enough），这与“最小必需”原则看起来不谋而合。不同之处在于，“刚刚好”的架构更强调“善于调整”，体现架构面对变化的适应能力。

从任务目标和工作节奏来看，将上游业务所强调的交付速度与架构设计无障碍融合，业界目前没有两全其美的模式方法。架构工作有传统性、纪律性的特征，对于软件行业，目前还只是在向“速度与纪律达到平衡状态”的过渡中，一方面倡导快速反馈循环的交付方式，另一方面通过架构设计来开发更优秀的软件产品，各个阵营都需要保持耐心并持续关注。

---

① 需要注意的是，高层设计只属于少数人，多是为向上汇报所用，高层设计虽然重要，但与实战层面的架构有时会发生脱节。

② 参见第6章。

从发展趋势上看，敏捷与架构之间的矛盾正在逐渐消除，两者能够相互融合的核心在于“有序”，其精髓在于以“自动化替代、可重复变更、技术弹性、直接反馈路径”的再造与提升来支撑，通过高频校准和拥抱变化来达成正确目标，并能够在过程中修正航道，具备长期可维系性。维持有序、对抗熵增是IT工作的永恒主题，也正是DevOps在当今软件行业中如此重要的原因。

设计架构、开发测试、返工修改是构成技术工期的三个主要组成部分。一方面用适当时间做架构设计能够降低返工修改的风险，另一方面设计时间过长会增长交付的周期。这是无法回避的矛盾，软件系统规模和需求各不相同，但每个系统都有一个设计工作所占比例的最佳平衡点。

笔者给出一个参考标准：建设中等规模的系统群[①]，可以将1/3的时间用在架构设计上。但是，不仅不同系统的功能点数量和代码行数可以差别很大，而且这个参考里面也无法量化系统的复杂程度，更何况不同人对架构设计工作边界的认知也不同[②]。因此，1/3这个数值其实没有太大实际意义。系统群规模越大，前期做架构设计的获益越大，反之则越小，还好这个规律是客观不变的。

因此，写此内容目的更在于让大家意识到：在做项目（资源、计划）管理时，架构设计这部分的预算和时间不应被轻视，可作为单独一项纳入考虑；建设系统时，要知晓“对于设计时间控制”的重要性，留意设计时间占比，把控好工作进度和系统质量的平衡关系。

最后补充一点，演进式架构与预制式架构更多是从架构的专业角度去看待系统建设方式，这只是设计理念和策略的一方面。除此之外，决策者的风险偏好，以及对系统建设的话语权，这些主观因素都应考虑进去。例如，很多大型企业系统建设之时，多以符合长远技术规划为原则，但有些企业则倾向业务侧利益，当与技术规划出现矛盾时，以优先满足业务场景人员使用为导向。技术团队通常更加拥护技术规划，对业务需求提出的建设方式大为恼火。其实大可不必如此，从本质上看，两种方式没有孰优孰劣之分，只是立场不同而已。

---

① 例如，由5～10个业务应用系统组成。

② 例如，接口设计算作架构设计吗？这没有准确答案。对于重要边界的接口，应该算，反之则不应该算。但是，什么又算是重要边界呢？在实际项目中，开发者们可以有五花八门的理解，只能是以团队中权威者的经验为主，没有客观答案。

4.2.3 设计所需的软环境

不可将软环境与软技能混为一谈，软技能更在于强调个人标签，软环境则是面向团队整体工作，要注意区分这两个概念。对于软环境，笔者认为包括如下几方面。

1. 工作文化

头脑极度开放，致力于“透明、求真”的团队文化，是实现“创意择优”决策的基础，从根本上剔除分派站队等职场问题的滋生土壤。具体实践包括：将问题摆在台面上（而不是暗流涌动），求取共识并持之以恒，允许犯错但不能一错再错，发展有意义的人际关系等。在数字化转型和智能化科技大潮下，积极培养“科技引领业务”的意识形态，在有条件的情况下努力孵化科技创新项目，是开诚布公、锐意进取的技术文化的最佳体现。

有一点需要澄清，头脑开放并非“应该去选择的选项”这么简单，而是团队内形成的化学反应，是彻头彻尾的高阶能力的体现。这既不能指望员工的自觉，又不可能一蹴而就，唯有通过建立学习型组织，不断地练习，以组织机制带动个人成长，形成优异的工作文化。

2. 工作风格

团队工作风格通常由少数核心人员决定，这样的影响是潜移默化的。如果架构师喜欢坐在象牙塔里，长此以往必将引起大家的抵触情绪。应倡导积极对话机制，以沟通交互为中心，建立简明清晰的表达方式和开明的领导风格。走出舒适区，帮助团队理解目标任务，点对点言简意赅地表达观点，或者使用非正式白板会议的召集方式，写下各自的想法，这些方式比任何自以为是的高智商都更有效。

提升IT团队工作战斗力的重要一点是“快速聚焦的能力”，核心设计人员要具备快速形成“粗略设计视图[①]”的能力，在各种各样的讨论、分析场景中，以粗略视图作为传递“设计要义、核心模型，以及重要技术信息”的载体，建立起连接“不同类型工作板块之间、任务内部各个环节之间”的走廊，拉动沟通进程，解决分歧[②]，提升共识

---

① 注意理解此处视图一词的含义，并非一定是图，也可以是文档、表格，甚至是数据文件等形态。

② 分歧是客观存在的，不仅无法避免，而且经常是无法解决的。此时，解决分歧的真正含义在于“在存在分歧的情况下，能够超越分歧继续前行”。

效率。

沟通交互的范畴是广博的，提高交互的境界需要注意双向性，学会倾听技术同僚和下属成员的意见。在增长知识的同时，能够提高团队对技术观点的认同感，这是以人为本原则的体现。

3. 风险偏好

企业所处行业类型不同，架构偏好也不同。例如，金融行业看重所使用技术框架的稳定性和自主可控性。互联网行业则更强调架构的先进性，对于“有良好技术社区、体现迅猛发展势头”的先进技术，更加愿意去尝试，并乐此不疲。

不同工作形态，架构偏好也是不同的。对于平台型工作，架构的导向更面向能力建设；对于项目制工作，架构的导向更面向契约交付。项目制工作偏重于短期内冲刺，为了达到最短的交付时间，在既定配置下，团队不能将过多精力用于打造架构模式。多数情况下，能够在模块层面适度运用设计模式就已经很不错了。平台型工作的模式更具有长期性特征，更加关注平台架构和整体机制，对于开源和创新的技术研究投入更大，通过架构底蕴推动对团队的赋能。平台型架构更关注中底层能力的建设、储备，依托中底层进行持续的技术发力，对上层交付形成长期的、持续的支撑。

如果读者对平台型与项目制的不同缺乏直接感受，那么可以打个比喻来帮助理解：做项目的状态像是“周周打鸡血”，交付完成后可以享受下一个项目来临前的间歇期；做平台的状态则需“风物长宜放眼量”，做到审时度势、进退自如，避免快则不达。

应该在整体层面对整个团队清晰地传达风险偏好和策略取向，这样的精神指导是必要的。为员工营造的软环境，与企业所处行业的特征、工作策略、工作类型和模式相协调，是架构管理工作得以良好开展的基石。

最后补充一点：面对竞争，很多企业只能走激进的管理路线，指标设得很高，员工精神压力越来越大。对此风格，笔者不予评价，但想提示的是，应当基于对团队禀赋的了解，对团队能力的上限进行客观的评估，懂得量力而行。这对于营造良好的软环境尤为重要。

4.3 过程利器及工具运用

4.3.1 架构设计过程利器

需要找到一个词，既能表达“手段与方法”之意，又能彰显架构设计“过程的控制力”。思考良久，我选择了“利器”一词。

1. 分而治之

从成语出处看，分而治之①意思是分别治理，指利用手段使国家、民族或宗教等产生分裂，然后对其进行控制和统治。由此说来，分而治之其实并不是一个令人感到温暖的词。分而治之也被称为“分治术”，是一种有效的设计方法，主要是把一个复杂的问题分解成若干规模较小的问题，然后逐个解决。

4.5.1节将讲述VOD、ADD、PBD、DDD、RDD这5种设计驱动方式。如果我们切换到“设计过程”的视角来看，可以发现各类驱动方式的相通之处，即“先划类拆解，再逐个击破”的分而治之之道。首先，以驱动设计的要素（如各类视图、多种质

① 出自清代俞樾的《群经平议》。

量属性）为线索，或是从整体与局部的关系（如整个产品由多个限界上下文[①]组成）入手，对整个设计全集进行分类，并分层切割，形成若干（相互间逻辑隔离的）不同问题域的子集。若将分而治之称为架构设计过程的第一利器，笔者认为是名副其实的。第5章将讲到的部署设计、数据规划、故障防御等众多细分主题设计中，都会体现分而治之的重要性。

2. 技术抽象

用技术知识去理解和转换分割后的问题域，通过技术抽象来精简问题空间，形成技术化语言表达，将软件的结构表现为开发工程师可以理解的语义和符号。设计之旅就是多个“分而治之+技术抽象”过程的循环与嵌套。

软件建模的核心，即是将业务需求抽象表达为实体及实体间关系。而抽象表达的核心，是对软件建模语言的运用。在多种方式中，大家最熟悉的当属UML。下面重温一下UML中的6种技术关系，图4-2是每种关系的范例描述。

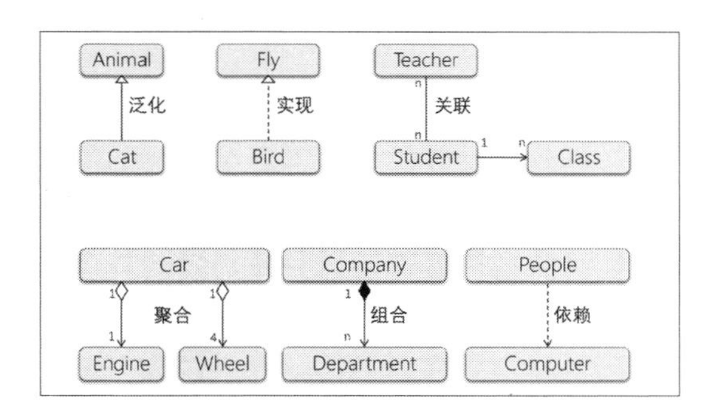

图4-2　UML中的6种技术关系表达

- 泛化关系。也称为继承关系，表示一般与特殊的关系，它指定子类如何特化父类的所有特征和行为。表达方式为带三角箭头的实线，箭头指向父类。
- 实现关系。是一种类与接口的关系，表示类是接口所有特征和行为的实现。表达方式为带三角箭头的虚线，箭头指向接口。
- 关联关系。是一种拥有的关系，它使一个类知道另一个类的属性和方法。关联可以是双向的或者单向的。双向的关联可以有两个箭头或者没有箭头，单向的关联有一个箭头。

---

① 其含义见5.4.1节。

- 聚合关系。是整体与部分的关系，且部分可以离开整体而单独存在。聚合关系是关联关系的一种，是强的关联关系；关联和聚合在语法上无法区分，必须考察具体的逻辑关系。表达方式为带空心的菱形实心线，菱形指向整体。
- 组合关系。是整体与部分的关系，但部分不能离开整体而单独存在。组合关系是关联关系的一种，是比聚合关系还要强的关系。代表整体的对象负责代表部分的对象的生命周期。表达方式为带实心的菱形实线，菱形指向整体。
- 依赖关系。是一种使用的关系，即一个类的实现需要另一个类的协助，所以尽量不要使用双向的互相依赖。表达方式为带箭头的虚线，指向被使用者。

就（关系中）实体之间关联的强弱性程度而言，这6种关系可划分为强、中、弱三档。泛化关系和实现关系是6种技术关系中最强的两个，表达方式的共性在于使用了三角箭头；关联关系、聚合关系、组合关系强弱性居中，三者表达方式的共性在于使用实线和菱形箭头，这三者之间再进行强弱对比，则是组合关系强于聚合关系①、聚合关系强于关联关系；依赖关系，是6种技术关系中最弱的关系。

3. 融合汇聚

切割、抽象的目的是得到答案，即设计结果，那么，最后一个设计过程利器，当然非“融合汇聚”莫属，其含义为：组合各部分的答案来得到整个标的的设计结果。其过程为，将各个设计切面进行关联、融合，形成具有联合完整性的设计合集，然后通过视图投影、Demo演示或其他输出方式去最终呈现。

设计者进入成熟期后，个人能力的再增长是缓慢的、渐进的。依靠个体智力和经验，很难突破技术团队的能力瓶颈。要打开能力空间，改良“战斗武器”才是可行之道。因此，希望大家理解并牢记本节所讲的3个过程利器，做好对团队的布道，以此形成优良的设计习惯，甚至是文化基因。

4.3.2 架构工作的工具箱

参加过项目管理培训的技术人员对SWOT分析法、工作任务分解（WBS）、团队海

① 以图4-2为例，Company由Department组成，Car由Engine和Wheel组成，都是组成关系，很多人不太理解为何组合关系强于聚合关系。两者的核心区别在于，没有Company，Department则不存在，但是没有Car，Engine和Wheel作为独立的实体仍然可以存在。

报这些概念了如指掌，甚至对循环设计、观点填空和协作者卡片也不陌生，但现实工作中很少见到实际应用。我们所学习的六西格玛、CMMI方面的技能，也大多数被抛在九霄云外。

架构设计与技术设计之间并没有清晰的分界线，因此架构工具箱即是设计工具箱。工具箱的含义是，在软件设计这个专业领域工作中可用工具的集合。既然是人在使用工具箱，那么，下面笔者按照设计者的四种设计思维模式（4.2.1节所讲的理解模式、探索模式、展示模式、评估模式）对工具进行分类，方便大家去对应记忆。

1. 助于理解的工具

助于理解的工具是“以人为本”原则的体现，是将相关方的“想法、理念、思路”有效反映出来的工具方式，主要包括移情图、相关方访谈、微型研讨会。移情图通常使用横纵坐标轴将图纸切分为四个象限，每个象限代表一类诉求（或者是想说的话），各利益方将自身诉求分类，分别贴标签到各个象限。访谈、研讨会，重于强调使用各种细小、灵活的方式，提升沟通的渗透性。

为提升业务与技术之间的相互理解，形成共同的心智模式，还可以使用一些其他技巧。对于业务需求中没有提及的内容，例如响应时间等质量属性，或是系统某些内容的维护方式，设计人员可以做一个类似于蜘蛛网的度量网格①，然后写上心目中的各个属性的期望值。将这个假想的度量值，抛给业务人员去理解。如果业务不予认可，那么恰恰达到了此举的目的。度量网格实际是稻草人角色，用于倒逼业务去重视那些原本忽略（或不擅长）的内容，并以此换来真正的指标值。即使未达成此目的，对于因“业务需求外内容缺失”造成的后续问题，也具有一定的免责之效。

2. 助于探索的工具

助于探索的工具主要包括白板涂鸦、设计草图、事件风暴（或问题风暴）。不同形式的目的都在于：提升沟通效果、帮助构思、启发探索、推进观点的形成。相比于仅凭头脑琢磨，这些工具额外提供了有效形式，依托这些形式，设计过程得以加速。

只要用心去想，可以发现助于探索的工具很多。在做一些规划时，进行沙盘推演

① 以笔者经验，需要补充关注的属性，一般以5～8个为宜。蜘蛛网形状与此较为匹配，每个边角表示一种属性。

是极好的探索方式。另外，架构演变记录也应作为重要工具纳入架构工作管理中，为回归（或复盘）研讨所用。

补充一点，不要忽视个人笔记的价值，烂笔头也应算是一个工具。估计不会有人将此纳入架构工作管理范畴，更多是因为其服务对象是本人，而非团队。

3. 助于展示的工具

助于展示的工具主要是较规范的各类设计视图，如分解图、时序图、拓扑图等，还包括更为灵活的简洁材料和粗略视图。除了架构图和文档，也可以用产品原型、命令行操作和数据分析表，甚至系统引喻也可以作为展示工具。

展示能力是极为重要的软技能，出众的沟通力和演讲水平，是成为优秀架构师的必备条件。无论是树立愿景、确定原则，或是指明前提条件，都需要良好的展示能力。简明扼要地阐明主旨、用故事激励团队、呈现图表建立共识、用非技术语言揭示技术理念、分层次地传递设计要义……每一次这样的沟通交互，其实就是一次建立影响力和领导力的过程。

4. 助于评估的工具

常用的助于评估的工具包括决策矩阵、运行观测、评审模板、场景演练。决策矩阵实质上是最常用的快速对比评估表。评审模板则为设计评估提供参考项和参考标准，解决了评估的主观性和随意性问题。如果用一句话来表达评估工具的价值，笔者认为应该是“用客观事实说话”。

最后，以一个简单的例子来形象化描述架构工作的工具，这个任务是观察一个支付系统的运行表现。

首先是召集产品、开发、运维的多方研讨会，了解各方的利益诉求。运维部门提出的是“老三样”，即可用率、响应时长和并发性能；产品经理关心的是客户体验，以及产品后续应如何发展，因此提出的2个观测对象是交易通知成功（到达）率与用户对支付通道的选择情况，即不同支付方式的占比；运营人员关注的是对账无差错；开发人员则关注支付功能所依赖的银行通道的可用性和健康度。

各方的关注点可以被当作任务的原始需求，基于此不难细化出对应的观测指标。

得到主要观测指标，等同于完成了本任务的需求分析，设计工作因此得以展开。

对于指标数据来源，例如对于不同支付方式的占比，可以使用客户单击页面动作的采集数据，也可以使用支付结果数据来统计。前者不占用昂贵的数据库计算资源，但是后者数据质量更好，结果会更准确。此时，可以使用一个决策矩阵二维表对两种方式的优劣进行对比，这样更利于决策。

最后是技术实现设计。例如，每秒支持的并发支付笔数，可以是压力测试工具测试后提供的数值，并定期进行评估；每日差异账数量，直接来自对账结果数据表；交易通知成功率，实现方式可以是应用系统打印交易结果状态的文本日志，经过采集、聚合后，推送给数据处理分析程序进行统计计算。

上述设计内容可以使用白板作为工具进行绘制。对各个内容画上连接线，即形成如图4-3所示的粗略设计图。如果要做得更细致，可以在连接线上标注重要的属性。例如，实时、非实时这样的"时效属性"，或是批处理、人工触发这类"动作类型属性"。

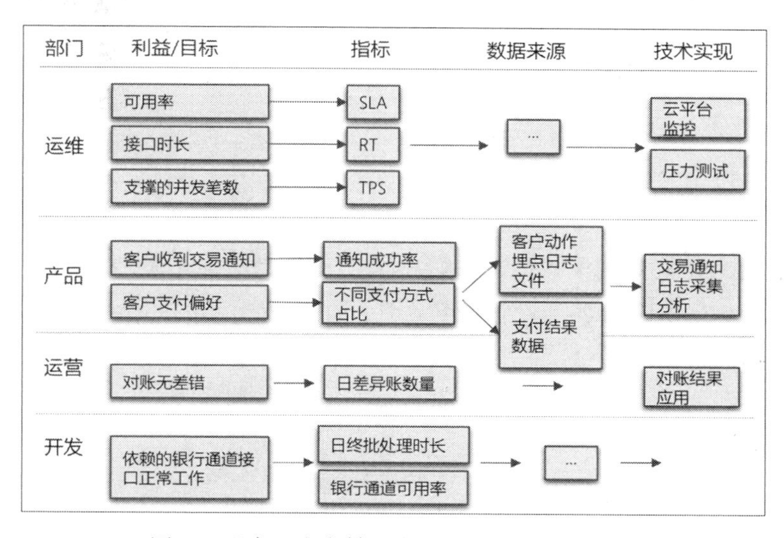

图4-3 观察一个支付系统运行表现的粗略设计

这个过程有多个干系方参加，还使用了头脑风暴的讨论方式，风暴可以是事件驱动、风险驱动或是经验驱动，也会在局部使用决策矩阵作为辅助工具，当然白板文化也发挥得不错。

做一个提示，工具并非越多越好，设计者追求的应该是"用得深、用得精"。

4.4 架构工作的基本活动

本章前面所讲的设计者、设计环境、设计过程、设计工具，这些架构工作的各组成部分，最后都要汇集到架构活动，以架构活动作为载体来发挥作用。可以将架构工作活动通俗地理解为“具备一定目标和责任的工作行为（或动作）”。笔者总结的三大架构基本活动如下。

1. 驱动技术决策

架构工作的最主要工作单元是什么？是花哨的视图、表格，还是软件模型、系统原型？这些表述并不足够抽象。架构活动最重要的目的，是在软件设计与开发过程中做出一系列的决策。驱动技术决策是架构活动的主要工作单元。

序章中介绍了技术决策的本质，强调其主观性、泛化性、动态性特征。下面来看3个简单的例子。

- 第一个，要做主备中心的流量切换演练，时间如何选择？夜里切流量，通常是默认的选择，好处是夜里用户量少，切换动作的影响范围小，但这并非永恒不变的答案。对于切换后的全口径功能验证，白天则是更有利的时间。对于使用量低的功能，夜间切换后没有真实流量，难以即时验证，必须待白天流量上升后才能完成验证工作，这其实是增加了可能存在故障的时间。从工作管理角度看，这无疑增大了风险敞口。

- 第二个，安全投入小了，可能会有安全隐患，但是算法越安全，请求处理效率多数情况下会越低，客户体验就会越不好。安全投入与安全产出价值如何去衡量？没有客观方法。与第一个例子类似，这也不是一个架构问题，而是决策问题。
- 第三个，一个系统连接两个服务通道，应该如何去连？可以直接连接这两个通道，也可以在这两个通道之前加一层封装（或代理），将这两个服务转变成一个更为通用的标准服务。相比前面两个例子，本例的决策更需要依赖架构方面的考量。

类似这样的场景几乎每天都能遇到。技术决策与架构设计的关系是：大多数的日常技术决策与架构无关，并不依赖架构工作；反之，架构工作中有很大一部分是在进行驱动技术决策的活动。

但是，对于以一致且容易理解的方式达成并记录架构决策，大多数企业所付出的精力少之又少。良好的架构决策记录（Architecture Decision Record，ADR）不仅是阐明所有考虑过的选项以及做出决策的理由，而且是在创建一份翔实的待办事宜列表。ADR对于实现架构的分享和交互十分重要。架构工作的成败，很大程度上取决于沟通和协作的开展程度及效果。

2. 关注质量属性

这是架构活动的正向前进目标，架构设计的目标就是质量属性，质量属性是设计者要关注和解决的最核心问题，也是架构工作最核心价值的体现。

质量属性（Quality Attribute，QA）既熟悉又陌生，质量属性远非只是一个重要的方面这么简单。其实质量属性就是软件架构的目标，在我读书的时代，既没有设置软件架构这个专业，也没有学过软件架构这门课程，如果那时问我软件架构是什么，我的回答一定是软件的主体结构，这个答案没有错，但是设计软件的主体结构又是为了什么呢？答案正是质量属性。也即是说，开展架构工作、进行软件系统设计，就是为了获得有质量的软件。

为了进一步理解印证这个说法，可以在发达国家计算机专业教育中寻找参考线索。*Software Architecture In Practice*[①]一书被很多人誉为是“软件架构图书中的事实标准”，是卡内基-梅隆等学校的软件架构教材，其核心内容以及整本书的编排线索，正是质量属性。由此说来，将关注质量属性作为重要的架构活动，自然无可厚非。

脱离具体的系统环境和应用场景来描述质量属性是很困难的。考试报名系统、娱乐游戏、自动驾驶系统……不同系统对于质量属性的诉求完全不同，这使得选择技术框架变得颇具挑战。在项目建设中，制定面面俱到的QA清单看起来更像学术训练，没有实际价值。对于大多数软件系统而言，维护一份包含5～8个质量属性的关注列表，在实用性、可管理性方面更为合理。

5.2节将详细阐述如何以质量属性驱动架构设计，关于质量属性的相关内容，本节不再展开。

3. 掌控技术债务

对于几种类型的技术债务，3.1.2节中强调了几个工作要点，关键字包括积极捕获、主动记录和跟踪，以及在合适的时机和预算下偿还。这是应对技术债务的核心方法论。有效控制技术债务，是架构基本活动中体现反向补偿的一项。如同驱动技术决策中的ADR，对于技术债务，应当创建并持续维护一份技术债务台账，记录技术债务项的后果影响（可能是未来业务需求无法实现，或某项质量属性指标难以达成），以及技术债务项的补救方法（要留意解决技术债务的方法是否会引入新的技术债务）。不要忘记制定优先级策略，将影响业务功能的债务，作为高优先级事项发送给产品人员，这对于产品的长期完整性至关重要。

要理性理解反向补偿一词的含义，请勿机械地认为补偿为贬义词，视其为亡羊补牢之举。并非所有技术债都是负担，这与“并非所有债都会变为坏账”是同理的。实现可持续架构的重点在于，主动地、有意识地对技术债务实现收放自如。

- 可能是某次上线前的业务需求变更，测试时间不足，但是顶着压力也要上。
- 可能是代码开发匆忙规范性不够，或是对引入的第三方包未进行足够的准入

① 目前较新的翻译版本为《软件架构实践》，2023年1月出版。

检测。

- 可能是因缺少公共资源，各条线各自为政，各自开发自己的通信协议。
- 可能是按照监管要求，对敏感信息存储增加了安全加密，导致CPU使用率偏高，降低了并发性能。
- 可能是使用了不同版本的程序包，出现无法统一维护造成的工作量浪费。

大家对这些场景可能早已司空见惯，遇到难以调和的矛盾点时，技术债务本身是利于达成决策的调节器，可以通过主动释放（即增加）技术债务，缓释业务交付周期太短，或者当前人力难以实现架构要求等来源不同、形态各异的压力。架构工作，很多情况下是在做有关技术债务的活动：不断地增加技术债务或减少技术债务，评估技术债务并维持技术债务数量和体积的合理化。

最后做一点补充。架构演进的过程，即是以本节所述的三项架构基本活动为基础所形成的反馈循环，具体措施包括：使用适应度函数进行架构检验，通过各类测试持续检查功能和质量属性，以混沌工程开展生产系统的故障实验等。因此，可以将这样的反馈循环和持续演进称为第四项架构基本活动。

4.5 驱动方式及特定关切

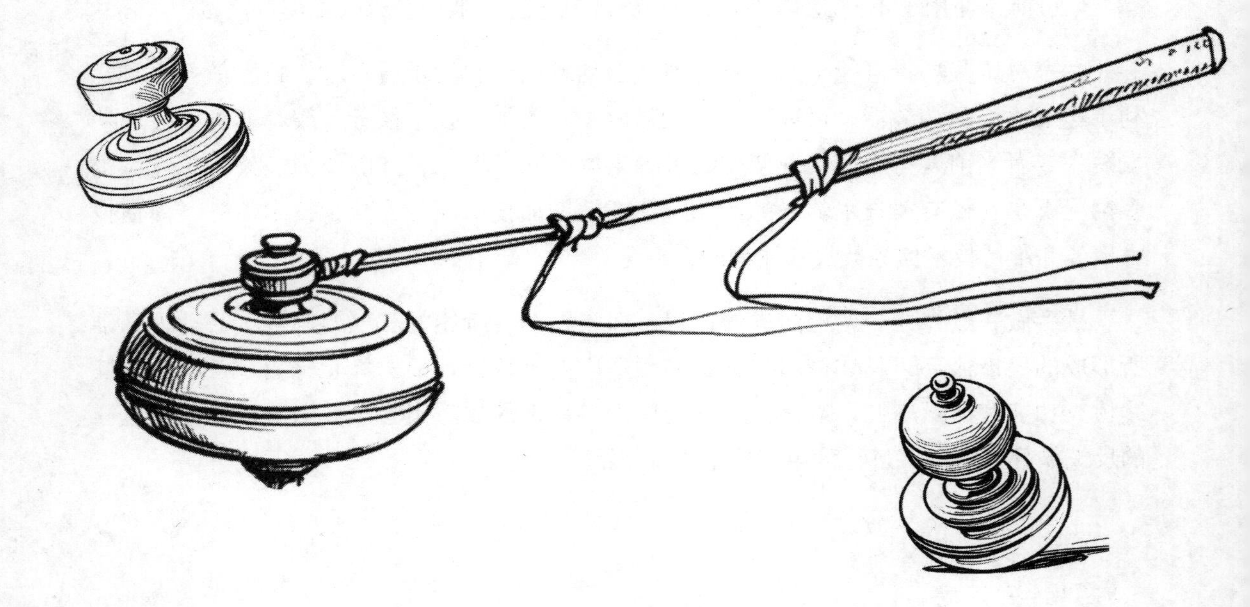

4.5.1 架构设计的驱动方式

五大架构设计驱动方式如图4-4所示，是本书内容的重中之重，体现了架构设计的核心能力，可以说是优秀架构师应该具备的战略素养，具体内容将在第5章讲述。各种设计驱动方式的本质是开放、共享的“客观技术与方法”。虽然不同方式使用的设计术语不同，设计切入角度各异，但是相互之间是互补的，具有良好的相容性，并非传统意义上的竞争关系，更无须经受孰优孰劣的主观评价。对于复杂系统平台的架构设计，并非一种方式就可以水到渠成，多数情况下是若干方式的综合运用。

几种方式并举，有主有辅，这正体现了各种方式的相互关联性和联合完整性。有时设计者自认为只是在使用某一种方式，但是不知不觉中还运用了另几种方式。这是显式与隐式间的关系。“隐式”一词，在于强调是未察觉、无意识、无感知的。

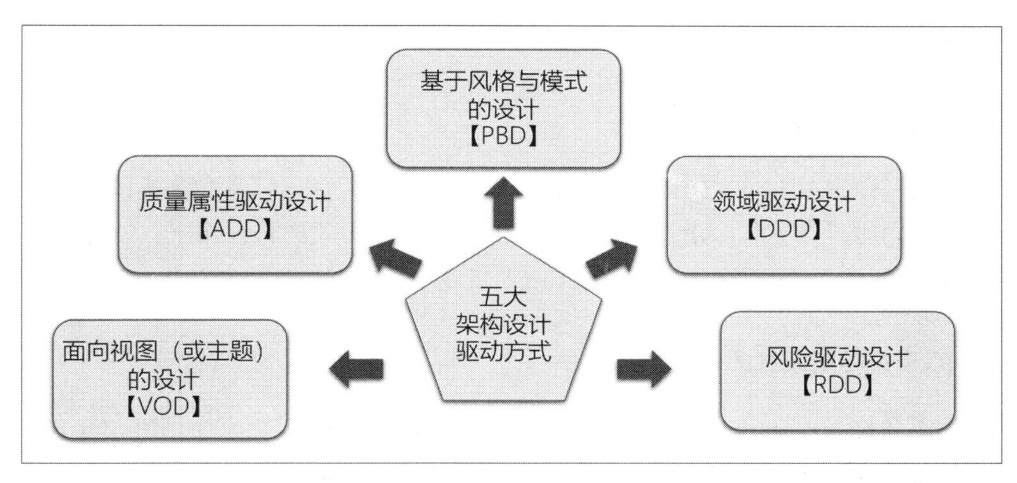

图4-4 五大架构设计驱动方式

因此，本书将几种方式清晰地提炼出来，便于大家在设计复杂系统时，能够理性地识别、有效地掌控、合理地运用这些设计驱动方式，游刃有余地驾驭设计过程。“驱动”二字的核心意义正是在于此。

例如，无人不知质量属性，很多人对架构风格与设计模式也早已耳熟能详，但是众多企业的软件设计中，不论设计策略的建立、设计依据的梳理、设计要素清单的审查，还是设计过程的提领、设计内容的对比、设计结果的评价，质量与模式的价值远未得到充分体现，或者说“未能有效运用质量和模式作为设计线索来引领设计工作的进行”。更多时候它们只是活跃于技术知识层面，距离要达到为整个团队设计工作赋能的目标还有很大差距。

1. 面向视图（或主题）的设计

其英文名称是View Oriented Design，简称VOD。所谓视图，可以是公认经典、通用的，也可以是为特定系统某类特征而定制的。一个视图是对系统某个技术切面的投影。

开展VOD的核心线索是什么？实际上是约定俗成的经验，以及事实标准和表达方式。例如，设计一个系统通常要做它的数据架构，那么数据即是一个设计主题；系统必然需要部署，那么应当为部署做设计视图；如果要决策系统所用的技术栈，那么技术栈可以是一个设计主题；不论是通信关系，还是逻辑关系，通常需要描绘各系统间的关系，那么关系视图必不可缺。通过这些例子不难发现，VOD其实是最经典、最通用的设计方式。

2. 质量属性驱动设计

其英文名称为Attribute Driven Design，简称ADD。质量属性本身是架构的目标和结果，但是同时可作为架构设计的驱动要素和线索。此方式的特征在于，以分析和考量关键质量属性为设计抓手，在技术特征强的系统中尤其应当重视和关注这种方式。

3. 基于风格与模式的设计方式

其英文名称是Patterns Based Design，简称PBD，国外有专家使用Model Based Design，笔者认为Model不如Patterns合适。风格与模式，是技术设计者最为熟知的领域，是技术成长之路上的主赛道。例如，不管面对什么样的系统，在了解整体需求之后，根据技术功底和设计经验，先入为主的想法可能是使用微服务风格，或是打算使用管道+过滤器模式。此时，是先确定了某种风格，然后以此作为架构的轴心来驱动系统设计。

有一句行话叫作“模式系统”，正是意指这样的架构设计方式。进行PBD的前提是设计者要掌握足够多的模式，然后在其中选择最适合的那个，不论选用代理模式、派遣者模式，还是选用其他模式设计系统，一定绕不开模式这道技术门槛。这大概是GOF的23个设计模式几乎成为Java架构师的必修课的原因吧。

4. 领域驱动设计

模型无处不在，建筑模型、汽车模型、交通模型、玩具模型……无论承认与否，我们的日常生活和工作无不依赖于构建模型。从建模中学习是人类与生俱来的能力。领域驱动设计（Domain Driven Design，DDD）为软件模型提供了战略和战术上的建模方法论和工具。领域一词看似浅显，其实甚是微妙。对于初学者，可以用“业务建模”进行替换，将领域驱动设计理解为“业务建模驱动设计”。由此可见，DDD的核心自然是业务（领域）模型，也可以说是产品模型。

DDD的难点在于要克服技术冲动。以技术思维方式进行领域驱动设计，是典型的反模式，易造成贫血模型等设计问题。真正表达业务逻辑的模型，才是有血、有肉、有灵魂的模型。

DDD的核心路径是识别、界定业务上下文边界，围绕业务模型和领域事件展开，DDD更适合产品较复杂、业务属性强的项目。

5. 风险驱动设计

风险驱动设计（Risk Driven Design，RDD）不同于其他任何方式，这种设计方式既是无形的，又是无处不在的，渗透到软件生命周期中。但是多数设计者并没有把它当作一个典型的设计方式来看待。RDD以风险为导向，以识别、评估风险为驱动力，按需运用架构来消除或降低风险。

RDD的理念是以风险作为"是否做、做多少"架构工作的决定因素。RDD的显著特点在于，不限于任何的具体范围，技术、业务、安全，甚至是项目管理……所有的话题都是风险对象。将RDD作为主流的架构设计方式，大家对此可能并不认同，但在美国等软件技术发达国家十分推崇RDD理念。

最后，对读者可能存在的疑问进行回答。

第一，关于经常听到的事件驱动设计，与这五种方式算是平行的吗？可以算作第六种方式吗？答案是否定的。事件驱动设计是指通过定义和发现业务事件，识别DDD中上下文之间的关联，识别各个功能的相互影响，分析其中的（例如触发、反馈等）重要关系。在DDD中，推荐使用事件风暴加速设计的达成，可以将事件驱动设计归为DDD的一个子集。

第二，事件驱动架构是设计驱动方式吗？当然不是，两者不是一个量纲。可以将事件驱动架构看作一个架构族[1]，是PBD中多种架构风格的组成部分。

第三，这样的分类权威吗？这五种方式可以作为同样的量纲相提并论吗？我认为这个问题没有客观答案。架构设计驱动方式来自笔者多年的实践总结，既是一种理论化与抽象化的提炼，也是一种主观经验与感觉的体现。或许权威与否没那么重要，切实帮助能力提升才是关键。

设计驱动方式的本质是基于知识与方法所形成的设计线索、抓手，以及开展方式。最后要再次强调其重要性，一言以蔽之，这就是软件架构设计的核心素养和能力。

---

① 该术语的含义，参见5.3.1节。

4.5.2 技术决策的特定关切

几年前读过一本书，偶然看到特定关切一词，总觉此词甚妙，有朝一日“堪当大用”。实践证明，果不其然。在本书中，特定关切一词是指进行系统架构设计和技术决策时应该重点关注的六方面因素。

把握好特定关切，可以令思维、技能、方法与最终技术决策相互契合、相得益彰。对于特定关切的学习，是对技术决策力的提炼、拔高。

广义上看架构角色，可以说软件中的每个组成部分都蕴含着架构的力量，即使一个（只有几百行代码）很小的功能，背后其实也有架构思维在“悄悄地”发生作用。仔细观察会发现，虽然有些团队没有明确的架构师角色，但一定有人不知不觉地承担了这项工作。没有什么可以阻止将架构思维引入团队的设计讨论，即使没有架构师头衔，也完全可以询问有关性能等质量属性的问题，指明团队如何取舍，主动分享对模式的实践，在技术评审中积极发言，撰写设计文档并接受更多的架构师职责。

从未来发展趋势上看，传统意义上的架构师，更擅长自顶而下进行预制式架构设计，生存空间依然存在，但是只属于少数群体。大量的设计工作集中在团队的中层，对于（团队中占比最大的①）中层人员而言，除了本职工作外，或多或少会承担与架构有关的工作。IT圈子里有这样一句话——人人都是架构师，正是对这种趋势的印证。

与架构工作同理，技术决策也并不是少数管理人员的专属，日常工作中渗透着大量的决策事项，几乎每个中层以上技术人员都在承担着决策职责。

对于技术决策，只要掌握了技术知识和设计驱动方式就足够了吗？当然是不够的。那么，有多少人认真地总结过在技术决策中应该主动关切哪些方面？在现实中，普遍存在的问题是，做决策更多是主观能力和感性经验的体现，缺乏方法、要素方面的理性提炼。

因此，架构工作全局结构中应该有特定关切的一席之地。本书梳理的六个特定关切如图4-5所示，具体内容将在第6章讲述。

第一，技术约束，指引设计走向成功，是设计的导轨槽。对于某些（例如安全）领域的设计，约束的价值更为明显，对设计形成过程的牵引力也更大。

---

① 是指技术团队的人力组成结构应该呈现（两头小、中间大）纺锤形形态。

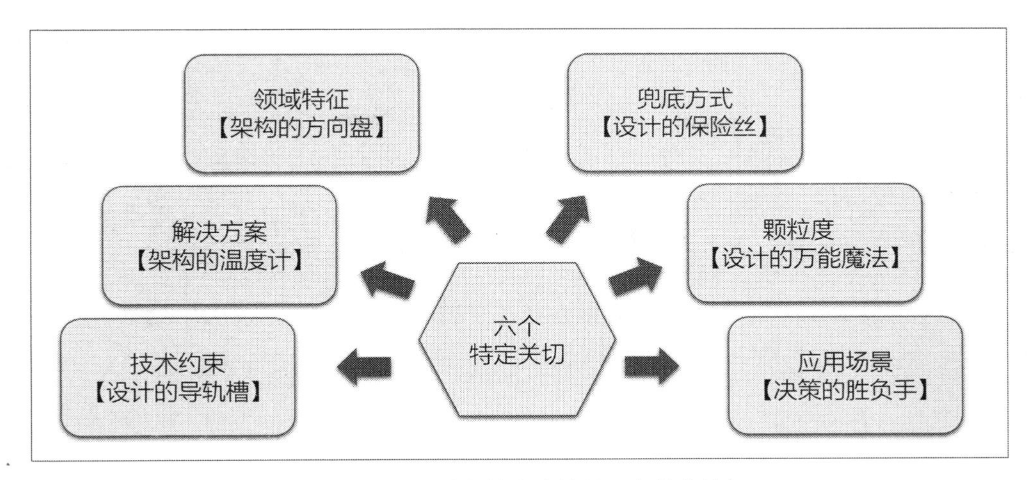

图4-5　架构设计与技术决策的六个特定关切

第二，解决方案，是测量“架构体温”的温度计。理论上良好的架构，并不等于良好的解决方案。反过来说，没有良好解决方案的架构，是冰冷的、无温度的架构，在现实世界中这样的架构一文不值。

架构距离解决方案看似只有几步之遥，但很多时候两者并不处在一个量级之上。解决方案需要解决要达到目标架构存在的问题、指出要达到目标的路径，以及存在的风险。架构设计更多停留在技术层面，围绕架构所形成的闭环解决方案才是企业项目建设真正关注的。很多设计者对自己所做的设计信心十足，在合理解决方案出现前，这不过是孤芳自赏[①]。深深陶醉于“完美无瑕架构”的设计者，不是忽视了“已经拖延太多时间”，就是没有关注到“相比于完美的未来，应该考虑如何起步更为实际”，在众多关注面、利益点中，总是有漏项存在。实际工作中，这样的反面例子不胜枚举。

第三，领域特征，其本身就是天然的架构，抓住了领域特征，等于掌握了架构设计的方向盘。不同领域的系统有其专业特征，针对领域特征，前辈们已经走过的架构设计之路，留下了很多成功的、固化的经验可作为参考模板。此时，不管设计者有多聪明，都要优先使用领域经验作为设计的基础前提，而不是自创。

第四，兜底方式，是设计的保险丝。不同领域的工作，风险及处置策略大相径庭。积极地建立底线，是高级能力的体现。对于任何的对弈，“攻强守弱不可取”几乎

① 如果要更严厉地讽刺这类现象，可以用“画地为牢”来形容。

是通用的道理。架构设计过程中，留意通过兜底做好防御，是“置系统于不败之地”的必修课。

第五，颗粒度，如同万能魔法，能够对设计对象进行各个层级的拆解、调节、变换，在可设计空间中为决策者提供多种选择，直到找到最合适的答案。颗粒度的价值无处不在，覆盖范围广，各类技术工作中均应积极总结这方面的经验。

第六，应用场景。场景为王的原则在技术工作中贯穿始终。将应用场景称为决策的胜负手，绝无半点夸张。

5

第 5 章

举足轻重，力敌千钧
——五大架构设计驱动方式

“在软件从业群体里如何能够做到出类拔萃，高人一筹？大到行业小至公司内团队，除了技术实力之外，其他都是浮云。”对于这样的说法，笔者虽然不置可否，但一本以架构为主题的书，不讲架构技术一定是荒唐不经的。

设计驱动方式是软件系统设计的技术线索和驱动力，同时也是设计方法论。

本章的五大架构设计驱动方式，是笔者认为占据主导地位的设计驱动方式，并非是设计方式的全部。序章描述了软件架构的多面性本质，如此说来，有无数种设计驱动方式也不足为奇。系统设计是一个深不见底的领域，如果有谁认为自己是架构大神，精通所有设计方法，那他大概率是掉入了妄自尊大陷阱的井底之蛙。

说句自诩的话，笔者在这个领域摸爬滚打了20年，至今能够对IT工作仍旧保有一定的新鲜感、敏感度实属不易。提炼设计驱动方式的背后，是深度思考与抽象的过程。于我而言，这个过程的意义远比掌握这五种方式本身内容更重要。

本章内容来自我的主业，但是从严格意义上来说，我不认为它是专属于软件设计与开发领域的，而是能够被理解为有关思维性的、具有普适性的设计能力。要具有技术前瞻性，掌握本章内容应该是必不可缺的。为起到案例说明之效，本章中的一些图，以工作中真实系统建设为背景，直接供大家作为架构设计参考。因脱敏需要，特使用代号Ww[①]，本章中称此系统为“Ww系统”。Ww系统是基于互联网面向C端提供服务的大型系统群，可以代表当前市场主流架构的发展。本章内容较多，Ww系统的架构设计只是“冰山一角”，除此之外，在更为通用、广泛的范畴，本章将对软件架构设计进行详细、深入的讲解。

① Ww本身没有实际含义，只是有趣的代号。对喜欢玩扑克牌的读者，可以将Ww想象成扑克牌中的大小王。W暗指大王，w暗指小王。使用故事化的名称代号，有利于加深印象，能长久记忆。

5.1　面向视图（或主题）的设计（VOD）

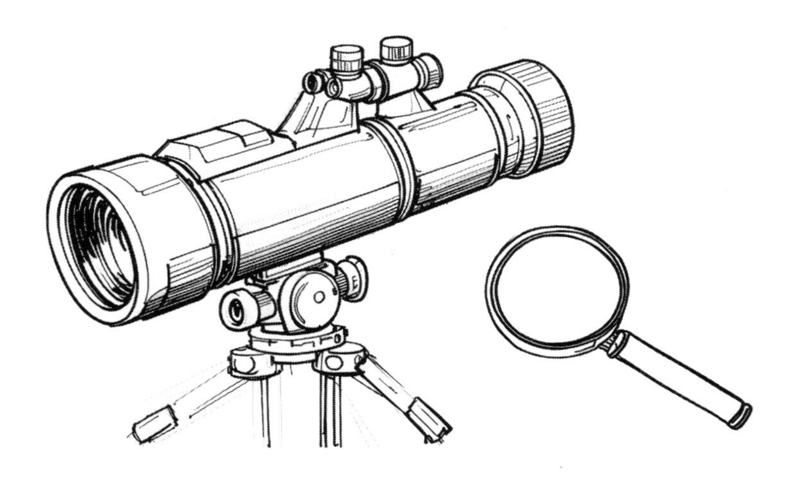

5.1.1　最为通用的设计方式

1. 4+1架构视图

如果要为视图找一个鼻祖（或者说渊源），那么应该是著名的4+1视图。菲利普·克鲁奇顿（Philippe Kruchten）在1995年发表了题为*The 4+1 View Model of Architecture*的论文。其核心思想很清晰：架构视图是从某视角（或切面）看到的抽象、简化的表达，视图是对系统的投影，一个视图涵盖系统的某一特定方面，省略与此方面无关的内容。换个角度说，架构设计涉及内容十分庞大，超出人脑可以一蹴而就的能力范围，因此采用分而治之的策略，从不同视角分别设计。视图同时是项目成员之间相互理解、交流的重要载体，视图天然就是系统技术文档。

如图5-1所示，4+1视图具体指（面向终端用户的）逻辑关系视图、（面向开发者的）开发实现视图、（面向集成人员的）进程视图、（面向系统工程师的）物理部署视图，以及贯穿这4个视图的场景视图[①]。在设计生命周期中的前后顺序关系上，以逻辑视图为起始，以物理视图为结束。

① 可以理解为4个视图的冗余视图。

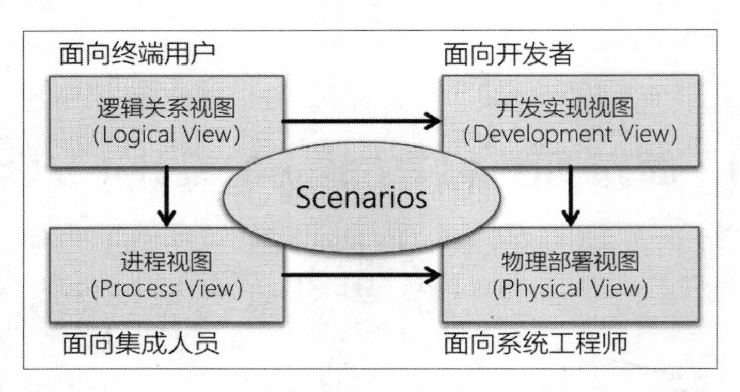

图5-1 4+1架构视图

“架构视图”一词确系经典，但更给人以“从剖面、窗口看到的内容”之感，侧重结果的表达，含义略显匮乏。经过深入考虑后，笔者更为推荐的词汇是“架构主题”，主题二字的含义更深厚，更具有对特征的识别、分析，以及对主旨的探索之意。形象化看，一个视图是整个系统的横切面，而大前端、大数据处理、区块链、统一身份认证等均可被视作独立设计的对象，是一个个领域，是软件系统的纵向组成部分，并非某个视角的全系统横切面。严格来说，架构设计的对象（学科范儿一点，可称为标的物）并非几个经典视图，而是包含了一系列的领域对象。既有横切视图，也有纵分领域的情况下，主题是更合适的词汇。

讲到这里，VOD的含义已经很清楚了：从多个切面视角、主题维度对设计系统进行立体而丰富的表达，每个视图作为一个语义，各个视图组合起来能够完整描述整个系统。

2. UML 架构视图

除了4+1视图之外，VOD还有一个正统意义上的鼻祖，这就是统一建模语言（Unified Modeling Language，UML）。UML是一种为面向对象系统的产品进行说明、可视化和编制文档的标准语言，是面向对象设计的建模工具，独立于任何具体程序设计语言。UML系统开发中有以下3个主要的模型。

第一，功能模型。从用户的角度展示系统的功能，主要视图为用例图。

第二，对象模型。采用对象、属性、操作、关联等概念展示系统的结构和基础，视图包括类别图和对象图。

第三，动态模型。展现系统的内部行为，视图包括序列图、活动图、状态图。

谈到视图，不免会涉及视图的表达语言（指图标、连接线的外观形态，以及术语、符号、工件的含义），UML的定位是统一建模和架构描述语言（Architecture Description Language，ADL）的标准。实际情况是，21世纪初，UML几乎成为这个领域的事实标准，但离“一统天下”还有一步之遥，最终却距离目标越来越远。近年来它的受欢迎程度有所下降，笔者总结了如下3点原因。

- 第一，较重量级UML的软件载体不便于使用，例如Visio需要购买和本地安装，尤其遭受ProcessON等在线制图软件的冲击。
- 第二，UML在描述软件构件、端口、连接器方面确实强大，但是专业性越强，意味着可能越晦涩难懂[①]，这等同于越不容易被接受、普及和推广。
- 第三，制图在新生代眼中已经不像以往那么重要，年轻人更多是先干起来再说，制图甚至有“沦落为落后生产力”的态势。

唯一与开发人员强相关的工作要素是代码工程，其他任何表现形式都需要额外的精力来维护（也包括大量的沟通成本），毫不客气地说，各种符号标准形成的视图，都可以被开发人员认为是形式主义的包袱。因此，本节中所阐述的各种视图，具体绘制时，建议大家自行采用灵活方式。过度依赖UML等固化的视图表达语言，反而会使沟通变得更加困难。相比之下，自由格式的图表更容易发挥创造力。

基于UML进行系统设计，应该被称为Model Based Design（MBD）。VOD与MBD当然有所不同，但究其本质，可以归类为同一种架构驱动方式。

本章五大架构设计驱动方式中，VOD是门槛最低、最容易使用的方式，不需要掌握特殊的、专属的方法。相比之下，ADD、DDD等方式则更为专业化、精细化。

既然门槛低，那么学习本节有何意义？

第一，对于大型系统平台的整体架构和顶层设计规划，最佳方式非VOD莫属，其他任何设计方式无法取代。只要是做完整意义上（而非局部）的系统设计，多数架构师和技术决策者都会使用这种方式来设计系统。视图本身就是设计的图形化、图表化呈现方式，架构图一词正是此意。因此，换个角度说，一切设计皆绕不开视图。

---

① UML图包含很多制图元素，对各图标的含义、各元素的用法，一般需要通过专业学习后才能顺利上手。

第二，对设计驱动方式有清晰、显式的了解，会令设计工作层次清晰，更富有逻辑性。明确系统需求后，团队首先讨论的话题是：系统的哪些切面需要用（主题）视图进行表达，除了分层主题外，需要做交互关系设计么？需要做数据架构设计么？需要工程技术栈设计么？是否应当进行流量设计、部署设计或通信设计呢？安全领域需要单独做设计视图么？日志体系呢？这样的讨论本身就极具意义，会加速团队对系统架构达成共识。设计工作的内涵、设计人员对系统的抽象表达能力都会因此得到提升。解决“作坊式、草莽式设计”问题的答案正在于此。

5.1.2 面向7大主题设计简析

1. 整体结构视图

我经历的软件项目，第一项工作毫无例外是制作系统的整体结构（或称为总体框架）视图。多数情况下，设计者会使用多层风格来表达整体结构。Ww系统的总体框架如图5-2所示，对于多数行业（尤其是互联网）的系统架构，这样的分层表达方式几乎是千篇一律的，放之四海皆如此。

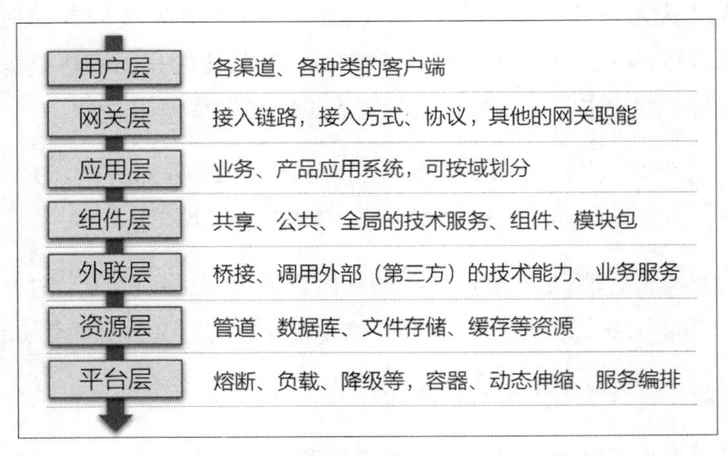

图5-2 Ww系统总体框架示意图

Ww系统使用了很多基于公有云的第三方服务，例如滑块服务、短信服务、活体识别服务、文本内容检测服务……因此将这部分单独梳理出来，形成单独的一层，在图5-2中表示为外联层。多层风格中相邻两层之间一般来说有明确的依赖关系，这个外联层是个例外，它并不依赖于资源层。除此之外，这个示意图很容易理解，越上面的层在系统中越处于外侧，更侧重于呈现业务功能；越下面的层在系统中越处于内侧，更在于表明支撑业务的技术能力。

2. 逻辑关系视图

关系视图体现系统中各个功能或组件之间的交互关系设计，交互关系设计可分为“业务角度的交互流程设计”和“技术角度的系统关系设计”。

（1）业务角度的交互流程设计，简称业务关系。与UML中的Use Case（用例）视图有些相像，相比UML用例视图，业务关系图有更好的适用性，它能够把Use Case向后端继续延伸、穿透，进一步表现很多后台系统之间的关系。业务关系图的表达方式十分灵活，没有太多的格式限制，因此更为通用。最经典的表达方式是二维泳道图，一个维度表示业务参与者，另一个维度描述业务环节。

（2）技术角度的系统关系设计，简称系统关系。可以将每个进程视为一个系统（从计算机术语定义上看，其实本来就是如此），以进程作为逻辑单元，识别各个系统之间的逻辑接口。例如某个风控系统，其下面可能有很多个子系统（或者微服务），相互之间存在很多逻辑关系，预警子系统要接收规则引擎子系统输出的警告通知，大屏子系统要读取来自统计子系统的报警数量统计结果。系统关系设计过程就是要把这些进程间的逻辑关系妥善地表达出来。这些关系的具体技术实现属于系统通信主题设计范畴。

3. 数据主题

如果说将数据设计看作“系统设计的半壁江山”，笔者认为是名副其实的。数据设计不仅是重中之重，而且具有专业性强、复杂度高的特点。对于大型系统，数据范畴不仅包括（结构化、非结构化）数据库数据，还涵盖文档、日志、音视频等类型的文件，以及引用的各种形态的外部数据。因此，数据设计不可能一步到位，需要较长的推演过程，在Ww系统中，通过两个阶段将庞大的数据主题设计工作一分为二进行拆解。

首先确定整体结构，在更为宏观的层面，通过整体业务视角规划出系统中的各个数据大区。这正是架构设计过程中的第一利器——分而治之的用武之地。Ww系统的数据区规划如图5-3所示，对于很多中大型系统具有借鉴意义。

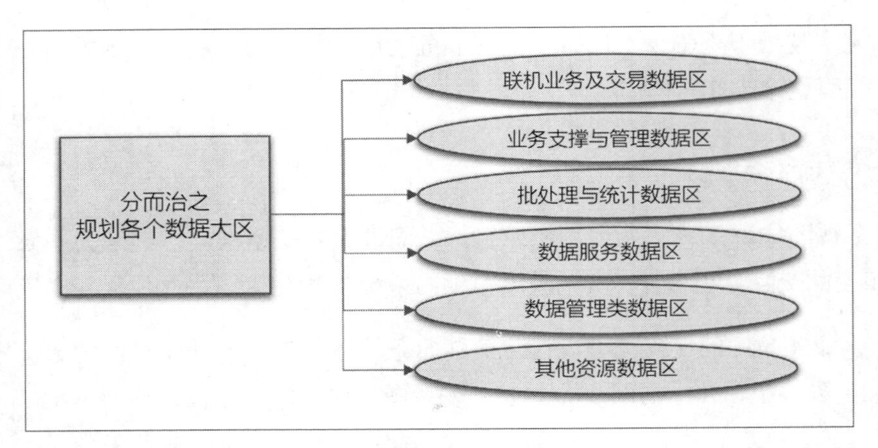

图5-3　Ww系统数据分区设计示意图

（1）联机业务及交易数据区。从名称即可见其作用是承载核心产品及业务数据。

（2）业务支撑与管理数据区。可用于放置配置类数据、参数类数据、辅助类数据，或管理型数据。

（3）批处理与统计数据区。以支付系统为例，支付完成后的对账，需要对账务数据进行批处理，生成分户账和（日、月、年等）各类总账，以及费用、收益等内部账，并记录差异账，生成跨系统的业务统计和业务交换数据。

（4）数据服务数据区。对于系统的数据建模、用户画像与数据推荐、数据仓库与数据集市类服务，应该规划单独的区域。这类业务技术实现方式通常为Hadoop技术栈，不仅数据类型与常规业务不同，而且开发团队多为模型算法类人员。因此，从数据区设计角度，与其他区分开是必要的。

（5）数据管理类数据区。放置用于支撑形成各类管理报告和BI报表的数据。例如管理驾驶舱数据、监控大屏数据、业务看板数据，都属于此类。除此之外，这个区还可用于放置其他类型的管理数据，例如数据分级分类和数据治理工作产生的数据。

（6）其他资源数据区。可以用于存放临时落地数据、用于内外交换的数据、外来的第三方行业数据，以及作为冷数据转储所用。

数据大区规划之后，下一阶段的重点是业务视角和技术视角的数据架构设计。

业务视角的数据架构设计，Ww系统的主题设计内容关键字如图5-4所示。

图5-4 Ww系统数据主题设计——业务设计关键字示意图

（1）描述各业务数据对象之间的逻辑关系和流转处理方式；描述数据流、业务流与资金流这三个流之间的逻辑关系。

（2）进行ETL功能设计，包括数据抽取、转换、传输等每个步骤的设计，以及面对各种失败问题时的补偿处理方式；分层设计规划业务数据仓库，确保数据仓库与ETL两者之间的衔接。

（3）进行数据管理领域设计，包括可视化运营、数据权限、数据共享，进行数据分级分类管理设计；对数据分级、数据量、使用频率这些维度进行综合分析，建立阶梯式存储策略。

（4）进行关于数据治理方面的设计，包括元数据管理、数据标准、数据资产、数据质量，高阶的数据治理应该包括数据标签、数据图谱、数据血缘关系，甚至数据沙箱等内容。

技术角度的数据架构设计，Ww系统的主题设计内容关键字如图5-5所示。

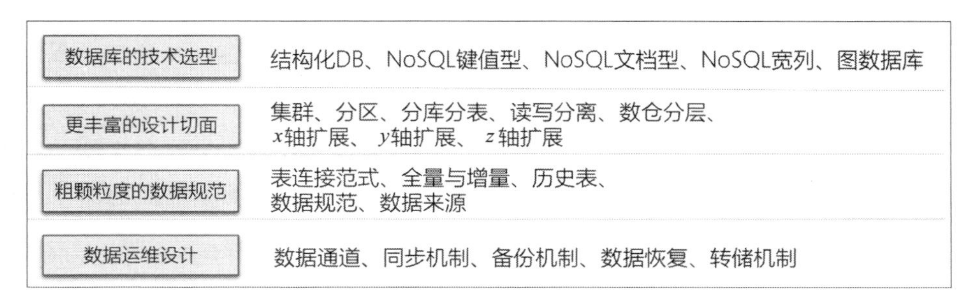

图5-5 Ww系统数据主题设计——技术设计关键字示意图

（1）设定数据库的技术实现方式。除了结构化二维表型的数据库之外，键值型数据库、 文档型数据、宽列数据库，甚至图数据库，每个技术类型数据库的侧重点完全不同。对系统设计而言，选错数据库类型等同于给楼房打地基时用错了水泥，可能会铸成大错。

（2）进行更丰富的切面设计。做完数据库选型后，首要考虑使用什么样的数据库模式，包括集群分区、分库分表、读写分离等可选方案，并确定数据仓库如何分层。这其实在本质上决定了数据库的性能和可扩展性。描述清楚数据库如何在x轴、y轴和z轴扩展，是高阶设计能力的体现。设计多个运行中心之间数据传输的机制，以及多个DB节点之间的数据同步机制（例如对于Oracle，使用ADG还是OGG），对于这样的环节必须极其重视、充分论证。

（3）进行数据规范设计，包括核心业务表连接的范式、数据处理上的全量和增量关系、历史表设计。制定粗颗粒度的数据内容规范，包括标准数据的规范来源，字典表、关键内容的参考标准，例如使用国际标准、国家标准，还是行业标准。

（4）进行数据运维设计，包括数据库日志的存储与数据库文件的备份机制。例如，热备还是冷备、备份文件如何存放、备份数据如何恢复、备份数据的存储介质如何管理……这块工作是DBA的主战场。实际工作中常出现的问题是，DBA的站位过于靠后，对应用系统的特征了解甚少，因此很多系统的数据备份与恢复设计，最初由开发人员主导完成，事后交给DBA对方案进行修正。

（5）如果有强烈的压测需求，建议设计好影子表。这是Ww系统所遗漏的地方，运行几年后发现各种压测方式的局限性，最后才补充设计影子表，由此带来了较大范围的程序修改工作。

4. 日志主题

系统中的日志就像城市中的地下管道，地下管道表面上看来并不代表城市的建设水平，但是暴雨会说明一切。日志设计是系统设计水平高低的重要评判依据，就像高端产品（例如高级机械手表等奢侈品）在易被忽视环节（或是隐蔽处）的做工丝毫不打折扣，高水平的系统设计也应如此。

日志与系统的重要质量属性——可观测性息息相关，同时，记录日志具有极低的时延和极高的可靠性，写日志的失败风险几乎低于所有其他类型的系统操作。鉴于写数据的资源占用成本较高，在非事务型场景，写日志应该作为记录持久化内容的首选方案。对于大型系统，从一开始就应当规划建设独立的日志中心。

什么时候使用日志（而不是数据库）来记录信息？对于此问题，给大家5个判断依据供参考。第一，一次性写完，使用之后可丢弃；第二，一条日志即代表一个完整的语义；第三，一次写入后面不再更改；第四，频率极高，数量极大，任何节点（包括前端页面）都可以输出；第五，低成本存储的考虑。设计者可以综合这5方面做出倾向性判断。

1）日志的分类设计

Ww系统的日志类型及内容关键字如图5-6所示，包括4种类型的日志，分别是业务日志、监控日志、系统日志和控制台日志。

图5-6 Ww系统日志类型及内容关键字示意图

（1）业务日志。后端的计费记录、运营统计、数据分析，这些功能可以通过记录业务日志予以实现。另外，用户月活数以及漏斗转换率，这些指标的记录来源完全符合上面所讲的5个判断依据，因此都可以使用纯文本的日志形态。业务日志的重要性完全不亚于数据库数据。

（2）监控日志。一是应用运行的监控，例如做支付交易，要写日志记录支付交易的结果码，对结果码进行监控分析。二是运维角度的链路监控日志，例如API接口的超时情况监控，通常依赖于日志记录中的接口调用时间戳信息。

（3）系统日志。记录业务功能和接口的输入参数、逻辑处理情况、输出参数，尤其是记录异常信息，以便可以随时调试和排查问题。这正是将日志分为多种类型、分别打印的关键所在。设计好一个领域是一项颇具匠心的工作，需要通过多方面将整个结构支撑起来成为一个体系。这有点像打开一把雨伞时的感觉，每个伞骨支撑一段伞面，各个伞骨围绕伞轴紧密相连。

（4）控制台日志。Java开发者对此非常熟悉，包括进程启动、停止过程中的信息，以及虚拟机级别的异常信息。

2）日志的聚合与使用设计

Ww系统中，设计内容及关键字如图5-7所示。

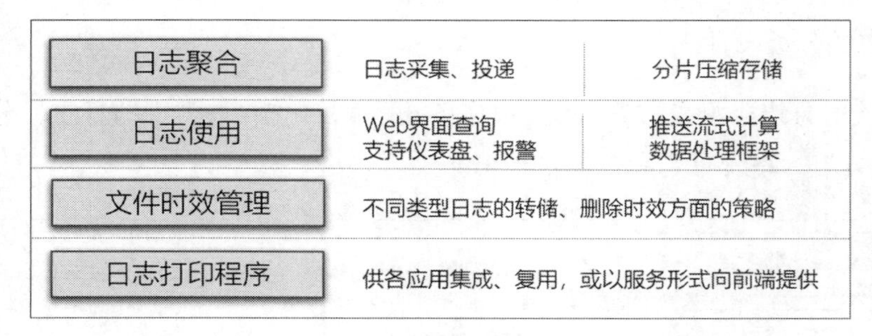

图5-7　Ww系统日志使用设计示意图

（1）分布式系统环境下，每个系统节点汇聚到一处，使用一个窗口可以查看，这是日志使用的前提。具体实现方式，首先是多个系统日志的采集和投递，然后进行分片、压缩（成熟的日志系统均已实现该能力，不需要自行实现），最后存储到日志中心。

（2）对于日志的使用，一个路径是在Web 界面进行日志查询，另一个路径是推送到（流式计算的）数据处理框架。从两种不同使用目标的角度来看，这是日志使用的一个分岔口，有的是供查询所用，为问题查找、程序调试，或审计服务等场景服务，有的需要进行进一步的处理，最终变成数据形态存储到各目标数据库，为BI、报表等场景所用。

（3）要关注日志的时效管理，以及日志打印程序设计，以便形成共享组件，提供所有程序复用。

5. 部署视图

20世纪90年代，描述系统架构时经常使用“拓扑”一词，用于指代系统部署后的整体面貌，以及各个系统所处的位置。其实拓扑图正是系统部署视图，时至今日，拓扑在软件架构领域很少被提及，但是部署视图设计工作的重要性从未降低。

系统部署设计的复杂度难以简单界定。在已有环境中部署应用系统，与从零开始搭建运行环境，两者的复杂度完全不在一个量级，不可一概而论。对于前者，很多开发人员即可胜任，而后者则需要专业、严谨的设计过程。Ww系统的部署设计包括4方面，如图5-8所示。

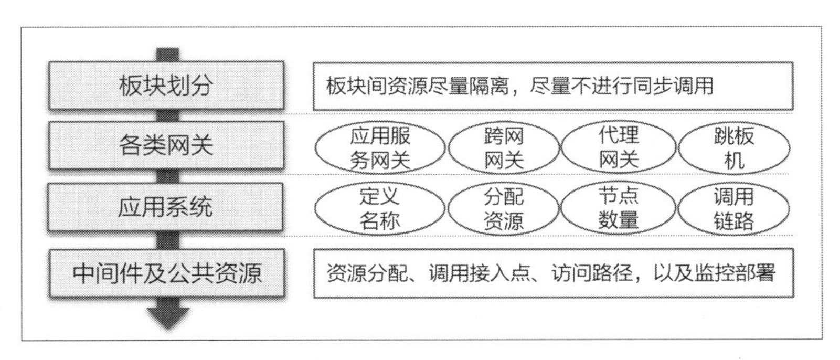

图5-8　Ww系统部署设计示意图

（1）从业务角度进行板块划分，每个板块代表一条业务条线通常是最简单、清晰的选择。板块划分的目的是（板块之间的）资源隔离，跨板块之间尽量避免任何同步（阻塞式的）通信方式，并且尽量减少共享资源。板块隔离策略是最基础且最重要的部署原则，这是分而治之架构思想的体现。

（2）各类网关标志着整个系统平台的骨架，可以用汽车的示廓灯来做比喻。同时，网关是运维管理的关注热点，作为部署视角而设置的控制要塞，重要性极高。

- API网关，用学科范儿些的名字，可称其为反向代理网关。作为统一的“服务扎口”，接收外部请求，进行路由寻址、请求转发、日志记录等操作。访问控制、流量管理、API订阅管理、超时监控等运行维护工作，均可以围绕代理网关开展。
- 跨网网关，具备双地址，用于跨不同网络（指不同地址的网段）的系统调用。其本身也是一种代理角色，避免为多个地址开通防火墙访问策略。
- 类似跳板机作用的网关，主要起到物理隔离和操作审计的作用。

从以上3类网关可见，部署设计中的网关范畴更大，应该说是更广义的网关概念。

除了开发人员最为熟悉的（对外提供各项服务接口的）API网关之外，其他均是为技术架构目的设计的网关，与应用系统的逻辑功能无关。

（3）应用系统的部署设计，包括定义系统的名称（或代号）、分配资源，设计节点的数量，以及应用与网关之间、应用与资源之间的访问路径。

使用云平台的系统，可以设计云平台服务模板，诸如熔断、流控、灰度等基于云原生的能力属性，不需要由各个应用系统五花八门地各自实现，通过配置和定义统一模板，达到自动化挂载的效果。

（4）进行底层的中间件与公共资源的设计，包括资源分配以及调用接入点设计，规划各类系统对它的访问路径，以及如何进行监控。

访问路径在部署视图中是一个贯穿始终的话题。访问路径映射着一笔请求报文的生命周期，从接收到请求开始，走哪个板块的网关，如何进行鉴权，进入哪个IP网段，通过哪个逻辑区域，如何使用负载均衡系统，涉及哪些应用节点，如何访问底层资源……一直到请求的最终完成。这就是应用部署要解决的问题。

做好部署设计的核心基础是资源隔离和网关规划，对于网关的重要性，如需要进一步抽象理解，可以借用2.2.1节所讲的“连接大于生产”的平台化思维。对于部署架构而言，连接各个系统的网关，其战略意义大于生产功能内容的一个个应用系统。

6. 流量与容量设计

流量设计是一个小众的主题。流量之于系统平台，等同于脉络之于人体。如同医生为病人号脉，设计者清晰掌握系统的流量分布，是各类运维工作的重要基础。

从类型上说，流量可以分为业务流量与技术流量，业务流量比较容易理解，用户数、在线用户数、并发用户数、功能访问量、页面点击数等指标均是业务流量的直接反映。

相比之下，技术流量更为晦涩难懂。但是做流量设计，恰恰要重点关注技术流量。技术流量是真正意义的系统访问次数，用户单击一下A网站的报名功能按钮，看似只是一个业务请求，背后可能是A请求一次B系统，又请求了一次C系统，为了能响应A系统，B系统、C系统可能还要请求D系统，如此说来，一个业务请求的背后可能是4次技术交互操作。业务访问次数只是系统压力情况的衡量方式，对于系统来说它是一个假的（意指浮在表面的）概念，技术访问、技术角度的通信流量，才更适合作为真实客观的压力值。

流量设计的两个原则，一是要从入口把各个板块的流量分开，不要相互影响。这与游泳池中的泳道有些相似，大家各游各的，互不干扰；二是重点关注提供公共功能类（例如用户认证）、共享资源类（例如核心数据库）服务的系统。不仅因为这类服务承载的压力大，更重要的是一旦瘫痪影响面极大。

与流量相比，系统容量的概念没有那么高深、复杂，Ww系统的容量设计中，主要考虑了用户容量、数据容量、线路容量。

- 用户容量。注册用户数、在线用户数、并发用户数三者之间的数量关系是：在线用户数=注册用户数×（5%～20%），并发用户数=在线用户数×（5%～20%）。具体和业务特性、用户活跃度有极大关系，高频业务、低频业务、开展不善的僵尸业务，三者可能差距几十倍。就经验而言，建议以5%进行测算，即如果系统有1亿注册用户，在线用户则为500万（1亿×5%），并发用户数为25万（500万×5%）。
- 数据容量。数据容量取决于系统中的大表，首先计算主要业务表的一行数据量，然后根据业务特点可以估算出：要满足指定的用户数量，业务表中应有多少条数据，应该设置多大的表空间。数据容量设计主要误差在于一行数据的字节量和可用存储空间资源之间的换算，考虑到数据库存储时的物理空间利用率问题，测算表空间时应该对客户数据量进行一定比例的倍数放大，建议值为1.3～1.5倍。另外，时间因素和阶梯式存储设计很重要，数据保留多久，多长时间后转存到二级存储，对设计影响很大。因此，应该给出的是综合性的设计考量，多长时间内支持多少客户，如果不清理（或转储）数据，那么继续支持要增加多少存储空间。
- 线路容量，顾名思义是线路带宽能同时运输多少个业务请求。线路容量=网络带宽大小/业务请求报文的数据量。如果报文中有（例如照片、指纹、凭证单据）对象，报文数据量比较大，对线路容量值影响很大。此时，进行对象压缩、使用CDN资源等方式降低带宽需求就变得尤为重要。另外，线路容量测算要注意的是，带宽不要用满，一般来说，使用90%作为极值即可。

7. 通信设计

无论是学习操作系统原理还是计算机程序语言，通信技术都是不可或缺的部分。但是自从分布式架构出现之后，对于很多开发者来说，通信设计的重要性已经有所降低。其中一个直接原因在于，开发框架越来越成熟，实现系统间的通信功能变得更加标准、简单。

对于Web应用开发者，好像永远只需要面对一个Restful HTTP通信方式。但作为架构师，当然不能只见树木不见森林。在Ww系统中，有10余种通信技术被纳入通信设计范畴，具体被分为三个大类，如图5-9（a）所示。

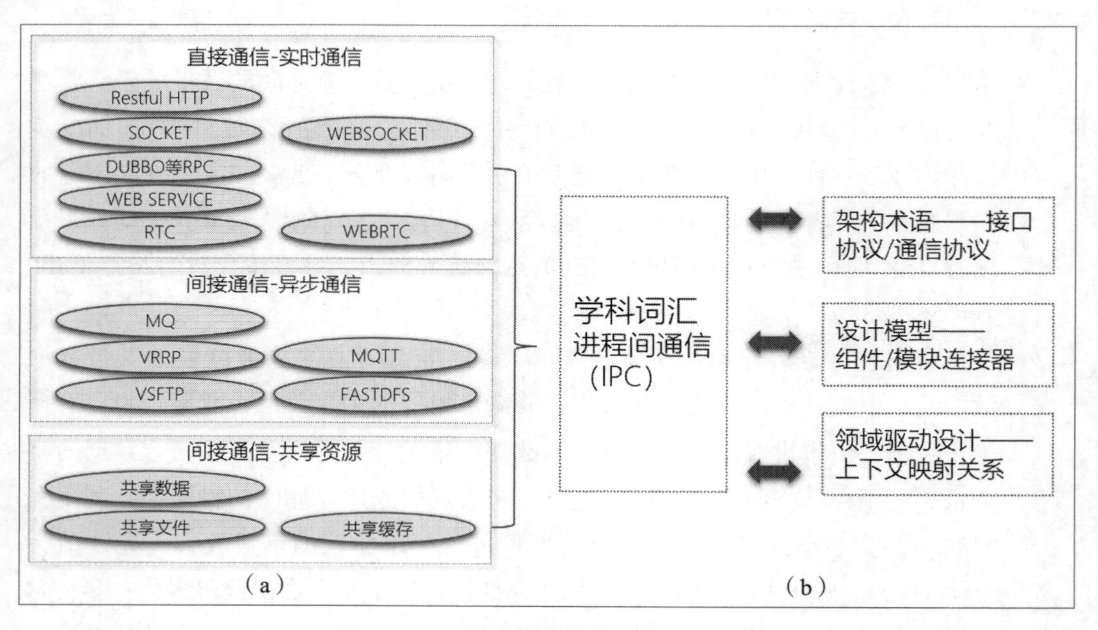

图5-9　Ww系统通信协议设计范畴示意图

（1）通信方式1，使用网络通信协议进行直接传输式通信，即大家最熟知的实时通信。图5-9中包含7种直接通信技术，适用领域、协议所处的网络层级各自不同。

实时通信容易上手，开发人员使用封装好的通信程序包即可实现，请求与答复式的交互方式令系统双方可以直接进行调试和验证，不需要依赖中间方。在质量属性方面，就一次请求而言，实时通信当然是时长最短、效率最高的通信方式。

有利必有弊，实时通信有三个最为诟病的问题。

- 一是在于阻塞性问题，不论是使用短连接还是长连接，通信未完成前会占用操作系统的网络端口，一旦出现故障容易迅速蔓延，将系统彻底压垮。在实时通信中积极有效地进行超时设置和异常处理，可以在一定程度上降低这种影响，但在极端情况下只能起到缓解作用。
- 二是可扩展性问题，如果要将两个系统间的通信量增加至原来的10倍，多数情况下只能采用增加系统节点数量的方式，“花钱买机器”来解决问题，终归不是什么高雅的办法。
- 三是架构混乱问题，任何开发人员都会习惯性首选这种通信方式，如果没有管控，大型系统群的通信最终会演变为“蜘蛛网”。蜘蛛网只是线多，但还是有清晰逻辑结构的，因此用混乱不堪的麻线团来比喻更为恰当。

（2）通信方式2，使用各种形式的传输通道作为媒介实现间接传输式通信。传输通道的实现方式通常为消息中间件、文件传输协议等。

因为阻塞性特点，因此实时通信也被称为同步通信。与其对应，使用消息中间件（通俗的称谓即消息队列，简称MQ）的间接通信，可被称为异步通信。这是解构、回调等应用场景的不二之选。（电商秒杀等）大业务量下的流量削峰，无一不使用基于MQ的技术方案。由此不难看出，在质量属性方面，异步通信的最大优势在于为系统提供极佳的可扩展性和吞吐能力。其原理在于MQ本身是一个消息储藏区，下游系统没有足够的处理能力时，储藏区可以临时保存消息，同时上游系统不需要阻塞等待响应。这正是最传统、最经典的大型系统解耦之道。

喜欢刨根问底的读者可能会质疑，如果MQ出了问题，系统不是一样会崩溃吗？是的，所有流经消息通道的业务当然会集体停摆。如果从这个角度看，是否对上下游系统解耦好像并没有价值。这里面确实涉及架构取舍策略。MQ在大型系统中常被视为基础设施，这是高可用保障的众矢之的，而且消息中间件的核心结构比较成熟，运行稳定性方面算是有口皆碑。而且要考虑到，即使发生业务停摆，相比于同步系统，由于非阻塞、消息缓冲机制的存在，异步系统的整体表现（指影响程度、耐受力、可恢复性等方面）还是要好于同步系统。这虽然有些主观之嫌，但确实是来自长期工作的经验感受。

（3）通信方式3，有别于传输式通信，通过在多方之间共享资源的方式间接通信。共享资源，可以是一块多方均可以访问的地址空间，或是一个公共的文件。共享实现的形态可以是共享缓存、共享数据库表，或日志文件。A系统将信息写入Redis，然后B系统去Redis读取信息，这即是共享资源通信方式的例子。

相比于直接通信，通信方式3与方式2的共同处在于，二者都是效率较低的通信机制。根据具体场景，有时需要发送方写入信息后发送通知给接收方，即使不发通知，也不可完全置之不理，通常的做法是提供一个回调接口用于接收结果通知。更有甚者，还可以采用发送方通过主动轮询方式去查询结果。轮询实际是一种盲查，为何会考虑这种最低效的方式呢？这与场景有关，在前后端交互场景中，有些情况下前端页面没有任何接收结果的方式①，另外还有些场景有安全限制，发送方不能作为服务提供者对外暴露接口。对于这些场景，只能依靠主动盲查。

通信方式3与方式2有时很难区分，但两者还是存在本质区别的。以日志信息为例，通信方式3是A系统将日志写入文件，B系统读取文件，大型平台常使用这种方式作为OLTP和OLAP两类系统之间的连接纽带，通信方式2是A系统将日志写入文件，然后将文件发给B系统，整个文件作为通信对象被传输。

最后讲一下系统通信（也叫进程间通信）概念与其他技术术语之间的关系，如图5-9（b）所示，这对于理解本章后面几节内容有所帮助。

- 对于进程间通信，在日常架构设计工作中，我们常使用的是接口协议一词。
- 在设计模式领域，与系统通信相对标，使用的术语是组件与连接器，不同称谓背后的设计对象是相通的。
- 领域驱动设计中的上下文关系一词，转换为技术实现的角度去理解，最终即体现为系统进程间通信。

大家注意对架构词汇的理解，识别相互之间关系的关联，对各类知识融会贯通，避免陷入越学越乱的怪圈。各自领域有各自的词汇特点，这样的词汇利于设计者快速建立心智模型。忽视对基本概念的理解，在词汇表达方面技艺不精，是很多从业人员的通病，结果是根基不牢，缺乏归纳、提炼能力，常年重复性劳作于（低附加值的）操作型工作，难以转型到管理类、设计类岗位。

① 例如，客户在前端完成操作后，可能关闭页面窗口，这个动作意味着前后端系统之间失去了会话句柄。再例如，前端发起的请求需要跨过多个系统进行处理，无法在本次通信获得处理结果。

5.2 质量驱动设计（ADD）

5.2.1 质量特征及趋势演变

1. 质量属性的含义及特征

质量属性的标准并不难觅，在各个网站上可以搜索到很多关于质量属性的定义。本节使用的是（圈内相对公认的）ISO 25010中定义的软件产品质量属性模型，如图5-10所示，包括8大属性和31个二级属性。ISO 25010标准的8大质量属性分别是功能性、兼容性、安全性、可靠性、易用性、可维护性、可移植性和性能效率。并不一定要做到倒背如流，但还是建议多读多记忆，在头脑中形成概念体系，有一个相对靠谱的理论基础。

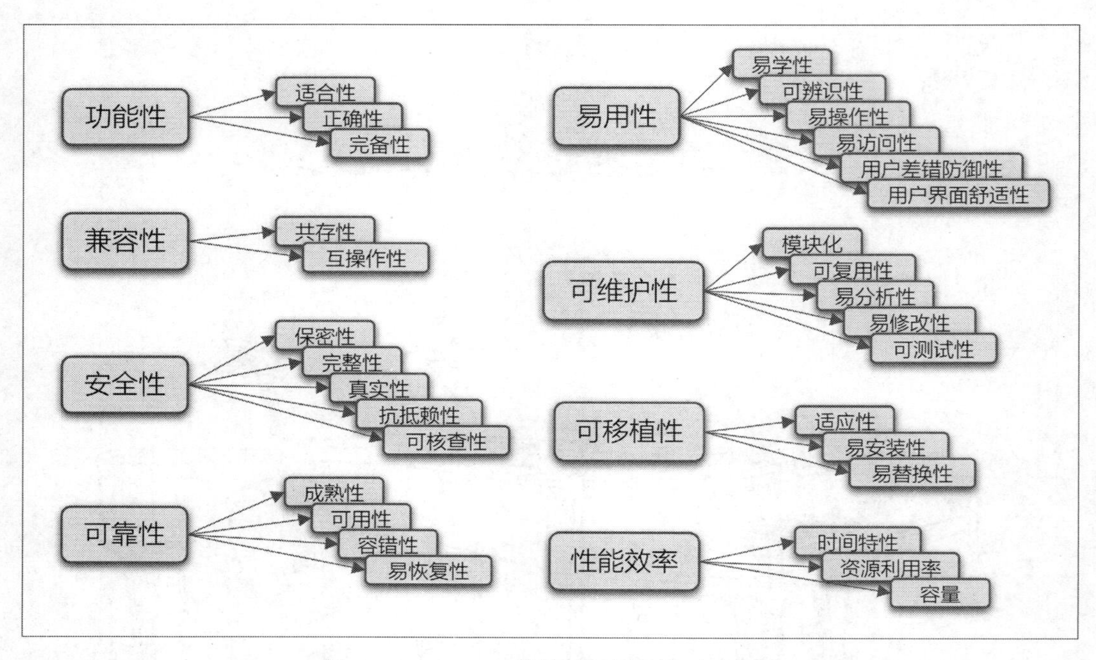

图5-10　ISO 25010软件质量属性模型示意图

如果非要科学、严谨地评论，那么不论是内容分类还是（属性与子属性的）层级设置，ISO 25010既不足够完全，也不足够准确。ISO 25010将功能性也纳入质量属性，这与其他很多定义是不同的。笔者认为，应将质量属性理解为“非功能属性”。功能性是业务人员输入产品需求时提供的，非功能属性才是架构的范畴，是技术设计需要关注的。因此，可以将功能性从这份质量属性清单中移出。另外，将可用性定义为可靠性的子属性，这个关系可能并不合适，对于当代分布式系统而言，可用性无论如何都应该被列为一级属性。再者，在ISO 25010中可扩展性完全没有被提及。不知为何，可观测性、可集成性也没有包含在内。本章关于质量属性的内容并不会严格遵循ISO 25010，笔者按照自身经验，有侧重地选择几个质量属性与读者分享设计要点。

行业中关于质量属性的定义大概有几十种之多，没有任何一种可以称为最权威。即便如质量属性这般重要的概念，也如此“含糊其辞”，那么，确实难以对软件架构的严谨性、规范性有何“过高要求”了。其中原因当然不是专家们的水平问题，究其根本在于各个质量属性之间的复杂关联。例如，可用性与重要质量属性之间有着千丝万缕的联系，相互之间的设计措施是有重合的：基于负载均衡的多点水平部署，以及使用微服务的多节点注册发现机制，既是高可用，也是高性能措施；监控预警，既是高可用设计的事前防御措施，也同时反映了系统的可观测性；可伸缩性，本身也意味着可修改性；拒绝服务不仅是防护性的一部分，也与可用性高度相关。因此，将每个质量属性成员只是简单地分配到定义清单的某一个位置上，肯定是不可靠的。

除此之外，读者还应该了解如下几个质量属性特征。

（1）大多数情况下，软件的功能性与质量属性是正相交的，即两者之间是相互垂直的关系，没有严格的关联关系，提升功能性不影响质量属性，反之亦然，提升质量属性也不会影响功能性。无须严格判定此说法的对错，这个特性并非想撇清两者之间的关系，而是在强调：质量属性需求属于非功能性需求；质量驱动设计属于软件系统的非功能性设计。

（2）质量属性有时很玄妙，难以准确预测。质量属性像一个跷跷板，通常满足一个同时会抑制另一个。例如，提升安全性，常常需要牺牲一些互操作性，或者降低并发性能，安全属性与很多质量属性存在互斥问题；使用中介模式，增强系统架构可修改性，但是会增大处理请求延时，意味着降低系统响应速度。

对于多个质量属性之间的互斥问题，其实又是有关决策的话题，需要权衡。权衡的难易度与“设计标的本身拥有多大的设计空间”有关。每个设计标的拥有一个客观的设计空间，不同设计对象的可设计空间不同，例如，对于Web系统，设计标的相对容易满足，无论是性能、可扩展、可理解性、可观测性，还是安全性，都有大量的成例可参考，按照最需关注的3～5个质量属性完成设计并不难；对于某些专业性很强的批处理后台任务，任务各组成部分之间的耦合度较高，改变一个质量属性可能会产生很多影响，此时，设计空间相对狭窄和有限。

（3）质量属性是架构设计的目的，那么ADD的含义即是以最终目标为线索来驱动设计过程。

（4）与功能性需求同理，质量属性同样要放在场景中进行描述。例如，不能简单地说响应时间是3秒，就以此做设计了。客户、时间、功能都是可以展开的维度。一旦进行细化，会发现隐藏的问题很多，例如，对于哪些客户的请求希望最快是几秒，最慢不能高于几秒？不同功能有何区别？联机、批量处理各自的时间要求是怎样的？看似简单的质量属性，只有放到场景中才能得到形象化、具体化的表达，从而作为设计的真正输入。

（5）不同质量属性是强关联（或者说交叉）的，但一定要弄清各自的侧重点。例如高性能与可伸缩性，两者的设计措施都包括可动态扩容的资源池，但是两者的度量方式明确不同。高性能关注的是交易的时间特性（即响应速度），如果完成处理请求需要1秒，1秒就是性能的体现。可伸缩性也是一种性能，它关注的是负载增大时的性能，如果1个请求1秒即能处理完，那么，5个请求都是1秒能处理完么？1000个请求呢？对于1000个并发请求，如果请求响应时间变为5秒，说明可伸缩性不佳。这就是典型的“没压力时的高性能系统”。因此，撇开可伸缩性，单独谈论高性能的意义有限。

（6）要动态理解质量属性，注重相互间的微妙关系，从更理性的角度看待系统运行现象背后的本质。如果某应用性能不佳，意味着存在高可用风险。高可用，本身即包含了“高质量、高性能使用”的含义。可用性与高性能是互通和互为转换的，对锁的使用即是如此。死锁影响很少能立即呈现出来，也并非一定发生，只是有可能，其规律在于：锁问题出现时，常常是在高负载情况下。这样讲的目的是，满足不了高性能，从某种角度上看，程序就可以算是有Bug，不可用。

2. 质量属性的几个趋势

能源效率越来越被重视。如果是20年前，可能很少有架构师会考虑这一属性，但是算力经济时代已今非昔比，不仅大型数据中心需要考虑，身边的小型电池驱动设备也不例外，手机App耗电情况就是典型案例。对于云计算效能，我经常将Serverless称为绿色计算，运行需要时才耗能，这是基于云和容器之上的一种新式的按需加载的框架。对Serverless的技术架构，8.2节将进行更为详细的讲解。

桥接复用的架构思想对质量属性带来的影响是，可集成性越来越受到关注。

安全性被提到新的地位。ISO 25010安全属性中的保密、完整、真实、抗抵赖，这四个二级属性恰恰是密码学中的安全四原则，可核查的意思是可审计、可追溯，这是从管理视角关注的安全属性。质量属性难以被量化，在此方面，安全性是更有甚者。安全性变得至关重要，包含两方面含义，一是（如无人驾驶等）AI类系统能够独立工作的核心要求，二是个人信息保护和数据隐私的监管要求的提升。

系统复杂度越高、客户流量越大，某些质量属性愈发变得重要。例如，不仅高可用性被更加关注，反映对运行状况掌控力的质量属性——可观测性的重要性也在不断增加。

高性能是过去25年软件领域面试题目中的常客，将其称为最著名的质量属性，是名副其实的。近年来，随着计算机硬件算力和性价比的双重提升，其他属性已经成为性能的重要竞争者。高性能领域有大量的技术信息可用，性能设计的设计空间更大。同时，相比更为致命的高可用方面的失败（如系统停摆故障）或安全事件（客户数据泄露），性能问题的缓释空间相对更大，在对设计工作的威胁（以及出错的惩罚）方面也更为温和。

5.2.2 4大质量属性设计简析

1. 高可用性

SLA是运维部门最重要的考核指标，正是高可用重要性的佐证。Ww系统中高可用设计要点如图5-11所示。

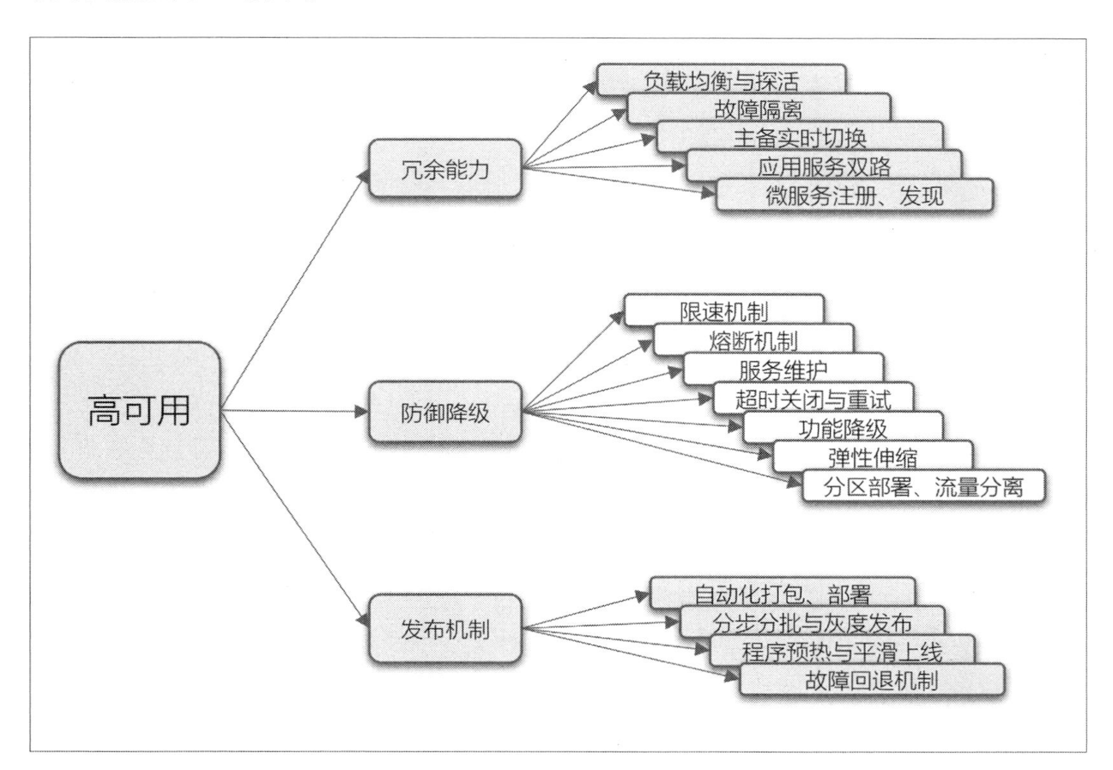

图5-11 Ww系统（部分）高可用设计要点示意图

从时序来看，冗余能力、发布机制属于故障（或问题）事前预防，防御降级则属于事中保障能力。按照发生作用的时间点，将设计措施进行（事前、事中、事后）分类，可适用于很多设计场景。“发生作用的时间点”是不应该被忽视的设计维度。

（1）冗余能力设计

负载均衡与探活、故障隔离、主备实时切换，这些是侧重部署视角的设计；应用服务双路、微服务注册和发现，则更体现应用视角的冗余。大型系统的设计应当“脚踩多只船”，对于不同方式的冗余都予以实现。

- 多节点负载探活。最为熟知的高可用技术部署方案是“负载均衡和应用系统的多节点水平部署”，负载均衡具备节点探活能力，将接收到的业务请求按照负载规则（包括随机与加权随机、轮询与加权轮询、可实现源地址保持的哈希与一致性哈希，以及最小连接数、最小响应时间等几种算法）发送到“活的”应用系统节点。一个高可用系统，基础的网络链路、负载、应用系统节点、（加密等）专用服务、存储等，从头到尾的每个运行单元都应是冗余的，任何关键设施的单点部署都是“阿喀琉斯之踵”。
- 故障隔离机制。是对简单的、水平冗余的多节点探活机制的封装、升级模式，将有前后调用关系的一组应用节点组成为一个单元格，对一个应用的探活，变为对以单元格为单位的探活，对不可用单元格进行封闭，不再派发流量。例如A、B、C三个应用系统级联调用，A部署6个节点，B部署12个节点，C部署6个节点，可以按照2个A+4个B+2个C为一个单位，定义3个单元格。负载高可用，由节点升级为单元格[①]。
- 主备节点实时切换。没有条件做多节点负载探活的情况下，可以使用Keepalived实现的Web服务高可用方案来避免单点故障。一个Web服务至少会有2台服务器运行Keepalived，一台为主服务器（Master Server），一台为备份服务器（Backup Server），但是对外表现为一个虚拟IP。这是更为古老的冗余部署机制，仍然有效。Keepalived所使用的VRRP，其目的就是解决静态路由单点故障问题。

---

① 节点探活与隔离机制两种方式，是一致的方法论，核心差别在于：前者是纯技术性的，是对应用节点级的；后者则赋能了管理与主动控制能力，不仅对于故障处理，对如灰度发布、运维演练类的工作场景，无法逐层逐个去维护每个负载配置，通过单元格可以实现应用节点组与业务服务的绑定，实现链路级的高可用管理。

- 应用服务双路。应用服务视角的冗余，需要通过自行开发来搭建，核心思想很简单，以短信通道为例，选择两家服务商，应用系统实现双接入，不能只选择一个通道，吊在一棵树上。应用双路是广泛使用的设计方式，是更为常见的是资源连接，例如在双活中心下，应用系统连接Redis的配置串、连接MySQL的JDBC配置串，配置的是主地址和Standby地址，由应用系统负责探活，实现对资源访问的高可用。
- 微服务注册发现。应用系统的设计开发环节，使用微服务分布式开发框架（或者使用ZooKeeper等框架）能力，提供的服务注册、服务发现机制，实现多节点之间的微服务调用治理，将不可用节点踢出列表，确保服务间调用时选择可用节点。微服务注册发现提供的对多个节点服务可用性管理，不仅是冗余，同样是一种支持高性能的机制，与上面多节点负载探活的不同之处在于，微服务侧重于开发框架自身提供的负载和调度能力。

任何一个节点出现问题的情况下，还有可用节点，这就是冗余能力的核心要义。但是需要清楚，冗余措施并不能解决（应用和数据侧）逻辑方面的问题故障。冗余是增加链路，逻辑功能则是全局性的。例如，应用系统功能有Bug，那么所有应用节点此功能都不可用，更严重的情况是数据库，一个表被锁不可用，只要是使用这个表的应用系统功能都会出故障，部署多少个数据库节点都是无效的。

（2）防御降级能力设计

防御体系是当系统性能或者某链路出现卡点，无法满足全部的流量请求时，进行的自我保护方式，包括限流、熔断、挂维护、超时关闭等策略。防御可以让系统避免雪崩，及时自愈，使损失最小化，这是主动防御的重要价值所在。除此之外，需要注意的是，触发了这些自我保护，意味着要主动拒绝（或者无法响应）部分客户的业务请求，但是此类拒绝属于主动计划内的，在多数场景下可以不归结为故障。

- 限速机制。在流量入口处控制客户端请求接入的速度，对超速部分的请求拒绝服务，对其返回“超速”错误码。限速机制要实现对单一渠道的限速，不能让各个客户端共享一个加总的速度值。限速值的设计必须满足所有业务需求，可以高于需求的30%～50%，确保不能被任何正常情况触发，否则还会被认定为故障。限速机制，真正防御的是未知的客户端营销活动（例如远超日常并发承受能力的秒杀），或者合作方客户端Bug导致的类似异常攻击的情景。另外，还可以使用后端限速方式，在应用后端设定处理业务的线程数上限，以控制其运行于自己允许的并发能力范围内。根据应用系统的程序结构，如果是以线程池方式处理业务逻辑，那么这种方式是可取的。

- 熔断机制。在各服务流量入口处抽取一定比例的请求作为样本，计算接收请求开始到返回结果为止的时间，如果其中有一定百分比的响应时间（如50%）大于设定的平台服务响应时限（互联网平台一般为8～10秒），则说明该服务在可用性方面存在问题，立即拒绝服务（一般持续周期30秒），周期结束后自动打开，如此反复，按照周期为单位不断进行。
- 服务维护。平台高压力下，关闭低优先级（非核心、可被降级）的服务，实现机制一般为挂维护方式，被挂维护的入口链接等于临时被屏蔽下线，或者客户单击时提示系统繁忙或维护中（应该有维护时间说明）。这种方式应该算是一种垂直的服务维护机制。还可以提供水平[①]的服务维护机制，例如，一个服务的后台应用有10个水平部署的节点，平台高压力下，可以设置让2个节点不响应业务，向前端页面或者API网关返回系统繁忙或维护中的响应码，对客户端，（假设10个节点的流量是平均分配的）20%的流量会被降级。实现服务维护有多种技术手段，如果负载均衡能够编程处理，可以在负载均衡上直接嵌入脚本（例如Nginx + Lua的组合），好处是不需要更换后台应用即可实现水平维护。
- 超时关闭。一个请求的完整处理，一般包括多个系统之间的级联调用，其中包括多个应用服务之间、应用服务对数据库或外部第三方系统的调用，每个系统间调用均应设置超时时间（一般为3秒），超时则断掉连接，从而尽量保护系统端口不被大量的TCP/IP死链接占用，让系统能自愈。讲到超时必然要提一下，不要忘记了重试（Retry）机制。重试与超时貌似思想相背，有趣的是，两者联合使用可形成互补：超时关闭释放连接、保护系统的同时，使用重试功能，可尽量挽回对客户请求的影响，第一个3秒不成功，可以进行第二个、第三个3秒的尝试。
- 功能降级。一份业务需求中有功能性需求，也有非功能需求。那么，一个系统功能，除了业务功能，也包含非业务类功能，可以称为辅助性功能，例如为安全提供的密码键盘、登录滑块。即使是业务类功能，也有保障级别的高低之

① 垂直维护是关掉所选的服务，水平维护是关掉所选比例的流量。当然可以有最佳的服务方案，那就是垂直+水平的服务维护模式，可以实现关闭哪些服务的多少流量这样精细化的维护能力。

分，例如广告应该属低级别，可想而知，客户进入页面看不到广告，大概率不会投诉。低级别功能和辅助类功能，很多由独立部署的系统或者调用第三方系统接口实现，故障率不比核心功能低，对此可以考虑使用预设的“挡板”来进行降级，用于临时救急，不可因此类功能不可用将整体功能阻塞。例如，广告服务加载失败，可以用一个固定的静态页面代替；页面加载滑块服务失败，可以使用固定的数字图片替换，临时充当验证码①。具体哪些功能可以这样降级，应该逐一梳理，制定规则。

- 弹性伸缩。包括弹性扩展和弹性收缩，弹性扩展指流量压力大、服务响应时间变长时的自动化水平扩容，而弹性收缩指流量下降时能够自动减少节点数量，回收多余资源，节约系统占用的服务器总体成本。为系统设置最低可用节点数，某节点故障导致可用节点降低时会触发扩容，即提高系统可用性。需要注意自动扩容是否掩盖了一些问题，如果应用的性能糟糕，那么扩容是在通过部署更多的节点来自动抵消这个问题，因此可以将弹性扩容在此方面的特征视为反模式，应该对问题进行排查、检视。

自动防御体系是达成高可用目标的必修课，思想精髓是“缓释”：即在入口处遮挡，同时在内部通过释放连接或者扩容等方式来恢复。之所以列出这么多种防御手段，是因为之间并非包含关系，系统稳定运维依赖于各种手段网状交织式运作形成的综合防护能力，在有资源和能力的情况下尽量做到位，不能顾此失彼。

（3）发布机制

实现高可用的发布机制并不是纯粹的架构设计，其实更贴近技术管理领域。但就与高可用的相关性来说，相比冗余机制、防御机制，发布机制的重要性“有过之而无不及”。

- 使用工具进行自动化部署。这是DevOps的基本原则，使用工具的好处除了提高效率，避免人工操作失误之外，还可以用于记录（一次上线失败情况下的）多次上线过程，为质量管理提供技术抓手。
- 分步分批与灰度发布。应用程序部署并不等同于发布，部署指技术上线，发布

① 此系技术角度的举例说明，具体工作中，不同类型的平台、不同的团队对此的敏感度和要求差异较大，如果想使用，应该告知安全管理人员，无太大异议后再行事为上策。

是真正的业务（流量）上线。部署和发布操作上可能是连续一体的，但是存在巨大的含义差别。分步分批是先部署一部分节点进行发布，验证无误后再部署发布其他节点。灰度发布则要圈定灰度单元格[①]，对单元格所管理节点进行部署发布，对流量来源进行逻辑区分（例如使用请求头中的某个标识字段），将指定的流量打到灰度环境，以此进行生产验证，验证通过后，再部署发布全部节点。使用单元格的好处在于，可以从逻辑角度去控制发布策略，是真正意义上的分步分批发布。

- 让程序预热以实现平滑上线。以JVM的运行方式来审视程序上线，可以发现问题：对上线节点放开流量时，如果处在业务高峰期，大量的访问请求进入新运行的程序，会导致同一时刻触发大量Class文件的JIT编译，CPU占用率瞬时飙升，短则几秒，长则几分钟，其间节点容易处于卡死状态。发布应用时需要注意给节点一个预热过程，使其能够较为平顺地完成编译工作，方法可以是对于关键应用程序的上线工作，选择低流量时间段（一般是夜里），或者通过负载均衡来控制对新上线节点的流量分发，以阶梯状逐步增加。
- 以回退措施作为保障线。作为最重要的兜底方式，上线回退用于防范上线失败造成故障情况的发生。具体包括程序回退、配置回退、数据回退。回退首先要做到将程序包及配置恢复到某可用版本，至于数据表变更的回退（方式为整表备份+恢复重建），有很多实际问题要考虑，例如，重建表时可能停服，要考虑对业务连续性要求的影响；如果对表使用了数据库特性或分区分表技术，要分析是否影响重建；备份到回退期间的进表数据如何处理，也是需重点关注的问题。因此最佳方式是，数据表变更尽量与程序兼容，失败时只回退应用，不回退数据表。

从更大的颗粒度来看，基于多中心的容灾是更高级别的高可用设计。容灾具体有双活模式、主备模式（还分为互为主备、非对称主备几种不同模式），以及两者相结合模式（一般是流量双活、资源主备）。

最后回顾一下Ww系统的高可用设计，还有什么可补充的吗？我觉得忽视了最原始且简易的方式，那就是逐级重启。过往经历中，我负责的系统出现故障时，监控室里听到最多的词应该是“重启”二字，这几乎是面对一切失败的、通用的人工兜底方

① 在冗余机制中的故障隔离中已经讲过单元格的含义。

式。为了减少潜在的系统失效风险，每天夜里（有一定的层级顺序）逐级重启一些服务，这个战术看起来十分原始，水平很低，其实对于柔性降级是有效的。应该将自动化重启能力纳入高可用措施考虑范畴之内。

2. 可观测性

图5-12是Ww系统中系统观测能力和监控预警措施的设计。

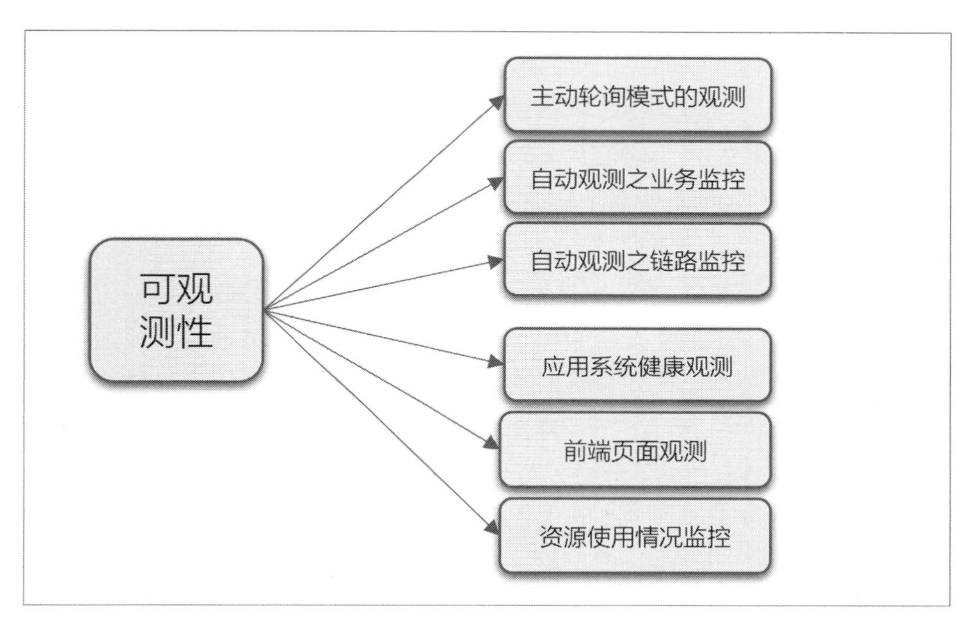

图5-12　Ww系统（部分）可观测性设计示意图

对于系统的运行维护，可观测性是监控报警的技术基础。观测系统的运行状况，实现基于指标和阈值的报警能力，在大流量系统设计中的地位愈发重要。为实现强大的可观测能力，Ww系统做了以下6方面设计。

- 主动轮询模式的观测。实际属于外挂型探活检测，外挂可以是测试团队做的发包器，在真实客户的网络环境中，模拟客户请求来观测系统重点接口和页面的可用性，观测要素主要是是否获得正确的响应结果（响应码）以及响应时长（RT）两个值，对超过阈值的接口进行报警。定位为可用性预警，此模式更适合用于检测系统依赖的外部服务、第三方接口，最简单且有效。
- 自动观测之业务监控。一般模式为对实时采集的业务监控日志的处理，通过预警指标系统进行报警，例如每条监控日志记录一次支付业务的系统处理成功结果，采集处理后计算区间时间单位内（如1分钟）的数量，指标为（分钟之间环比）成功数突增、突降率，例如设定为突降率达到50%则报警，具体阈值要靠长时间的摸索调试，可以分时间段（白天、夜间）分别定义阈值，单一指标难以判断时应使用两个或多个指标制作一个合成的监控指标。为了减少系统数据压力，相关的过程数据可以用完即弃。

- 自动观测之链路监控。一般有日志采集和进程探针两种模式：日志采集模式采集链路监控日志，针对其中日志ID的接口耗时的时长，从技术角度实现对系统间调用链路进行分段监控，根据设定的链路时长指标阈值进行报警；进程探针指在系统中埋拦截器，通过拦截器程序获取被观测点的时长等重要监控数据，对于Java语言开发的应用系统，通常使用字节码技术实现代理，作为启动参数注入进程中。进程探针模式属于AOP架构模式的典型应用，开源的SkyWalking监控系统即是代表，优点是不依赖落地日志及多级处理过程，缺点是全链路串接性和与业务对应性，以及可回溯性、诊断要素的全面性方面不如日志采集模式。
- 应用系统健康观测。模式包括两类：一是为每个应用系统均实现自检接口，类似施工管道上的检修口，用于日常检查和排障，运维平台通过定期调用健康自检接口观测服务健康性；二是部分场景下，可以通过VRRP进行应用系统的心跳监听，观测应用系统的运行状态，对于失联系统进行实时报警。
- 前端页面观测。在前端页面中加载监控脚本，记录页面加载和操作请求的响应速度，以及Ajax型请求和JavaScript脚本加载的时效和错误率，从而观测“页面加载时间、白屏率和白屏时间”等重要的用户端体验指标。因此，页面观测与其他几类观测的不同之处在于，其工作目标侧重点不是观测平台故障，而是对慢页面、慢操作体验进行提升。页面观测的重要性在于，能够将客户端（手机、PC浏览器）上的运行情况纳入观测，这是其他任何方式所不具备的，后端一切正常的情况下，并不代表用户通过手机进行访问可以很顺利。后端服务运行一切正常的情况下，如果客户投诉页面卡顿、加载慢，只有通过前端观测来进行诊断排查。需要注意的是，对于大流量系统平台，只能根据请求量抽取一定比例进行，降低“采集的数据量太大，而给系统带来的”额外压力。
- 资源使用情况监控。这是最基础、最核心的观测方式，对服务器、虚拟机、容器，观测项主要包括CPU和内存使用率、I/O吞吐量、带宽使用量、TCP连接数，可使用Prometheus等监控软件来实现；对应用系统，应能够通过监控快照方式记录进程使用的线程数量、打开的文件数量等；对数据库，则需要重点关注“慢SQL数量”这种特有的监控项。对于难以设置固定报警阈值的监控项，可使用观测增长率的方式，例如与上期同一时间对比，监控项数值增加幅度达到50%，即触发报警。对于功能测试难以发现的问题（如Redis占用内存缓慢增长），监控资源使用情况可以在应用系统不可用之前发出预警，是防止故障暴发的最后一道技术防线。

可观测性的架构思想要求设计和开发人员足够重视日志的规范和对日志的利用。另外，从“有效观测”到“准确预警”，存在一条难以跨越的鸿沟，这需要长期摸索，定制化开发规则引擎和报警算法才能形成两者之间的真实关联。

3. 时间特性

ISO 25010中的时间特性指的是系统处理某任务的时间，即通常意义上的高性能要求。异步、缓存、并行是实现高性能体系的3个最核心的理念机制。

- 异步的效用可以从两方面看，一是让主功能顺利完成，不阻塞，不被（其他非必要功能）黏连，二是将串行转换为并行处理方式。
- 缓存机制最容易理解，可以直接增加存取速度。
- 并行则是充分利用计算资源，同样的时间做更多的事情，重点指的是资源池、多线程、连接池、（分布式）多节点同时计算等技术的运用，因此，这与异步所体现的并行的侧重点有所不同。

不论是代码开发技术、数据处理、架构设计，还是引入更多的性能利器，各种技术措施多数是围绕这3个理念展开的。

图5-13是Ww系统中前端、后端、数据库等几个领域的高性能设计要点。这当然不是高性能设计的全部内容，但可以做抛砖引玉之用。

（1）前端性能的核心在于资源压缩、CDN分发、懒加载、页面缓存等技术的运用，另外很多提升技巧在于HTTP请求（与响应）报文中的报文头（Header域）的设置。

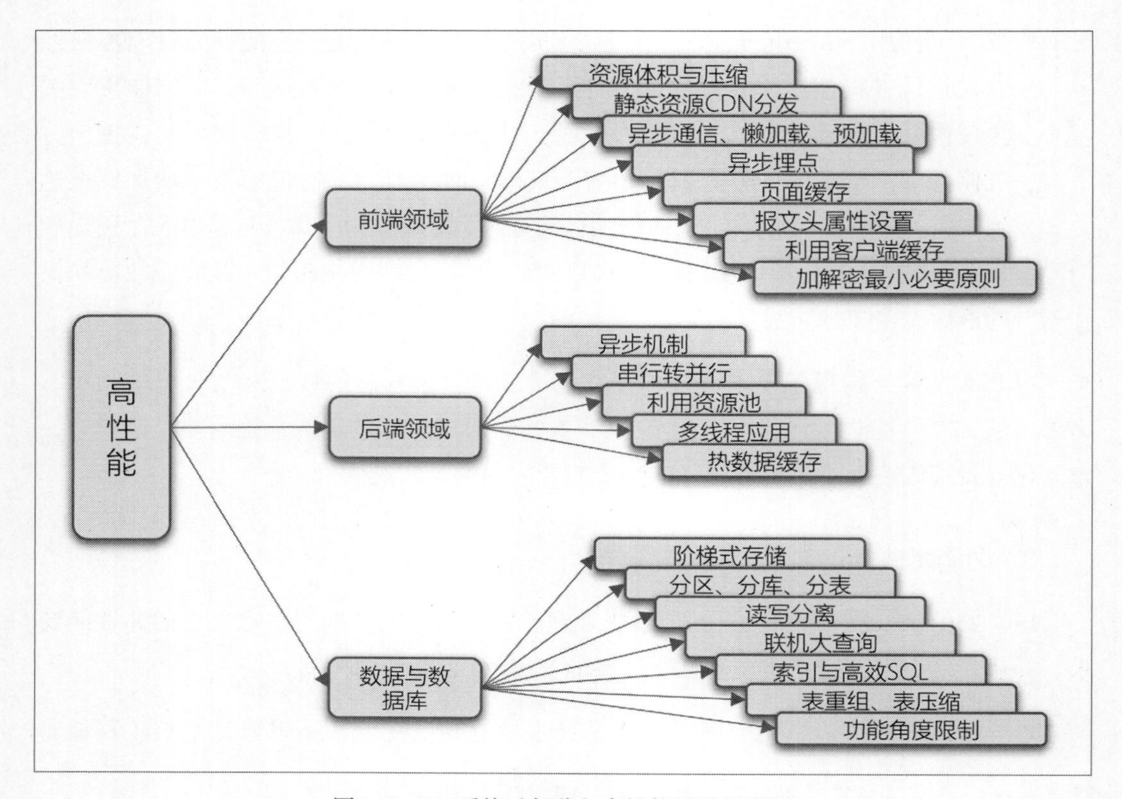

图5-13　Ww系统（部分）高性能设计示意图

- 控制前端各类资源的体积，对图片、音视频、静态JavaScript脚本文件的压缩将极大提高用户浏览器的加载速度，对前端与其他系统间传输请求中的大参数压缩，将极大提高传输效率和性能。
- 关于静态资源存放，CDN已经成为分布式应用平台的技术必选，将客户拉取静态资源产生的流量和带宽，由系统服务端转移到成本更低廉、速度更快的CDN上，其理论本质是变相的带宽扩容。
- 以异步通信技术为主要的技术手段，进而实现的懒加载、预加载等页面分步加载方式。
- 异步机制使用范围十分广泛，可以将前端埋点采集改为异步方式，不阻塞页面加载。目前的付费埋点服务更是将单笔埋点变为本地采集、批量上传的方式。
- 部署页面级缓存，对于未过时的内容不需要每次计算，大幅减少加载网页的资源消耗量，一般情况下可以在反向代理服务器上直接实现。

- 通过设置HTTP报文头，可以重点关注Cache-Control、Last-Modified 2个属性，以确保HTTP请求（尤其是其中的Ajax调用）能有效使用浏览器缓存，减少网络上的数据传输。
- 有效利用客户端浏览器缓存减少重新计算，例如将进入页面和页面内的操作视为一次会话，会话内使用同样的密钥，第一次得到的密钥密文放入浏览器缓存，会话内从缓存中取，不需要每次操作重新计算。
- 应该关注加解密程序对处理性能的消耗，可以采用“最小必要原则”，即满足安全要求的情况下，选择复杂度低的加解密算法和签名算法；非对称加密对性能的损耗比对称加密大很多，只能用其加密（对称加密的密钥，或者身份信息等）要素类短内容，对于（输入参数、输出参数等）报文体内容必须使用对称加密；使用尽量短的密钥长度，1024位长度密钥比4096位消耗的CPU要低一些，对于前端高频处理，性能差异是真实存在的。

（2）后端是性能领域的主战场，后端高性能的众多具体措施，连接池、多线程、消息通信、热数据利用……都可以归类到异步、并行、缓存三种高性能机制。

- 异步机制。架构级异步是中台应用层使用最广泛的性能利器，将联机请求转为消息通道，不仅是“削峰、抗涌流”应用场景的终极技术方案，可以作为大多数场景的性能优化思想，一般可使用MQ中间件来实现。另外，有一些跨系统查询数据状态的应用场景，可以通过批处理方式，事先将所需的状态信息同步至本地，避免事中的系统间同步请求，类似这样的技巧方法也是异步机制思想的体现。在代码级别同样需要考虑使用异步机制，例如使用async-httpclient组件进行响应式编程，实现异步回调。
- 串行转并行。也可以称作“预处理”机制，这是另外一种常用性能利器。对包含多个处理步骤的串行功能流程进行分析，操作前面步骤的同时，尽量去并行进行后面步骤的处理。例如对于一个办理证件的业务，第一步提交个人信息验证，此时应用程序可以去数据库里查询个人照片，放入Redis缓存，为生成证件的步骤预先准备好数据，一旦流程进行到这一步，速度将大大加快。
- 使用资源池。背后的核心机制是对核心资源的预留，需要时获取，避免重新建立的性能消耗，JDBC数据库连接池就是经典案例。计算资源增强与技术框架发展一直处于快速上升通道，不同的功能实现技术发展很快，但是背后机制理念是相对稳定的。这样的例子很多，进程启动时，会划定一定的操作系统资源供自己专用；微服务治理中，注册中心预先登记好所有可用服务地址。系统开发时，对有性能损耗的资源，“事先准备好的”思维方式可以广泛应用。

- 多线程应用。另外一类经典的性能优化方法是多线程技术，例如，对于一个功能流程的技术实现，应该分析其服务级别，识别出主流程和附属功能，为提高性能，在完成主流程后即将结果反馈给客户，使用另外一个线程池去处理附属功能。多线程应归类为哪一种机制呢？多线程首先是一种异步机制，但同时也是代码级别的并行计算，启动多个工作线程（常称其为Worker）同时分担工作任务，从这个角度，可以看到异步和并行计算之间的关联性。需要注意，在多个线程间调度和协调的过程中有一定的开销，包括上下文切换、内存同步等，为增强性能引入的线程池，并行带来的提升必须超过维护线程池的开销。
- 热数据缓存。以某网页的销售量排行榜为例，所有物品的销售量时刻都在变化，没有办法事先准备数据，对于此类高频“热”数据，热力虽高，但其业务属性相对低（即持久化存储的必要性低），应考虑使用轻便的key-value型缓存库，也就是“不能让此类业务的客户查询请求，直接穿透到DB中去查询”，从而实现极高的查询性能。有销量变化时，需要主动更新缓存，根据情况可以考虑非实时更新，无论如何，要保护DB不受此类业务的冲击。如何设定热数据？需要根据业务性质和场景来判断，这里给出的建议是，多数系统功能都具有二八分布特性，电子商务网站中，浏览、推荐功能的使用频率远远高于库存功能。

（3）数据库和数据操作是系统高性能设计的众矢之的。5.1.2节讲过数据主题设计，可以看到，VOD与ADD都可以涵盖数据库设计，不同设计驱动方式带来不同的设计路径和开展方式，但殊途同归，最终目标是一致的。

- 面对海量数据，分区、分库分表、读写分离是必备装备。
- 对于开发人员来说，建立优良的索引，写高效的SQL是必需的要求。
- 从数据设计角度一定要避免联机大查询的出现，不能指望数据库性能足够高，就可以满足超级大表的关联查询，这是基本的设计错误。
- 从对如DB2、Oracle等大型商业数据库的使用经验中不难发现，合理设计和使用数据库软件提供的表重组、表压缩，以及对数据库实例的内存和I/O等运行参数优化配置，均会极大地提高数据存取效率，这是DBA的工作主战场，必须纳入高性能工作安排中。数据库软件经过不断优化及版本升级，多数参数的默认值已具备较好的适用性，通常情况下可以先用再调，DBA的上手门槛得到了一定程度的降低，但是对于实例最大连接数、日志文件及Buffer大小这类关键参数，必须保持高敏感度，有自己的设置策略。

- 从逻辑角度控制数据量，是另外一个必选项，为数据表设计实现配套的历史表，将久远数据通过批处理转移至历史表，以提高数据表的查询效率。
- 不能只依赖技术，从功能角度进行限制也是必选项，对于联机数据查询限制时间范围，各银行网银的账户明细查询均使用了此策略，读者可以借鉴。没有通吃天下的技术，技术上难以满足时，就要在源头做文章，不想下游被淹，则需要在上游筑好堤坝。

性能设计的目标是，在时间或资源的约束下完成对到达系统的请求报文（或事件消息）的响应。这里的时间，包括处理时间和阻塞（或等待）时间，那么提高时间特性的关键是确定架构中哪些地方的资源限制会增加延时时长。跳出（面向互联网应用的）Ww系统的范围，下面上升到更抽象的层面去看时间特性的架构设计，应该重点关注以下两点：

（1）控制或降低对资源的索取。包括减少进入系统的请求数量，例如降低埋点采集量或用户体验的采样频率；减少请求的体量，对图片压缩就是例子；通过限速，将排队中未得到响应的事件丢弃；通过优先级设置，在没有足够资源时忽略低优先级的请求；通过程序算法和精巧的代码提高运行速度；将协作的组件放到同一处理器上运行，减少网络通信的开销，或将资源放入相同组件中，避免程序间调用的开销。

（2）对资源的有效管理。包括利用资源交换思想，运行中的数据可以保存在进程内存或分布式缓存中间件，也可以重新生成，具体取决于时间、空间、网络带宽……哪个资源更为关键；很多情况下，增加资源是改善性能的最直接的方法，尽管任何架构师不会以此为荣；引入并发是必须掌握的设计技巧，不论是增加工作线程，还是将串行处理顺序转换为并行方式，本质都是提升进程内的并发处理能力；保持多个副本，计算副本包括负载均衡机制、微服务架构的节点复制（即多节点部署）等常用策略；数据副本包括复制数据和缓存数据，读写分离带来的性能提升的底层思想是复制数据；对于何时发生资源征用，必须进行资源调度，这需要了解每个资源的使用特征，具体策略包括资源优先级分配和任务分派，具体实现时常使用队列算法。

4. 安全设计

从外部环境看，近年来国际竞争对抗的态势加剧，从内部要求看，我国在信息安全方面的法律法规陆续出台。将安全作为一个独立的设计领域来审视系统，已不再是超出常规（或者说是奢侈）的话题了。

完整的安全体系极其庞大，企业安全人力的配置早已不局限于几个专员，而是设置独立的安全部门和委员会。对于设计应用系统的架构师而言，更多是关注应用系统的安全技术和具体实现。Ww系统的应用安全设计，核心技术措施设计如图5-14所示。

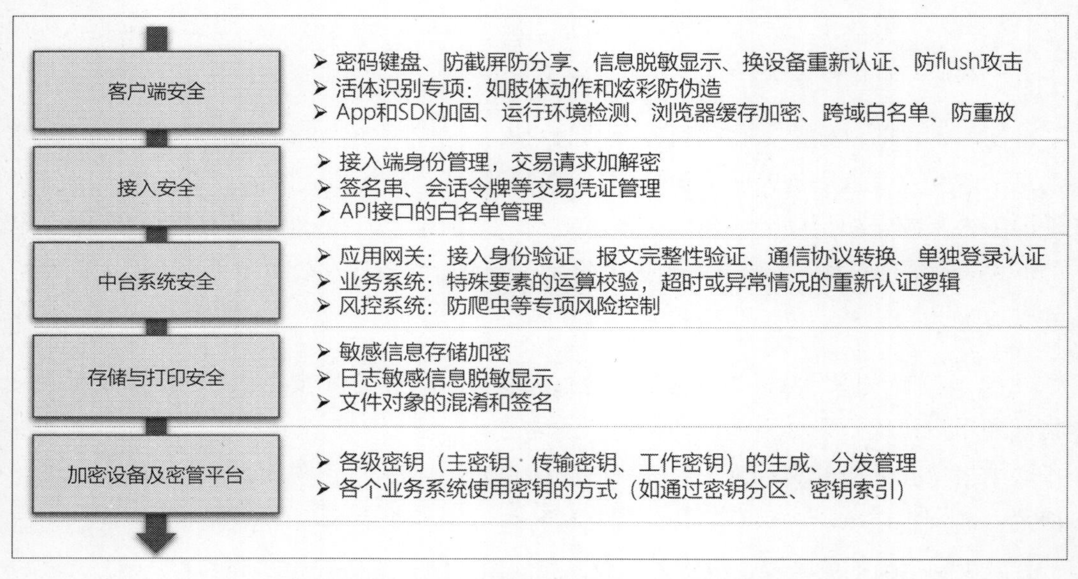

图5-14　Ww系统（部分）应用安全设计示意图

Ww系统的应用安全设计使用的是分段法，即将数据和信息的生命周期按照前台、中台、后台三段拆开，如此分而治之，得以在每个段内（相对小的领域里）分别作战。注意，拆分方式十分重要，不仅体现了设计的抽象水平，驱动整个设计工作良性开展更是技术管理能力的真正内涵。

理解复杂设计问题需要掌握很多关键维度，“数据和信息的生命周期”就是一个典型的关键维度，可将其作为设计线索（或设计脉络），对应用安全问题进行拆解。不论使用何种维度，本质都是分而治之。

安全设计具有很强的潜在延伸性，例如后端日志，要做日志脱敏好像不是太难，但不可忽略的是，可逆性也是软件的重要质量属性。如果因客服、排障工作需要日志明文怎么办？那么，要设计一个具有权限管理功能的脱敏信息查询平台。所谓“安全是个无底洞”正是此意。这种延伸性看起来像是反模式，让架构师陷入“越做越多”的泥潭。架构师必须善于决策，在安全风险与安全投入之间求取平衡。

任何设计方式都可能有漏网之鱼，按照“数据和信息的生命周期”划分为前台、中台、后台的拆解方式亦是如此。加密设备与密管平台不属于三者任何之一，或者说与三者并不处于一个量纲上。它是一个底座型的基础设施，各类应用系统与它呈垂直关系，如同各个插销插在插线板上，因此需要为其单独做设计。典型的设计包括各级密钥（主密钥、传输密钥、工作密钥）的技术规则，三层密钥的生成与分发机制，以及各个业务系统使用密钥的方式，其中会涉及密钥分区与密钥索引知识，还要考虑密钥存放方式（指放加密机里面还是外面），不同设计策略会带来不同的系统实现。

完整的安全设计当然不限于应用安全，下面再举几个例子，从更完整的视角看安全性设计。

（1）不安全状态的规避。包括基于硬件的保护机制，例如使用看门狗等硬件保护设备不被未授权人使用；提前建立预测模型，最具代表性的当然是汽车的防碰撞自动刹车系统。

（2）不安全状态的检测。例如，利用时间戳机制，避免分布式系统状态不一致背后潜在的风险，在处理支付交易时对交易时间戳进行强验证，这对架构师并不陌生。

读者需要通过例子理解背后的真实设计意图，做到举一反三。强验证是普适性的安全防护手段，除了使用时间戳，交易中也常用序列号来做状态检测。

（3）完整性检查。检查对象主要是特定的操作结果，或者组件的输入/输出的有效性以及合理性。这需要对所检查信息和主要变量的状态有充分的了解。

（4）通过中止方式来遏制后果。遏制，是寻求减少已经进入的不安全体造成的影响程度。具体机制可以是在系统的某个组件（或子系统）失效后，以有计划的、慎重的、受控的方式对其功能进行降级。这是一种妥善、优雅的处理方式，既不容忍不安全问题的存在，也不会关闭整个系统（全面停服）。例如，如果移动设备的GPS在地下无法接收卫星信号，可以降级使用低精度的轨迹推算进行临时替代。这就是所谓安全地失效，这里的安全和大家常理解的软件漏洞和信息安全的含义不同，此处更像高可用。

（5）通过设置障碍来遏制传播。限制访问是典型代表，防火墙就是具体的例子。

讲安全属性，不得不谈一下防护性。防护性的服务目标也是系统的安全性，可以将防护性作为安全性的二级属性。关于两者间关系，除此之外找不到更合理的归纳方法。那么防护性设计有哪些常见机制呢？可参考如下几点。

（1）检测攻击。具体包括，将网络流量或服务请求与已知的恶意行为（或是Dos攻击历史特征文件）进行匹配；使用校验和、哈希值等技术验证各类信息（不限于服务请求，还可以是资源文件、部署文件）的完整性。

（2）抵抗攻击。具体包括，标识参与者，即为用户设定可用标识，或为使用系统的访问代码、地址等信息为其设置白名单；身份验证，这是架构师非常熟悉的安全机制，使用数字证书、银行卡或生物特征（一般为指纹、人脸）进行实名验证；限制访问，使系统的攻击面最小化，典型代表是网络结构设计中位于互联网和内网之间的非军事区（DMZ）；数据加密，其技术实现方式包括对称加密和非对称加密。

（3）处理攻击。限制登录，这个处理思想貌似与人们常说的“拉黑”没什么区别，但实际处理逻辑要复杂得多，例如可以只限制一段时间；安全审计，指对保存用户活动信息的记录进行分析，识别攻击者。

有句行话叫“安全无止境”，笔者对这样的观点深信不疑。Ww系统的成长过程中，安全问题带来的压力如影随形。在上线几年后的攻防实战中，仍然可以发现致命的安全问题，例如部分流程和逻辑在前端实现造成权限控制形同虚设；一旦前端被逆向工程或伪造请求方式破解后，后端API接口对调用者合法性检查的防御随即失守，导致越权访问和身份伪装漏洞；再例如，对第三方组件的特性和配置认知不足造成的漏洞被利用。想通过一节内容讲透安全的方方面面，无异于天方夜谭。可以说系统有多复杂，安全就有多复杂。安全设计绝不能仅凭自身技术，更重要的是扩大认知面，与行业水平进行对比，或通过建立（红蓝对抗等）各类攻防方式广泛了解黑客技术。以攻击带动防御，将安全设计盘活。

5.2.3 适用强技术特征系统

1. 一个难点造成全盘复杂

来看这样一个后台任务，如图5-15所示，需求如下：某Oracle业务数据库中的客户信息表A中大概有3亿条客户信息（即A表有3亿行，为确保安全，客户信息表只提供只读权限），需要对这些客户逐一调用（由某第三方系统提供的）客户画像的HTTP服务接口，得到用户画像文件（一个文件大概10KB），并将查询结果全部保存。

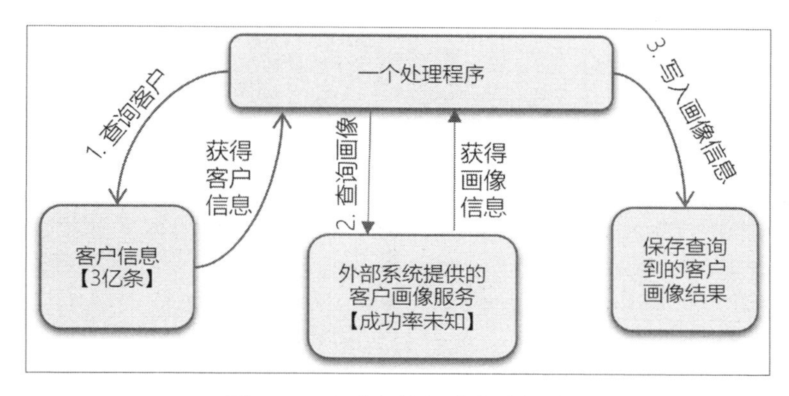

图5-15 一个后台任务需求示意图

这无疑是一个业务逻辑上“极端简单”的任务，几乎不需要做任何的需求分析，可以独立执行，不需要做用户界面。因为其简单，甚至不需要过多考虑架构设计。所谓的软件工程理论和项目管理方法，在这里也无太多用武之地。但是，这只是假象，远非事情的全部，现在我们自顶而下整理这个任务的主要设计点。

（1）对任务的体量进行总体预估。根据任务特点，应当考虑时间长度和数据存储量两个因素。

时间长度与执行速度密切相关，首先需要探测客户画像服务接口的QPS，实测后最大值约为15条/秒。最稳定可靠的速度为5条/秒，此时接口错误率和超时率最低。那么，如果取最大速度与最稳定速度的中间值，按照10条/秒计算，一天不间断执行，则可以完成864000条记录，照此速度完成任务至少需要347天。

存储方面，一个画像文件为10KB，对于3亿用户意味着需要至少3TB的存储空间。DBA为此任务单独分配了Oracle数据实例用户，并建立了所需容量的表空间。

（2）提炼出核心设计要求，包括以下六点。

一是必须能够续跑。即执行中需要记录执行状态，以便在主动暂停、异常中止退出等情况下，能够在断点处继续进行。也便于在过程中对执行情况进行统计、查询，核对情况，进行问题诊断。

二是应达到最优的执行速度。即有一个策略算法，对实际效果值进行监控统计，在5～15条/秒的区间内实现自动调节调用频率。

三是必要的监控能力。在连续出错或成功率过低时需要有告警机制，避免无意义的盲跑。

四是应考虑设计补偿策略。即对于执行过但未成功的记录，再次或多次调用画像服务接口。

五是所有处理过程必须避免大表关联的情况发生，否则对任务性能影响极大。

六是可以充分利用用户的省份属性，将整个任务在逻辑上分解为按省执行。这样的控制逻辑有利于展示进度，进行（各省之间的）对比，出具报表。

（3）进行具体技术实现的设计，包括如下几方面。

第一，建立B、C两张表，将A表数据全量拉取进B表（使用程序效率太低，因此必须选用Oracle存储过程和游标特性来完成），以B表作为任务执行的基表（也可称为任务控制表），在B表记录执行状态，（对已经执行的）记录每条客户记录的执行结果是否成功，将执行结果（获取的客户画像文件）作为一个Oracle对象类型的字段存入C表。

建立B表十分关键，A表是只读的，如果不设计B表，则需要A表、C表两表进行关联才能知道每条记录的执行状态，按照设计要求，这显然是不可接受的。那么可否只用一个B表，在B表中设计一个用户画像列，不设计C表呢？答案是否定的，原因在于高频使用SQL的Update命令将对象存储进表的某列，对象会产生表空间（各行数据）空隙，造成Oracle表空间的浪费。对于C表，对象操作使用的是Insert命令，追加式的写入，则不存在这样问题。将控制表与结果表设计为不同的表，本身就体现了控制与操作（解耦）分离的设计模式，也有利于从逻辑上管理任务的进行，为应对变化预留更多的操作空间。

第二，开发Java程序，读取B表，调用用户画像接口，将获得的画像文件写入C表，并将执行状态的标志写入B表，这两个写表操作不需要事务控制，轻量化即可。

程序中内置一个简易的监控和自调速功能，将成功率和速度两个因素乘积作为实际效果值，以效果值最大化为目标来自动调整执行速度。例如，如果成功率过低导致效果值降低，则适当降低速度，反之同理。既然是调速，必然有周期、上下限和增减幅度的问题，经过设计，以1小时作为一个监控周期，如果下一周期需要增减速，则周期间的增减幅度设定为10%，速度下限为5条/秒，上限为15条/秒。

Java程序通过多线程技术来实现并发执行。由于这个任务的独立性，其实可以考虑使用多进程来实现并发，每个进程负责一个省份，这也是很好的技术策略。但是，使用多进程的弊端也很明显，进程内简易监控功能原本只能监控本进程的，而调速要依据全局的执行效果，因此，实现整体监控和调速功能将比单进程更为复杂。

同时，补偿策略定为2个轮次，即对于调用画像接口未获得成功结果的记录，在本省份数据全部执行完毕后，会统一进行一次补偿，即第1个轮次，对于仍未成功的记录，会再进行一次补偿，即第2个轮次。

最后还要考虑对数据库的影响，以及故障保障的问题，节假日是现场运维人力[①]薄弱的时段，稳妥起见，该任务设定为大节假日期间不运行。

这个例子的原型来自实际工作中的一个真实案例，上面写出了主要的设计过程和很多的设计要点，而这些只是一部分而已，实际执行时还更复杂。

- 不同省份的客户画像接口的成功率差别很大，因此对调速功能还需要有针对性的优化。而且还需要进一步的优化补偿策略，2个轮次补偿后，要对仍未成功的记录增加额外的补偿。
- 执行到一半时，由于其他业务的争用，不能为本任务保留3TB空间了，需要转而使用大容量存储文件系统保存画像文件，因此表C不再保存客户画像，而是维护客户画像存储到文件系统后的路径和文件名。为此，只得将原Java程序进行改造，能够操作FastDFS文件系统，并且使用对称加密算法确保文件名称和内容都是以加密文件的形式进行存储。
- 已经存入表C的记录也要转储出来，这时设计B与C两张表的优势得以体现，分

① 数据处理类后台任务一般不提供非现场的维护方式。

批导出C表数据，分批清空C表释放空间，这些操作完全不影响任务的进行。

实际结果读者可想而知，因为数据量大，从启动到完成，任务跨度时间超过了1年。任何看似简单的任务，背后隐藏的工作量可能十分庞大，且足够复杂，而设计的宗旨正是用最小的代价“抓出复杂度这个魔鬼”。设计就是剥开表象找到本质的过程。

2. 勿以项目大小论英雄

复杂度的来源是多种的，本例中的复杂度来自大数据量，大数据量导致需要大量的时间、大量的存储，对任务的体量进行总体预估，目的正是揭示这些特征。避免表关联、断点续跑、自动调速、自动补偿等设计要点均为应对大数据量带来的问题。

另外一种常见的复杂度来源是“必须满足特定的系统环境和条件要求”，本案例中表现为：所依赖接口的QPS性能上限为15条/秒；需要开发Oracle存储过程（因为A表是Oracle表，由不得做其他的技术选择）；需要实现文件系统存储（因为数据库表空间出现多项目争用问题[①]）。这是特定的任务场景所特有的，不论是技术约束，还是扑面而来的新情况，必然导致设计者被迫接受游戏规则，适时做出改变。

同样是一个小技术任务，交给不同员工去执行则结果完全不同，“草率轻浮的应对”与“活力十足的设计”，两者执行效果的差异之大可能会超出读者的想象。小任务一样可以做得有声有色，可以展示出众的技术能力。一心想干大型项目，认为大项目才能提升技术段位，这样的观点有时是个误区。任何一个项目都可能十分复杂，也足够高端。

对于个人发展而言，参与大项目开发，多数情况下只能作为一个角色参加其中的一个小片段，工作内容往往具有静态性、局限性。做一个相对小的单体任务，则可以涉及方方面面，有助于建立完整的方法论。因此，对任何任务保持一颗敬畏之心，对任何简单任务进行抽丝剥茧的分解，分析“简单表象”背后的“真实复杂性”，将众多的潜在技术要点深刻而清晰地提领出来，达到对软件设计的实质性理解，才能够拥有高人一等的能力。

简单任务尚且如此，放眼到更大的系统，有太多的内容是无法准确预测的。不论

---

① 这正反映了时间过长造成的项目复杂性。很多任务经不起时间的考量，时间跨度大，本身就是项目风险之一，如果较短时间能够完成，也就不存在其他项目争用的问题了。

是架构设计还是运行表现，都有无限变化的可能，“拥抱复杂，持续探索”之路永无止境。

3. 以质量属性提领设计

上述内容重点描述了这个任务的设计结果（以及这样做的原因），简化了设计的驱动过程，现在仍旧以此例来讲解，了解其设计结果与质量属性的对应关系。

- 3亿条的数据体量造成任务时间跨度极大，因此“速度与性能”必然是最重要的属性。避免大表关联，以及以效果值为目标的调速算法及策略，达到对用户画像接口的最优化利用，这些设计点都是对此的设计体现。
- 断点记录和续跑设计，体现了对“可用性”的考虑。这个设计权重也是比较大的，而且优先级很高。
- 补偿能力的设计，是尽量保证“功能性”得到最大化完成，以达到更高的完成率。这个设计权重虽然较大，因为任务时间跨度很长，将补偿设计为“在全部查询结束后再启动”即可，因此优先级并非很高。
- 告警机制则是为了达到“可观测”“可维护”的效果，这个设计的权重和优先级居中。
- 为任务分配的数据库用户对A表只有只读权限，用户画像存储到文件系统过程中的加密，则是为了实现任务的“安全属性”，只读与加密两处设计属于重要且必需的，但是在本任务中的权重并不大，不需要为其消耗太多的设计精力。
- 对于可移植性、可扩展性、可测试性、可持续性、可解释性等其他质量属性，则与本任务无太大的相关性，不必对此花费精力进行设计。

通过上面的对应关系可知：质量属性作为可循迹的锚点和线索，可以建立起任务与设计内容之间的桥梁。质量属性已经存在了几十年，每个设计人员都已耳熟能详，质量驱动设计并非完整意义上独创的设计理论。笔者提出的质量驱动设计的核心在于将设计工作中对质量属性“潜在、经验式”的运用方式，适当提升为“显式、程式化”的设计方法，这对于做好强技术属性的单体型任务很有裨益。

讲到此处，如何在中小型技术设计任务中运用质量驱动设计，答案其实已经比较清晰了，具体操作建议如下。

首先，解读任务，在结构上掌控任务的整体轮廓，将主体功能和流程设计初步定型，并形成粗略视图。

其次，可以将Excel表作为质量驱动设计的操作工具，表的行展示需要关注的质量属性，表的列展示主体功能和流程。

再次，识别任务与各个质量属性的相关程度，这是最核心的一步，分析各质量属性的设计权重，进行重要性和优先级方面的定义。

最后，据此向下详细梳理各设计要点和内容项。

大型系统的设计内容更为繁复，设计点成倍增加，但是核心方法仍然可参考如上建议。不论大系统还是小任务，正确识别出需关注的关键质量属性，是至关重要的环节。

就笔者亲身经验，运用质量驱动设计，并不需要设计人员做本质上的转变，主体功能和流程设计仍旧必不可缺，在此基础上使用质量驱动设计，起到“提领、加速、强化”之效，有利于清晰、准确地向下发掘出各个技术要点，进而打造出高质量的设计。

自然而然地融合到设计过程中，作为一个轻量化的推进器、指示标，是对质量驱动设计亮点的最佳描述。

5.3　基于风格与模式的设计（PBD）

5.3.1　参定式的决策方式

1. 无处不在的事实标准

风格与模式即人们经常说的架构风格与设计模式。PBD实际上是复用技术前辈们总结的风格模式作为架构设计的线索。阅读本节时请注意理解风格与模式，两个词有时可以互换使用（例如架构风格其实也可以被称为架构模式），按照上下文语境顺其自然地理解即可，无须进行严格区分。

1.2.2节已经讲到，设计模式的开山之作是《设计模式》一书。这本书通过体系化的方式，将面向对象语言的设计模式搬上软件设计的历史舞台，包括创建型、结构型和行为型三类设计模式。最开始学习编程时，笔者常用的工厂模式、装饰模式、单例模式都是从本书学到的。图5-16①是概括23个设计模式之间关系的GOF设计模式全貌示意图，有兴趣的读者可以快速浏览，感受GOF设计模式的魅力。

① 这张图的内容参考了网络公开资料，并非笔者原创。

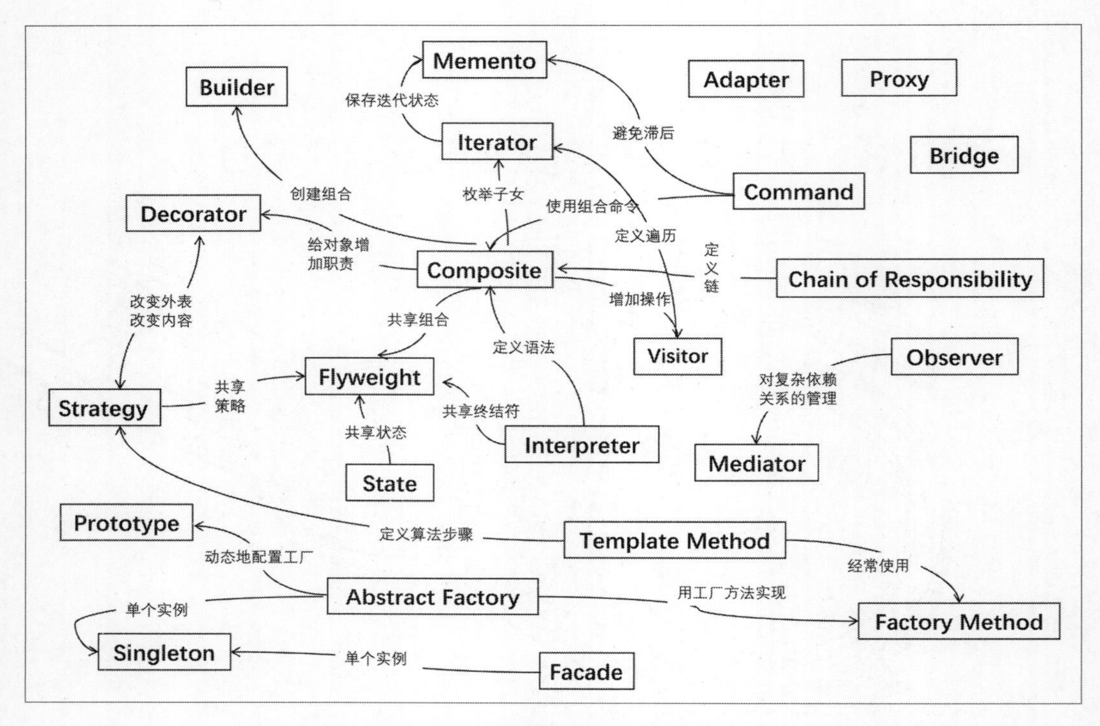

图5-16　GOF设计模式全貌示意图

架构模式理论体系的宗派很多，除了《设计模式》，另外一本著作*Pattern-oriented software architecture*①令笔者印象深刻。这本书提出模式系统概念，并描述如何通过代理、桥接、派遣、分发等结构化的范式来决定软件系统的架构。

关于架构与模式间关系，笔者在《软件平台架构设计与技术管理之道》中分享了自己的观点，即“欲言架构，必言模式”。不论现在还是以后，这或许是我能给出的最高屋建瓴的概括。软件世界是模式的世界，模式无处不在。防腐层、消息推拉、反射、事件驱动、API网关、前后端分离、面向切面编程（AOP）、控制反转（IOC）、反向代理、RESTful HTTP、MVC……好的方法就是模式，只要做软件就会遇见模式。无论是大张旗鼓地运用模式，还是无声无息，即使使用了仍浑然不觉，几乎每个设计开发人员都在使用模式，区别只在于方式不同、程度不同。

任何一种技术风格和模式，并不需要用教科书给出刻板的定义，只要被广泛分享和复用，经过多年积累，就会悄无声息地演变为一种事实标准。

① 1996年出版，汉语版《面向模式的软件架构》于2013年出版。

2. 以推定架构设计系统

5.3.2节将为读者展示笔者整理的16种架构风格。基于技术风格进行系统设计，要求设计者对这些内容进行充分的学习理解，做到胸有成竹。遇到一个系统，除了能做到（如2.2.2节所讲）快速描述核心业务之外，还应立刻以风格与模式作为牵引力，在心中的模式清单中寻找适合者，选定其作为载体去展开设计。例如，如果使用分发+订阅风格，那么要确定处于这个架构风格中核心地位的消息通道该如何去做，进而设计通道里的传输内容，包括消息类型、消息对象的格式，以及订阅者和消息处理流程。这是分发+订阅风格约定俗成的概念和设计点，依托于此，设计工作自然就展开了。

PBD是一种参定式的决策和设计方式。使用这种方式设计、打造的系统架构，实际上是推定架构，或者说是参考架构。所选的推定架构，多数是在特定领域中占据主导地位的架构族[①]。推定架构限制了设计，使开发人员可以控制风险并获得某种质量属性，这是显而易见的。任何一个推定架构都自动地提供一些词汇，并为系统提供设计模板和关键约束。

风格、模式两者没有明确边界，大的模式下可能会有小的模式，大的风格下可能还会嵌套风格和模式，两者既无严格定义，也没有客观边界。但是可以从颗粒度层面、适用范围方面对这两个架构词汇进行概念上的区分。

风格常与架构搭配，架构风格更侧重在战略层面，适用于更高层级的决策，本质更重于思维与思想。模式常与设计搭配，设计模式更擅长于战术领域的技术运用，多对应于实体与关系设计，其核心是一些结构性原则。除此之外，在编程设计层面还有众多语言特定的模式，其本身就代表了具体的实现，可以将此类模式称为“成例”[②]，这是颗粒度最细的设计，更多体现的是技术实现。大家可以在不同的场合因地制宜地使用不同的架构词汇。对任何领域，词汇都是能够承载和记录领域发展的显著标签，架构词汇的发展是架构领域呈现立体化发展的缩影。

设计风格因人而异，有些人喜欢直接服务于开发，自下而上地开展设计工作，但有些人善于瀑布式、自顶而下地进行架构设计。尽管专家们到处宣扬可修改架构、可持续架构、渐进式架构，但是过于强调在战术层面进行快速迭代，这绝非架构世界的

---

① 架构族一词中的“族”字，暗指多个，强调并非只有一个架构风格可选。

② 实际工作中，现在已经较少使用成例一词。

全貌。很多时候，在战略层面进行预先式（或者称为预制式）架构设计，仍是不可或缺的。

5.3.2 16种架构风格简析

对于UNIX C时代的软件设计，进程间通信是最重要的话题，架构设计更多是技术的体现。发展至今，技术成分的占比与日俱减，架构越来越“艺术范儿”了。

从颗粒度和普及度两个维度，对本节16种架构风格进行分类归纳，如图5-17所示。图中的纵坐标是普及度，这很容易理解，普及度越高，意味着越被行业人员所熟知和使用；横坐标是颗粒度，指架构风格所适用的系统体积与尺度。这个概念有些抽象，具体来说，颗粒度小指适用于单一系统设计；颗粒度中等指适用于企业内、平台内的多个系统设计；颗粒度大则范围更大，指适用于跨企业、跨地域的系统设计。图中横跨两个颗粒度的架构风格相对来说适用范畴更广。

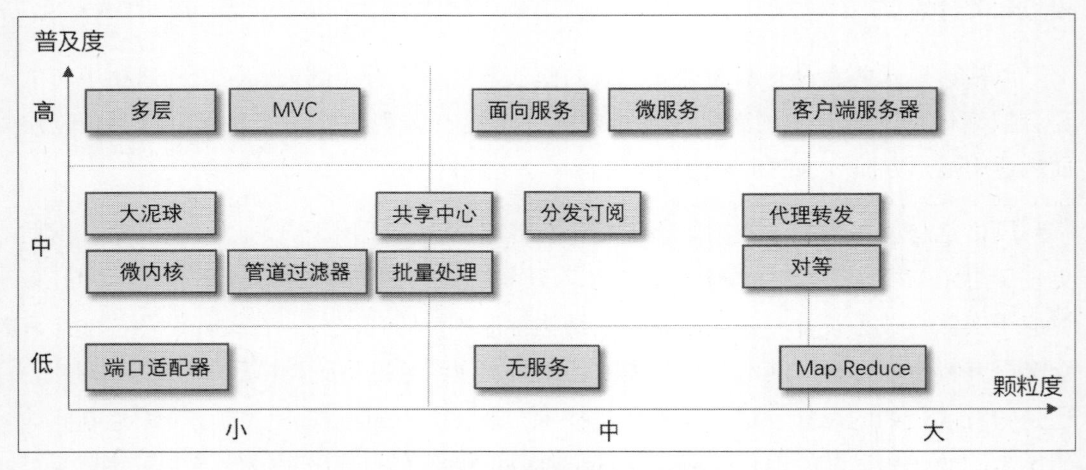

图5-17　16种架构风格的概览图

每种架构风格的架构量子大小不同，侧重的应用领域也不同，技术定位各异，很难理清相互之间是包含关系、平行关系，还是互斥关系。对此，行业中没有任何客观标准可做指导。各种架构风格并不在同一个量纲上，有的表示角色和地位的关系，有的表示自身的组成结构，有的表示对业务流的处理方式，相互之间无法做绝对（客观）意义上的比较。

学习这些架构风格，可以权当是“向架构设计的武器库中添加更多的弹药”，面对设计任务时按需索取。要注意关注每种架构风格的核心特征，理解架构风格中专属的、特性的内容①，举一反三地加以使用。如果非要给出众多架构风格间关系的说法，笔者认为互补关系是相对恰当的。实际工作中不难发现，很多系统同时使用了多种架构模式，这是对互补关系的最佳佐证。

1. MVC（Model-View-Controller）风格

MVC是一种广泛使用的软件设计模式，将应用程序分为三个核心部分：模型（Model）、视图（View）和控制器（Controller）。

- 模型负责处理数据和业务逻辑，包括数据的存储、读取、验证等操作。模型是应用程序的核心，通常与视图和控制器相互独立，便于重用。
- 视图负责显示用户界面，将数据呈现给用户。视图是根据模型中的数据生成的，可以根据需要进行定制和修改。
- 控制器负责协调和管理模型与视图之间的交互，并处理用户输入和操作。控制器接收用户的请求，更新模型和视图，并将结果返回给用户。

MVC架构的特点在于，三个核心部分都是相对独立的，都具有清晰的职责和功能，三者之间的依赖关系较弱。这是最典型的解耦结构，提高了应用程序的可复用性、可维护性和可扩展性。

MVC模式适用于需要分离数据处理、业务逻辑和用户界面的应用程序，尤其是Web应用，因此被广泛认为是J2EE平台上最基础、通用的架构模式。

2. 客户端服务器（Client-Server，CS）风格

其概念无须多讲，核心理念是强调各参与方系统的角色不同，服务器作为整体架构的核心，客户端作为访问者的角色请求服务器完成工作，反之则不成立。

客户端与服务器两者之间多呈现一对一或多对一的关系，一对多（或多对多）的关系较少。另外，多数观点认为，浏览器服务器（Browser-Server，BS）架构风格与CS架构风格是并列关系的两种风格。如果从广义上去理解客户端的概念，浏览器、App都

① 因为这是最有价值的。

属于客户端范畴，不同之处在于浏览器是“轻”客户端[1]，App是“重”客户端[2]。因此，可以认为BS风格是CS风格的一种。

在CS风格中，如果存在多个客户端，那么这些客户端可被视为同级别的一层，这体现出了多层风格的特征，可见这两种风格的相通性。客户端对服务器的依赖，与多层风格中上层对下层的依赖，两者理念完全吻合。

3. 多层（multilayer）风格

多层风格适合表达请求/响应交互模式的系统。MVC+DB应该是“内容最典型、使用最频繁”的分层架构，上面是UI表现层，中间是控制层和应用层，下面是持久层和数据层，很多系统的分层架构都是以此为基础再进行演变。

多层风格架构的各层之间有明确的依赖关系，一般来说是上层依赖下一层。在单纯的多层风格系统中，数据库层的变更可能导致所有应用程序都要随之同步变更。因此，强耦合性是多层风格被诟病的最大原因。但无论如何，可以认为多层风格是最基本、最通用的架构风格。列出多层风格的例子易如反掌，Java虚拟机就是其中的代表，运行在虚拟机上的程序不会去使用更低的层，因此，程序员对硬件和操作系统的关注与日俱减。

多层结构不仅在技术设计领域使用广泛，也频繁用于其他各类型方案，如产品功能框架、咨询方案、实施方案、转型方案、运营方案等，各相关工作人员均需熟练掌握这个最通用的逻辑表达方式。打好这样的基础技能，勤于练习，才能顺利进行沟通、汇报类工作。

4. 端口适配器（Port-Adapter）风格

端口适配器风格又名六边形架构风格，在国外颇具知名度，相比之下在国内有些名不见经传。六边形架构的设计思想源于Alistair Cockburn在2005年提出的“六边形关系图”理论。在这个架构中，软件系统被视为一个六边形，由三类组件构成：核心业务逻辑（Domain）、输入和输出端口（Ports）以及适配器（Adapters）。六边形架构的核心理念是：核心业务逻辑与外部资源（数据库、依赖的第三方服务等）完全隔离，

① 具有通用性和轻量化的特点，操作系统中自带，不需要单独安装。

② 是定制化开发的客户端系统，需要进行单独安装。

通过端口和适配器实现业务逻辑与所依赖资源二者间的解耦。

六边形架构实际上也是一种分层架构，只不过由上下分层变成了内部与外部分层。

实现六边形架构包括以下3个核心步骤。

- 首先，识别应用程序与外部系统的交互点，并设计相应的端口接口，这些端口应该是抽象、可扩展和可测试的。
- 其次，实现适配器，适配器是实际端口的组件，将外部请求转换为领域模型可以理解的格式，并将结果转换为外部系统可以处理的格式，例如，具体形态上可以有HTTP适配器、Kafka消息适配器、Repository存储适配器。
- 最后，通过依赖注入，将适配器注入核心业务逻辑中，确保它们能够无缝地协作。

5. 大泥球（Big Ball of Mud）风格

大泥球风格指系统没有做任何解耦，看不到任何清楚的结构。因此，大泥球系统的架构量子就是它自己。典型的表现是，随意进行通信，随意共享数据，随时随地进行修补与维护，应急式地打补丁。理论上讲，大泥球系统的技术债是最多的，因此常被列入经典的反模式。

如果从实用主义至上的原则角度，大泥球有时像是一种“刚刚好的”架构。对于这个话题，笔者思考了很久，其原因在于并非所有人都喜欢架构，在很多开发者眼中架构被认为是敌人。要想对系统拥有绝对的控制权和足够的安全感，很多人十分乐意让泥球越滚越大，被要求不断地维护和修补泥球系统，恰恰能够令自己的职位得以延续。因此，即便现在有足够多的架构风格可用，很多系统在局部处还是广泛存在大泥球现象。

6. 微内核（Micro Kernel）风格

微内核架构风格来源于操作系统设计领域，有时也被称为插件化架构（Plug-in Architecture），包含两类组件：核心系统（Core System）和插件模块（Plug-in Modules）。微小而精简的内核包含进程调度、内存管理、设备驱动等核心功能，这是提供系统运行所需的最小功能集。应用程序则作为插件形式存在，核心系统需要知道哪些插件模块是可用的，以及如何访问它们。实现这一点的常见方法是插件注册表。注册表包含每个插件模块的信息，包括其名称、数据协议和远程访问协议详情。

插件化架构是一种面向功能拆分的可扩展性架构，常用于实现基于多版本产品的应用，例如类似Eclipse[①]这样的IDE软件。也有部分企业将业务系统设计成微内核架构，例如保险公司的保险核算逻辑系统，不同的品种可以将各自的逻辑封装成独立的插件。

核心系统功能一般比较稳定，不会频繁修改，而插件模块需要根据业务功能的发展不断地变更、扩展。微内核的架构本质是将易变部分封装在插件里，从而实现快速灵活扩展的目标，而同时又不影响整体系统的稳定。

7. 管道过滤器（Pipe-Filter）风格

这种模式的核心思想是将任务分解成一系列独立的步骤，每个步骤被称为一个过滤器（Filter），并通过管道（Pipe）将它们连接在一起。数据从管道流向过滤器，过滤器会对数据进行处理。工作时，管道仅仅按照一个方向和次序传输数据，过滤器从输入端口读取数据，进行补充、转换、细化等各种类型的处理后，将结果写到输出端口。管道过滤器风格的特点在于各个过滤器是独立的，相互之间不会（直接）交互，不会共享状态。处于下游的过滤器不能假设上游发生了什么。

过滤器增量式地读取接收到的输入，处理后增量式地写入输出端口。管道过滤器架构使用实时流式的处理方式，对于任何时候的流经数据都可以正常工作，不会出现上游积压而下游空闲的情况发生。

管道过滤器的典型代表是Apache HTTP服务器，过滤器在Apache内部进行“执行切片、处理请求”等操作，具体包括服务器端的插入处理、压缩发送到客户端的数据等操作类型，并可以自定义外部程序为过滤器。

再举一个例子，那就是Linux Shell命令行中的竖线操作符（|），该操作符将多个操作命令连接为一条管道，每个命令均将前面命令的执行结果作为自己的输入，处理后将结果向后输出。

---

① Eclipse的插件一直在进化，从3.0版本开始，Eclipse抛弃了原先的插件化框架，选取了OSGi插件标准。

8. 代理转发（Agent-Dispatcher）风格

代理转发风格可以简称为代理风格。代理风格的核心思想是在源头系统和目标系统的中间引入代理层（代理系统），对两者做架构上的隔离解耦。

不论是所关注的业务对象还是通信机制与技术实现，代理风格表现得尤为灵活。代理架构可以是事件驱动的，通信层面是以消息中间件实现的异步通信机制，这与分发订阅风格有些相像。代理架构也可以全部是请求/响应交互模式，在通信层面以HTTP等协议实现联机、同步通信机制。

（1）反向代理。反向代理的对象是服务端，用术语说就是“隐藏服务端”。最著名的代理风格实例应属Nginx反向代理服务，请求方完全不知道目标系统的位置，寻找目标系统的职责由反向代理负责。除了单纯转发业务请求之外，反向代理系统还可以具备诸如协议转换、功能鉴权、高可用性等附加功能，前置、网关、负载均衡这些类型的系统都是反向代理思想的体现。

（2）正向代理。正向代理的对象是客户端，即“隐藏客户端”。联网时配置的代理网关就是典型的正向代理的例子。早期有些英文资料中的Client-Dispatcher-Server模式即指正向代理。因为使用了Dispatcher一词，所以这种模式也被称为派遣者（或调度者）模式。

9. 分发订阅（Publish-Subscribe）风格

分发订阅风格的核心是基于事件的异步通信架构①。这个架构的特点在于，分发事件和订阅事件的组件是独立的，分发者与订阅者两者之间互不知晓，分发者不知道事件会被谁处理，订阅者也不知道事件从哪里来。

分发订阅架构的核心是事件总线，总线担当中介角色，因此分发者与订阅者之间是在运行时发生的多对多关系。实现总线的最佳方式无疑是消息队列，事件被封装成消息格式在总线上发布，消息队列的异步通信机制让发布者可以发出并遗忘事件，并不依赖其他组件的响应，从而实现整个架构的高度解耦性。分发订阅架构还具有极佳的可扩展性，只要维护好事件的定义标准，可以在不影响系统的情况下添加任何发布

① 即事件驱动架构，简称EDA。分发订阅风格是EDA的典型代表，因此本节并没有再将EDA单独列为一种架构风格。

者和订阅者。

相比直连方式的同步通信机制，分发订阅架构相当于在通信两端之间加入了间接交互层，纸面上来看，这无疑会降低通信效率。质量属性经常会出现互斥现象，可扩展性与通信效率即是如此。

10. 面向服务（Service Oriented）风格

面向服务风格所关注的对象是服务，服务的含义是对多个系统的多个功能（或接口）的公共抽象和提炼，体现了对系统群的治理策略，其目标导向是“系统为业务服务”，因此，服务的定义是基于业务语义的。SOA架构在实际工作中的成败，核心取决于服务的定义与编排。

从技术角度看，SOA的弊端主要是高耦合性带来的可持续演进方面的问题，在2.3.1节已经有所讲解，此处不再赘述。

11. 微服务（Micro-Service）风格

微服务风格是最热门的架构风格，自然更会被关注，占据更大的篇幅是理所应当的。5.3.3节会单独讲解微服务架构。

本节要谈一下微服务与多层风格之间的关系，进一步扩展“掌握架构风格特征”的视角。单独谈分层架构风格本身，笔者觉得既没有太多可夸之处，也无任何吐槽的必要。但是，我们可以分层架构为对比抓手，更好地去理解微服务架构。在分层架构中，关注点在技术层面，或者说系统由哪些技术部分组成。因为被技术分层隔开，所以分层架构没有清晰的业务领域模型，而业务领域正是微服务架构风格的侧重所在。

如果在分层架构中对业务领域进行变更，开发人员必须修改每一层，然后对每一层进行全量变更，从业务领域的视角看，分层架构不具有较好的演进性。相比之下，如果将微服务架构加入其中，以信贷业务为例，如图5-18所示，修改和变更范围则只限于某个微服务，整个系统的内部耦合性更低。话说回来，高度解耦的架构，其弊端必然是高度的复杂性，没有完美的架构，实战中只能是在解耦性与复杂性两者中寻求平衡。

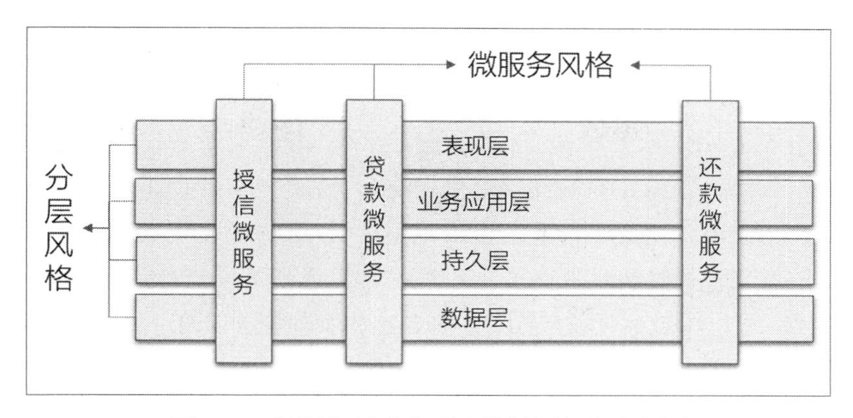

图5-18　微服务风格与分层风格关系示意图

12. 批量处理（Batch-Sequential）风格

批量处理的对象是数据，该架构风格由多个数据处理阶段组成，一个阶段与一个阶段相连接，每个阶段对数据进行处理后，将结果向下一个阶段输出。数据流从一个阶段到下一个阶段，被持续不断地加工。从整体结构上看，批量处理风格与管道过滤器风格有些类似，但两者却是完全不同的架构风格。虽然在批量处理架构各个处理阶段之间流动的数据可以采用流的形式，但更为常见的是磁盘上的文件，每个阶段在完全处理完（全量）后，才会启动下一个阶段，即如果某个阶段的处理对象是一个1000行的文件，那么进入下一个阶段之前，这个阶段要全部处理完这1000行。

每个数据处理阶段，在批量处理风格的系统中被称为任务（Job），也被称为步骤（Step）或批次（Batch）。因为各个任务之间的边界切分十分清晰，任务间不会实时影响，从逻辑角度看，这种风格是相对简单的。

在一个给定时刻，只有一个（或一批）任务在执行，因此，批量处理风格可以有更大的吞吐量。批量处理风格的典型代表是金融机构日终账务处理程序，名目繁多的账务体系包括各类分户账、总账，以及客户账、内部账，通过一个个批处理任务串联，依次生成。

13. 共享中心模型（Model Centered）风格

共享中心模型风格的核心思想是，任何业务（或功能）组件只与一个共享的中心模型交互。中心模型可以是数据库数据形态表示的模型，或是内存中的模型。

例如，在代码集成开发工具中，被编辑的程序即是中心模型，这个模型包括程序代码、状态，以及已被解析的信息，均驻留在开发工具内存中。用户看到的各类视图和控制组件，相互之间没有依赖关系，而是全部依赖于这个单一的、共享的中心模型。用户编辑代码，则中心模型发生变化，通知编译组件进行代码编译，编译后中心模型再次变化，并将变化通知给各个视图，用户可看到显示程序函数列表的视图随即出现了相应的变化。模型发生变化后的通知，其实现方式可能较多，在代码集成开发工具这个例子中可以用观察者设计模式实现，换作其他例子，可能是某种触发器。

共享中心模型的一个特点是，一个单一、共享的模型，可以对应很多视图和控制器。视图和控制器之间没有依赖关系，它们都只依赖模型。通过这一点可以清楚地将共享中心模型与MVC风格相区别。

多个系统共享数据库，这种看似最普通不过的架构，其实正是共享中心模型的风格。在微服务大行其道的时代，这被视为反模式。笔者的观点是，如果系统并不很庞大，整体可控，数据库性能也够用时，使用共享数据库架构也无妨。从哲学角度来说，设计确实没有绝对的对与错。

14. 无服务（Serverless）风格

2.3.2节介绍了无服务风格来源于“基础设施无关性”这一架构思想。这是本节16种风格中最另类的，无服务的核心实现来源于对应用运行容器的（进一步托管）控制，这太与众不同了。

Serverless架构的核心是函数即服务（Functions as a Service，FaaS），为了实现“接到请求才启动运行容器”的目标，Serverless架构将一个功能接口实现为一个独立部署的进程。从这一点来看，无服务架构是服务颗粒度最细的架构。从技术代次角度看，无服务是面向云计算、面向未来的新形态架构。在“不依赖于下层基础架构”方面，FaaS比SaaS更彻底，绝对是软件架构领域的“重量级选手”。

需要注意的是，对于先进技术，勿要陷入夸夸其谈、到处使用的误区。Serverless的最佳服务场景是公有云多租户之间的资源整合利用，对于私有云而言价值相对有限[①]。

① 企业私有化资源无法将资源供其他外部企业使用，等于只有一个固定不变的租户。无论是否闲置，都将由企业自身承担云的成本。

市面上无服务架构平台越来越多，8.2.2节会详细讲述OpenWhisk无服务平台架构。

15. 对等（Peer-to-Peer，P2P）风格

对等风格中，节点之间的通信是对等的，每个节点既可以作为客户端，也可以作为服务端，既是信息的提供者，又是信息的消费者。

对等风格适合作为更大颗粒度的架构设计，面向跨企业、跨平台系统关系这样的场景使用。例如在隐私计算领域，参与计算的各个隐私计算节点可以是完全平等的地位，不存在主从关系，区块链的各个成员节点也是如此。这是由业务对象关系决定的，各个成员之间，地位无高低之分、数据不分三六九等，互相发送数据，互为客户端和服务端。

对等风格的另外一个例子是BitTorrent网络，BitTorrent是一种流行的点对点文件共享协议，核心思想是将文件分成小块。这些小块可以同时从多个来源下载，从而提高下载速度。BitTorrent协议依赖于分布式的方式，多个下载者之间共享文件块，而不是依赖单一的中央服务器，比客户端服务器架构拥有更好的可扩展性。

BitTorrent网络会在多个节点上持有文件的冗余备份，所有节点是对等的关系，一个节点可以向任何其他节点索要文件。每个下载者将已下载的数据提供给其他下载者下载，充分利用每个节点的上载带宽，下载的人越多，下载速度越快。即使一个节点离线了，文件仍然是可用的。因此，BitTorrent网络在可用性和弹性方面表现更佳。

16. Map Reduce 风格

这种风格适合处理巨大的数据集，搜索引擎是最具代表性的应用。Map Reduce风格允许把（排序或是统计查询等类型的）计算任务分布到多台计算机上，整套架构包含Map Worker和Reduce Worker。Map Worker处理从全局文件系统中读取的部分数据集，然后写入本地文件系统，Reduce Worker读取这些计算结果，做合并，计算最终输出结果。很容易理解这种风格的运作机制，可以打个比喻，本地工人干本地的活，各地工人之间是平行关系，工作互不交叉，由中枢机构的负责人对各地的结果进行汇总。

最后做个补充说明，本节的16种架构风格，更多是面向应用系统建设范畴。在数据库软件设计等其他细分领域，其实还存在很多架构风格，例如著名的集群（Cluster）

风格、主从（Master-Slaver）风格、读写分离风格。另外，读者完全可以将Saga分布式事务模式、事件溯源架构也作为2种重要风格，列入自己的架构风格清单中。因此，笔者提出一点希望：架构风格是无穷尽的，读者可以大显身手，在本节16种风格的基础上继续思考和补充。

5.3.3 正本清源的微服务

不拿出一节讲一下微服务，对一本架构书籍来说或许有些说不过去。下面是笔者梳理的微服务架构风格的几个精炼原则，帮助读者在实践中正确运用微服务的理念。

（1）微服务的两个特征标签，第一，微服务设计的第一个切面要从业务开始；第二，开发微服务系统多采用先进的分布式技术架构。如果仅以技术架构来看待微服务，缺乏业务语义考虑，设计工作必然走入死胡同。

微服务与DDD限界上下文是何关系？可以将两者看作一一对应关系。从DDD视角来看，创建微服务的目标是承载其对应的限界上下文。这进一步说明了微服务架构风格的强业务属性。

（2）微服务将技术架构的内容封装在基于业务的边界里面，是更彻底的面向服务的架构风格。微服务隐藏了技术细节，将系统构造为独立可部署服务的集合，这些服务仅通过请求服务接口的方式传递信息，不允许其他任何形式的进程间通信，不允许开放底层技术资源，跨服务不能互相读取对方的数据存储，不可以共享内存，不允许任何后门，这就是经典的微服务开闭原则。

（3）相比于SOA架构，微服务摆脱了对某个中心系统的强依赖，并将服务寻址与服务调用完全分开，不再依赖于ESB。

（4）微服务改变了组织架构和项目管理方式。将大系统拆分为若干个微服务系统后，呈现了若干小团队自治的局面。各个服务相互独立、自治的形态，使得微服务架构有较好的演进性，可使用“自动化测试和变更”应对业务需求的高速迭代，在不影响其他服务的情况下进行独立部署。“隐藏细节、自动化变更、独立部署”这些特征，令微服务与DevOps天然相融。

（5）微服务理念认为“重复好于耦合”，因此形成了一种“无共享”架构。多个微服务之间尽量不依赖公共的业务组件，而是各自维护一份。相比那些共享业务组件的架构，进行服务变更时，微服务不需要担心所依赖的共享组件是否被修改。如果业务组件被修改，只需要在微服务之间传递对应的信息，用架构术语表达即是“在耦合点协调差异”。

（6）如果想防止有害的重复，微服务提供了服务模板能力，在模板中构建一致的工具、框架、版本等技术底座。服务模板使得微服务应用与基础设施形成有机的整体。例如，每个服务都需要包含服务注册、健康监控、日志采集等基本能力，通常可以在通用的服务模板中定义技术耦合点，让基础设施团队来管理这些，业务开发团队只需要专注于业务需求。一旦基础设施有升级，在下一次部署流水线执行时服务模板将自动采用新的行为。对于服务模板，还有另外一个更加接地气儿的名称——项目脚手架。

（7）在隔离失败方面，微服务具有天生的优势。每个微服务的自治性能够更好地处理错误场景，进行自我恢复。在微服务架构实现的分布式系统平台中，限流、熔断等故障防御模式得以大显身手，有效控制局部故障对系统整体的影响。对开发人员来说，一切调用都是以服务这种高级形态存在的，通过服务契约更容易做好各方面的协调。

SpringCloud是最著名的微服务技术框架，已成为很多分布式系统平台的标签，但它毕竟只是技术栈层面的概念，与微服务一词完全不在一个量纲上。实现微服务风格的系统，完全可以使用其他“技术落后”的方式，例如，完全可以先拥有一个个颗粒度适度的单体应用系统，使用Dubbo实现系统间通信机制，自搭建一个用于服务登记、服务开关的可视化管理平台，在最外层使用一个物美价廉的Nginx作为网关。这就是一套土生土长的微服务系统了。面对遗留系统的微服务化改造，这种“灵活”的方式技术门槛相对较低，或许更具优势。纸面上看似技术落后，实则更为灵活、有效，这即是设计的价值所在。

不论使用上述哪种方式，都可以称作实现了微服务架构，其核心不同之处在于：不同实现方式，适合应对不同的工作场景、不同的复杂度。不止如此，这还与技术开发团队能拿到的预算，以及决策者的风险偏好有关。

本节的最后，对微服务的实践做一些深度思考。

微服务体系中有一个例外——报表系统，不同微服务有不同的业务功能，但是报表却要横向覆盖方方面面的业务。报表不需要复杂的应用层，只需要读取大量的数据，没有必要以微服务的形态来建立报表系统，“报表微服务”这个模式不符合客观逻辑。因此，很多系统的设计者将报表和数据库直接耦合起来，这当然违背了微服务的开闭原则，让演进变得更加艰难。相互冲突的目标让架构设计者不得不寻求其他的解决方式——分离行为。对于大型系统平台，建立独立的数据平台，通过采集日志等方式建立服务于报表的OLAP型数据库（通常是非结构化数据库），将业务应用与报表解耦（两者各自读取自己的库），在硬件资源“普惠天下”的今天，这是通常的做法。以日志作为耦合点，已经成为现代大型架构的一个经典范式。有些企业架构明确约束不能直接读取（数据、文本记录这样的）底层存储，如果读取业务系统日志也是违反开闭原则的行为，那么所有的跨系统通信只能在应用层面进行，可以考虑的方案是在变更业务数据的同时，通过消息通知或事件流的方式，将信息告知报表系统。

对耦合不满的人当然会对解耦的方案夸夸其谈。对此，笔者的观点是，一个没有耦合的软件也好不到哪里去。以微服务为代表的无共享架构，必须在事务方面做出大量的牺牲，越是解耦的系统，越难以控制事务。因此，当前中大型分布式架构中几乎全部采用最终一致性的事务方案。不仅如此，大谈解耦架构的专家们应该注意到，服务模板其实已经说明微服务中仍然存在共享和协调，虽然微服务与基础设施被解耦了，但是多个微服务共享同一个服务模板是不争的事实。

因此，“解除耦合”的本意是“解除不当的耦合”。更确切地说，“无共享”应该是指“没有混乱的共享”。

5.4　领域驱动设计（DDD）

5.4.1　DDD的战略和战术设计

对于伟大杰作，仰望还来不及，当然不敢有所怠慢，本章五大设计方式的排名是不分先后的。但是本章的排列顺序，把DDD排在第4个，还是有些原因的。5.1～5.3节是技术化的设计驱动方式，对于IT从业人员有着更广泛的理论基础。相比之下，领域驱动设计则更为抽象，从行业中的具体实践情况来看，一定达不到前3种设计方式的普及程度。但对编程语言来说，越抽象的语言越高级，这个道理同样适用于设计，越抽象的设计方式，其魅力越大，越能产生绝佳的架构作品。

换个角度，对于业务复杂的系统，DDD拥有前三种设计完全不具备的能力。对国内从业者来说，DDD始于2003 年，埃里克・埃文斯（Eric Evans）编著的《领域驱动设计——软件核心复杂性应对之道》中文版于这一年出版。这本书阐述了DDD的完整体系，包括DDD的各种概念、方法论以及最佳实践，是DDD的始祖。DDD已有二十余年历史，至今仍然享誉天下。

任何大型业务产品都是独一无二且错综复杂的，DDD的战略设计可以帮助团队做出反映其核心业务竞争力的软件模型，DDD的战术设计可以帮助团队设计出可靠且实用的软件。这是对DDD最好的赞誉。

1. 战略设计

DDD的战略设计的两大核心，分别是限界上下文（Bounded Context）和通用语言（Ubiquitous Language）。DDD的核心关注点在于，如何在明确的限界上下文中创建基于通用语言的模型。

限界上下文是语义和语境上的边界，限界上下文内的每个组件（或对象）都有着特定的含义，并处理特定的事务。DDD工作始于对需求的理解，以及对限界上下文的探索。在朦胧未定时，限界上下文更像是问题空间，随着软件模型的逐步呈现及模型含义的逐渐清晰，限界上下文会迅速转变，成为解决方案空间。模型正是在限界上下文中被定义和实现的。

团队在限界上下文中发展了一种语言，用于表达其边界内的模型，这即是DDD中通用语言的含义。从设计模型过程中的团队交流，到软件技术实现的最终表现形态[①]，通用语言会一直存在，贯穿始终。通用语言的抽象性、严谨性、精确性，甚至是紧凑性，无疑是软件项目成败的关键。

DDD的战略设计要点，可归纳总结为以下几方面。

（1）领域专家和业务驱动。业务部门或者工作组织的划分，天然地标明了模型边界的位置。例如保险公司，对于保单概念，在不同的保险业务领域中有不同的含义，有用于承保的保单、用于审核的保单，以及用于理赔的保单。每个业务领域中的保单因不同原因而存在，这是无法回避的事实。技术人员可能绞尽脑汁地进行聚合设计，将三者抽象成为一个适合所有业务职能的保单对象。但是对DDD而言，这是犯下了原则性的错误。

大型业务系统都具有概念复杂的特点，几乎无一例外。例如航空业中的航班概念，可以是表达飞机的一次飞行，也可能用于地面的维修任务，或是在客票销售领域中被使用（如直达航班、中转航班），这几种航班概念，只有通过各自的上下文才能被

① 可以将软件代码理解为通用语言的书面表达方式。

清晰地解释，因此应该在被分离的限界上下文中建模。

领域专家的心智模型是整个团队通用语言的坚实基础。技术成员应当抛弃多余的技术洁癖，拥抱业务团队，在特定上下文中逐步挖掘出通用语言。在战略设计时，技术人员通常会不由自主地进入“编码实现的惯性思维”之中，注意此时一定要暂时搁置关于实现的技术细节。

（2）DDD的核心域。当限界上下文被当作组织的关键战略举措进行设计与开发时，即被称为核心域。DDD的限界上下文中一定有一个将成为核心域。

（3）DDD的子域。DDD项目中总会碰到很多限界上下文。一个限界上下文中可以有1个或者多个子域。简单地说，子域是整个业务领域的一部分，每个子域代表1个有独立逻辑的领域模型。子域可以用来从逻辑角度拆分整个业务领域，以便于理解大型复杂项目中的问题空间。另外，使用子域来思考和讨论对（单体）遗留系统如何拆分的问题，有助于设计者应对大型系统的重构和改造。

DDD将所有业务领域分为核心域、支撑子域和通用子域三种类型。

- 核心域，毋庸置疑是整个系统核心业务竞争力的体现。
- 支撑子域，是对系统设计开发的各项支撑性功能，围绕、服务于核心域，确保其得以实现。设计者可能不需要对支撑子域过度考虑可扩展性和兼容性，另外，对支撑子域的技术关注方向可能不是可复用性，而是可替代性。
- 通用子域，业务规则相对明确，在很多产品和业务上下文中保持高度的重合，对其定制化的要求较低，更为关注的是稳定性和兼容性。

以支付系统为例，应当将“支付交易与结算”确立为核心域，“渠道管理”“商户管理”“账单服务”则可以作为支撑子域，而“客服管理”“门户网站”“信息发布”可以被作为通用子域对待。

（4）限界上下文映射。核心域与各个子域之间的集成关系在DDD中称为上下文映射。考虑到两个限界上下文中存在着两种（或多种）通用语言，因此，上下文映射代表着两种语言之间的转译过程。上下文映射在技术实现时体现为特定的系统接口，可以是基于SOAP的RPC通信、基于资源的RESTful请求，或是使用队列的消息机制。当然，5.1.2节通信设计中的任何一种通信方式都可以被考虑，包括使用数据库或是文件系统进行信息交换。这即是“上下文映射”与“接口和通信”两者的关系。

限界上下文映射的几大种类及设计要点将在5.4.3节详细阐述。

另外补充一点，5.3.3节已经讲到，DDD与微服务两者都是面向业务的设计，限界上下文与微服务有着天然的对应关系，对限界上下文和子域的识别，决定了微服务颗粒度的设计。笔者曾被问过这样一个问题，微服务理念的推行比DDD顺利得多，这是为何？有一个微妙的原因在于微服务是技术人员的专属[①]，业务人员不需要掌握。设计驱动方式侧重客观方法，而具体工程实践则更受社会性因素影响，一旦需要技术、业务多方联合推进，难度陡增。

2. 战术设计

上面介绍了以限界上下文为核心的DDD战略设计。对于颗粒度更细的战术设计，则需要进入到限界上下文的内部一探究竟。DDD战术设计最重要的两个概念是聚合和领域事件。

（1）实体模型与值对象。从业务角度看，一个DDD的实体模型就是一个独立的事物，每个实体拥有一个唯一的标识符，可以将其与其他实体相区分。绝大多数情况下，实体是可变的，它的状态会随着时间变化。建模的意义正在于对实体状态变化的管理。值对象是对不变的概念建立的对象，与实体的不同在于，值对象没有唯一标识。

可以用面向对象语言（如Java）去同理理解，字符串（String）是实体类，可以通过构造函数对其实例化。常数或枚举则不同，是无特定状态的固定值，在进程中是恒定不变的。

（2）模型的聚合。限界上下文中的内容即是聚合，聚合由一个或多个实体模型组成。每个聚合应该有一个根实体，可以使用根实体名作为整个聚合的名称，在DDD中，根实体被称为聚合根。除了实体，聚合的组成当然还可以包括值对象。

聚合根代表域的边界，声明聚合的全部公开行为，对外隐藏了域内的模型组成和具体关系。这并不难懂，如果换作技术语言，可以用“对外暴露服务接口”去同理理解。

聚合根控制着聚合中的所有其他模型及元素，DDD指出，每个聚合都会形成保证事务一致性的边界。一个聚合内提交的数据变更，聚合内的所有组成部分必须根据业

① 微服务的划分策略与业务强相关，因此架构设计人员需要理解业务。但是微服务本质是技术范畴，“懂业务”的目的是“更好地为技术设计服务”。

务规则保持一致。要注意DDD的事务概念，在技术开发人员眼中，事务是“要么全成功、要么全失败”的一系列程序和数据操作动作[①]，强调不可分割性，最著名的当属数据库的ACID原则。而DDD事务更是在于强调如何隔离对聚合的修改，以及如何保证业务不变性，即在每一次业务操作中各个模型状态的逻辑正确性和一致性。

DDD事务的边界由业务动机决定。业务规则是驱动力，这是与技术角度事务的最大区别。只能在一次DDD事务中修改一个聚合实例，这是进行聚合设计的一条普遍原则。其他聚合将在另一次独立事务中修改并提交，这就是聚合被认为是事务一致性边界的原因。

（3）聚合的设计原则。除了事务外，其他的聚合设计原则还包括：聚合要设计得大小适中；只能通过聚合根的标识符进行聚合的引用；利用最终一致性[②]原则更新其他聚合。

另外，要谨慎选择抽象级别，不要被诱人的高度抽象陷阱所吸引，要遵从团队精炼过的领域专家的心智模型，围绕通用语言进行建模。想通过高度抽象兼容未来需求，多数情况下只是美好的幻想。聚焦当下，通过对当下业务需求进行建模，项目将省去大量的时间和工作量，避免不必要的麻烦，对未来需求保持良好的适应度方面，这样做不会有何局限。在这方面，技术实现设计则完全不同，保持对未来的可扩展、可适应，是当前设计绝不能回避的问题。

（4）运用领域事件。领域事件是一条信息，记录着在限界上下文发生的对业务产生重要影响的事情。如果事件发生在多个上下文之间，属于战略设计范畴，倘若发生在上下文内的多个模型之间，则应归纳为是战术设计。领域事件经常会在战术设计的过程中被概念化，并演变为核心域的组成部分。也就是说，领域事件本身也是一个实体模型，其名称应该是对过去发生的事情的陈述，即动词的过去式，例如Product Created、Item Updated表示被创建的产品和被升级的项目，那么产生这些事件的动作无疑是Create Product、Update Item。

在DDD事务中同时保持修改后的聚合和领域事件是非常关键的设计原则。如果使

① 操作动作并不限于具体的实现方式，除了原子级的数据库事务、程序中的事务控制包等传统技术之外，还可以事件溯源方式来完成。

② 分布式系统无法保证实时一致性，对一致性与可用性权衡的结果是达到最终一致性。这体现了柔性事务策略。

用对象映射工具，将它们保存到数据表中当然是不二之选。如果使用较前卫的事件溯源技术，聚合的状态不再需要被作为一个整体进行持久化，而完全可以由领域事件来表达，因此，存储的内容是发生在聚合上的所有独立事件。独立事件保存了核心域中发生的一切，这会从各个方面对业务产生较大帮助。对于任何需要追溯能力的场景，例如审计检查、数据分析，或者利用事件流检查系统使用的趋势，甚至是对接和调试程序功能，都是事件溯源的优势所在。

本节所述DDD的核心方法论，与软件架构中的“分而治之”“低耦合、高内聚”“聚焦边界、实现集成”“以模型及关系为核心”等技术思想如出一辙，有异曲同工之妙。但是作为独立的设计驱动方式，DDD的显著特征在于，其所有的概念和设计方法，针对的对象和设计目标，均是面向业务领域的。

最后，再做两个补充提示。

第一，模型与（软件设计中的）对象，二者可谓是天作之合。DDD擅长使用面向对象程序语言实现的系统，能够被最彻底地理解和运用。但如果大家使用的是函数式编程，本节内容有些可能并不适用，需要通过其他的学习，根据自身情况去重新定义和使用。

第二，DDD中的概念比较多，包括战略设计中的限界上下文、核心域、子域、上下文映射，以及战术设计中的聚合、聚合根、领域事件。这可能无形中提高了学习门槛，会引起初学者的不适，影响DDD实践落地的广泛性。可以从积极的方面去看，这与“好的东西价钱贵”的道理有些类似。

5.4.2 以业务模型为设计核心

1. 专注业务复杂度

软件项目进展艰难、如履薄冰，造成问题的原因千奇百怪。如下这样的场景，很多读者应该并不陌生。

- 架构设计者热衷于技术，并习惯于通过技术手段解决问题，技术大牛们孜孜不倦地追逐技术新潮流，而不是对业务领域进行深入思考。
- 过于重视数据库，以至于关于解决方案的讨论都是围绕数据库和数据模型，而不是业务流程和运作方式。

- 对于以业务目标命名的对象、事件及其操作动作，技术开发人员没有给予应有的重视，导致交付的软件和业务专家的心智模型之间存在巨大分歧。业务与技术之间的鸿沟，一直难以被填平。
- 业务方忽视相关干系人，浪费大量的时间闭门造车，提出各种无人问津的需求（或是要求），其中可能只有一小部分能被技术人员接纳并采用。
- 技术开发人员在界面层或持久层组件中构建业务逻辑，或在业务逻辑层执行持久化操作。
- 错误的抽象级别，试图借助过度概括的模型满足所有当下以及臆想的需求，而不是解决实际且具体的业务诉求。

在本章的五大架构设计驱动方式中，DDD或许是应对这些问题的最佳答案。

在没有专家指导的情况下，自行摸索来实践DDD会令人望而却步。因此，很多设计人员对DDD始终是敬而远之，希望本节内容能够拉近他们与DDD的距离。

下面以设计开发一个项目管理平台为例，来帮助读者理解DDD的概念和设计方法。简单起见，只列举了3个限界上下文，如图5-19所示。“项目管理”是平台核心的产品功能，当然是首要识别出来的限界上下文。除此之外，平台中的论坛、日程也是限界上下文，使用合适的业务词汇，可以称为“协作”上下文。另外，要用项目管理平台，肯定有公司职员，即用户角色，可以定义一个名称为“身份访问”的限界上下文。

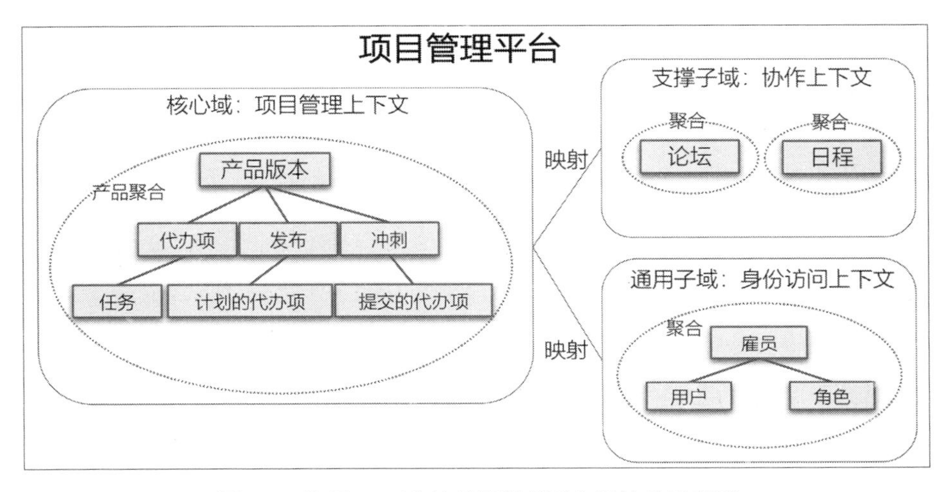

图5-19　使用DDD进行项目管理平台设计的示意图

这3个限界上下文，每个上下文可以包含一个或者多个域。项目管理上下文对应的域命名为产品域，指代项目管理平台上所管理的产品对象，产品域是整个平台的核心域，域内包含产品的代办事项、产品的发布、产品的冲刺等多个模型。产品版本是整个域的聚合根，作为整个上下文的边界。产品域通过产品版本与其他域进行关联，即上下文之间映射。产品的冲刺、发布，以及代办任务，是产品域的内部模型，并不会独立地对外表达功能。执行由这些模型承担的任务，更改这些模型对象的属性，均通过聚合根完成。

协作上下文与项目管理息息相关，但并非本平台的核心业务竞争力体现，因此被定义为支撑子域是恰如其分的。而身份访问上下文，如果没有特殊的要求，通用性功能即可满足，可认为是通用子域。

划分限界上下文体现了业务角度上分而治之的思想。将大的设计命题主动拆分化解而后各个击破，是首当其冲的设计要务，无论DDD还是其他设计驱动方式均是如此。如4.3.1节所讲，分而治之是架构设计过程的第一利器。

2. 既陌生又熟悉的设计

DDD体系全景图[①]如图5-20所示。

使用通用语言“大声地”讨论模型，使用业务模型驱动设计，这是DDD体系的核心枢纽，在图中占据着中心位置。永远不要低估“获得通用语言”的难度，永远不要忽略“使用通用语言”的重要性。这个警示不仅适用于业务建模，也同样适用于技术设计。例如，基础资源、共享资源、公共资源，这三者虽然含义相近，但是在不同场景下描述不同组件时，总有一个是最贴切的，随意互换是不可取的；日志采集器这个词适合表达功能角色，但如果要体现领域抽象，那么日志采集代理这个词更恰当。

笔者见过很多如同菜市场一样的沟通会，从始至终，未能建立有效共识、共享心智模式。在软件技术无比发达的今天，系统建设中忽视标准术语，对基本概念不求甚解的问题仍然比比皆是。

DDD强调代码与模型相匹配的重要意义，否则，设计信息丢失，设计就失去了意义。DDD的一整套方法论中包括对代码工程的建议，在图5-20的下半部分内容中，可看到

① 此图内容参考了《领域驱动设计——软件核心复杂性应对之道》一书，是书中两张DDD全景图之一。

众所周知的Service、Module、Entity、Factory的概念，正是项目程序包名称中的常客。

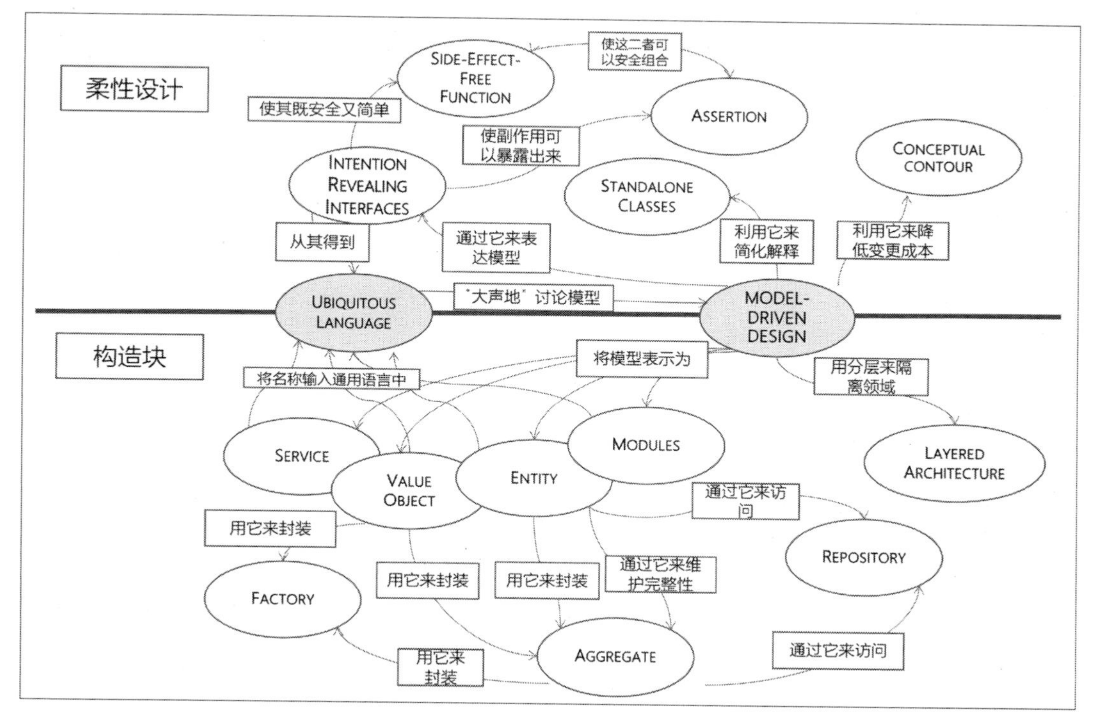

图5-20 DDD体系全景图

另外，DDD对如何进行柔性设计提出了最佳实践，如图5-20的上半部分内容所示，利用Standalone Classes来简化解释、利用Conceptual Contour降低成本……多种实践策略联合运用，不一而足。尽管很多人仍然没有认识到DDD的精髓，也不曾显式地使用DDD作为设计工具，但是，领域驱动设计在无形中早已渗透进软件开发的方方面面，可以被称为“既陌生又熟悉的设计”。

领域驱动设计并没有推出任何架构模式与设计模式，更不染指任何技术栈和程序语言，高超之处在于DDD从本质上带来的一种抽象能力，更具体地说，是令技术与业务两者相互结合的方法论。

就笔者经验而言，在国内，以DDD作为主导方式进行系统设计的比例并不太高，多是在设计的某个阶段有些运用，真正精通者应属凤毛麟角。良好的DDD需要大量的团队间协作，坦诚、通透的交互，客观、严谨的工匠精神，以及换位思考的工作文化，大多数企业这些方面能力亟待提升。这与技术团队的话语权较低、业务需求方对技术设计的理解程度不高、求快求结果的竞争环境、对基础理论学习缺乏重视等很多现实情况有关，一言难尽。因此，领域驱动设计作为一种设计思想和设计方法，算是席卷天下得到广泛认知和肯定，但是在实际工作执行中，其价值远未释放出来。

关于DDD普及度有限的问题，笔者还想分享一个观点：缺少业务领域建模确实会导致项目失败，但是不太会因此出现技术工程方面的失败。从职责边界角度看，避免技术失败才是真正要保障的底线。通俗地说，没有做好业务建模，即便项目失败了，也难以归咎于技术团队。因此，很多时候DDD的刚需性并不足够大。

本节的目的在于把DDD知识化、理论化中的精华用最短的篇幅提炼出来，如果读者能够理解其意，希望以自己的项目经历进行对比审视，做更深度的思考。

5.4.3 6种限界上下文间的关系

当谈论通过限界上下文映射设计领域模型时，需要清楚界定多个上下文之间映射的含义，这是指两者间的集成关系以及团队协作关系，这与关注耦合点的架构设计理念不谋而合。

1. 合作关系

每个团队各自负责一个上下文（在技术实现上可以将其想象为一个微服务），两个上下文互为对等，通过互相依赖的一套目标联合起来形成合作关系。两个上下文的集成工作需要保持协调一致，因此合作关系的本质是一种集成关系。在企业架构中这样的关系十分普遍，进行自动化构建时，存在合作关系的多个上下文被纳入一个构建单元里面。

2. 共享关系

两个上下文存在交集，两者之间共享一个小规模但是更为通用的模型。虽然对共享模型的维护由某一个团队负责，但是两个团队必须对共享的部分达成一致。共享关系最常见的例子就是将通用模块通过库依赖（如Jar包）的方式共享给所有上下文使用。

3. 供应关系

供应者处于上游，接受者处于下游。供应者处于关系的支配地位，它必须提供下游所需。两者之间共同制定规划来满足各自预期，但最终由供应者来决定最终获得的时间和实际结果。在支付系统中，如果（某银行的）支付通道功能无法提供，常使用（接口）挡板来充当支付通道的模拟器，这就是供应关系的例子。下游先通过契约测试来保证两者间的协作，保证系统整体（不受制于供应者）得以向前推进，是供应关系的特点。

4. 跟随关系

处于上游的上下文没有任何意愿和动机来满足下游的具体需求。下游也无法投入足够的资源来分析上游模型以适应自己的需求，因此只能顺应上游的模型。尤其是上游十分强大且成熟时（例如大平台或者是技术生态建立者），这种情况十分常见。对于下游跟随者而言，一方面借助上游的力量快速获得用户和流量，另一方面要严格遵守上游制定的“游戏规则”。

5. 隔离关系

不同角度使用的术语不同，在设计模式领域，隔离关系被称为防腐层模式。这是最具防御关系的上下文，下游的模型会在与上游的模型之间创建一个不包含业务逻辑的代理层（有时也称作翻译层），代理层起到防腐的目的，对两者实现隔离，阻止外部技术偏好对领域模型的侵入。这种集成方式的例子很多，2.3.1节中提到的前置系统和网关系统，都是防腐层的具体实现。另外，在6.2节遗留系统重构的3种模式中，修缮者模式的运用正是隔离关系的体现。行业里有这样令人意味深长的说法——在软件的世界里，没有什么问题是增加一个防腐层解决不了的。

6. 服务关系

服务关系指的是一个上下文对外开放服务访问关系，服务协议是公共的、标准的、开放的，并提供详细的接口文档，所有需要与其集成的上下文（例如各类客户端）都可以相对轻松地使用它，REST风格的HTTP协议当然是绝佳选择。服务关系十分适合快速扩张形成生态的方式，例如，发布标准API，已经成为各大互联网平台的标配模式。

服务关系对提供开放服务的上下文提出了较高的技术要求，包括足够的兼容性、可伸缩性、健壮性、易用性。

除了上述6种关系之外，还要补充2种较为特殊的关系。

一是上下文之间无任何关系。需要注意，对于设计而言，无任何关系也是一种关系。这不难理解，以吃饭这件事为例，不吃饭也是对如何吃饭的一种选择。

二是上下文之间完全耦合在一起。这样的关系所形成的结果即是5.3.2中的大泥球风格。这种关系的本质是“全是关系”，但用逆向思维来考虑，这种关系的含义也是“没有关系”，不同于上段的“无任何关系”，这是“无任何清晰的关系”。

5.5 风险驱动设计（RDD）

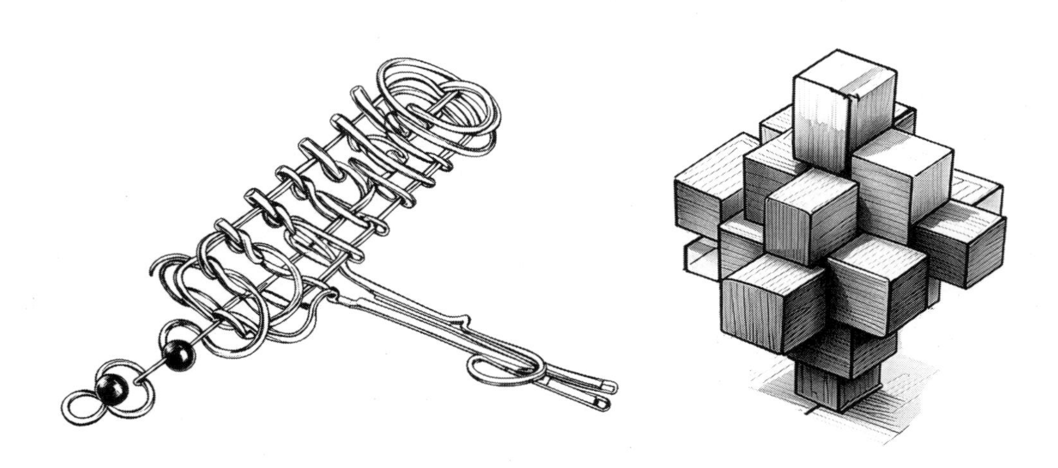

5.5.1 更显主观性的设计策略

在软件业发达国家，风险驱动设计一直具有举足轻重的地位。笔者最早学习风险驱动设计的架构理念是阅读George Fairbanks编写的*Just Enough Software Architecture: A Risk-Driven Approach*一书，其汉语版《恰如其分的软件架构》于2013 年出版。针对风险驱动设计，本书明确提出了体系化的思想和工作方法论，并提供了典型案例作为学习参考。

风险驱动设计与本章其他4种设计驱动方式有一个本质区别，它首先要判定是否有必要进行设计。采用RDD，必须能回答以下问题。

- 项目的主要失败风险有哪些？
- 应对失败风险的技术有哪些？
- 何时结束和恢复架构设计？

解答这些问题的方法是识别风险、描述风险、选择技术降低风险、设定风险阈值、权衡架构设计。

第一，识别风险，主要包括：揭示难以实现的需求；识别不完整或难以理解的质量属性需求；借鉴典型风险作为参考来进行识别，例如Web项目必须关注安全性；以利益相关方需求的优先级和开发者觉察到的难度进行风险分类排序。

第二，描述风险，至少需要三部分：条件、后果、优先级。条件、后果的含义很容易理解，不再解释。优先级是已知条件下风险的重要程度。毋庸置疑，重要程度高的风险应当被重点关注和化解。4.4节中讲解了架构决策记录和技术债务台账，这样的工作方式对于风险描述是必要的，风险描述文档是RDD中的关键文档。

一份好的风险描述文档不只包括条件、后果、优先级，为标识风险以及便于沟通理解、增强项目交叉引用的能力，风险描述中还需要加入名称、编号、类型、来源四部分。其中来源指的是业务需求与质量要求，例如对账处理在1小时之内完成，或者用户报名功能的响应时间不能超过3秒。

第三，选择技术降低风险，方法主要包括：分析风险的条件、影响、概率、时间窗口，确定可以解决的部分，进而选择解决问题的技术；借鉴业界成熟的解决方案，或者研究密切相关的技术，寻找解决风险的技术。根据风险选择技术，是一种敏捷、高效的设计行为，既不会把时间和资源浪费在低效的技术上，也不会忽略危及系统的风险盲目选择最优的技术。

为实现设计的可复用性，还可以总结经验，做出风险指导架构设计的指南，将面临的风险、所选择的技术解决方式、时间和成本预计等几方面内容进行记录。很多技术人员属于经验主义者，认为这样的记录是一纸空文，因此不会对此付诸时间和精力。这其实是恶性循环，“经验主义”造成“没有记录”，“没有记录”又加剧了“经验主义”。这个问题的真实原因并非是指南无用，而是记录指南的能力门槛颇高。记录一份好的指南，需要对风险和所选择的技术有一定的抽象表达和泛化能力，否则难以作为复用参考所用。

第四，设定风险阈值。可以将此理解为将架构风险[①]降低到不再是系统中不可容忍风险源的地步。如果从结果视角来看，目标是保证所设计的架构能克服所面临的失败。具体如何进行阈值设定和设计权衡，当然要依赖一定的主观经验判断。

第五，权衡架构设计，如果架构设计不能为技术工作提供高价值的、降低风险的

---

① 指架构设计缺失或不足，某些风险和问题没有得到有效解决。

方案，设计者可以将更多的精力用在其他地方。需要注意的是，此时架构设计并未消失，实际是从主动设计转换为被动设计，监控任务进展和系统表现，在必要时采取纠正措施。要认识到，主动与被动这两种方式是来回切换的。现实环境的变化可能令架构风险随时重新变为重大的风险源，当这样的情况出现时，则切换回主动设计模式。

1. 对广义的架构设计而言，RDD 是思想和策略

本章各种驱动设计方式，本质上都体现了思想性和策略性，但相比而言，RDD表现得更为淋漓尽致，其核心思想十分清晰：以风险为导向，有多大（架构可以解决的）风险，就做多少架构设计，风险多则多做，风险少则少做，没有风险则不做。

风险识别与评估，本身是个仁者见仁、智者见智的话题，不同人对风险的判断大相径庭，客观依据相对匮乏。以风险识别与评估为核心的RDD，自然继承了这一特征，是本章五种设计方式中主观性最强的。

主观性的杀伤力巨大，对管理类工作更是如此。不论是过于尽心竭力、谨慎小心而畏惧架构变更，还是言过其实，造成不必要的架构升级，不称职的架构师和技术管理者比比皆是。架构具有主观性特征，在未被客观证明之前，没有任何架构观点是绝对正确的，因此，在架构领域，劣币驱逐良币的事情并不少见。

另外，要注意RDD与“解决Bug的设计”两者之间的区别，风险是对故障问题（或是某种失败）的预先判断，不能将两者混为一谈。笔者的汽车有车道保持系统，其功能是检测汽车在变道时是否打开转向灯，如果没有，则自动对方向盘进行限制，阻止汽车并线。这个功能有个风险隐患，在紧急情况下（例如遇到前车急刹车），来不及打转向灯，没有办法紧急变道。但最近我发现这个功能发生了变化，对于不打灯的变道操作，车道保持系统只对方向盘施加一定力度的阻力，如果我仍旧变道，车道保持系统会放开限制，允许操作。这算是面向风险、还是面向Bug的设计迭代？对于我而言，这个问题的形态是一种“风险”，但是对于车企，这个风险可能已经造成了事故发生，或者已经被客户投诉过，因此，这个问题的实质是“缺陷”。那么，这样的系统变更升级应该归类为Bug处理，这与在软件设计工作中，通过风险的监测、分析、研判来制定架构策略完全是两回事。不能看到解决了某个风险，就认为是在运用RDD。

这个例子还带给我们一个提示，软件系统的迭代与人生哲理是一样的，对问题的

最佳解决方式多是左右逢源、夹缝中求生存。“没有打开转向灯”与“扭转方向盘”，两者形成了势不两立的矛盾体，车道保持系统只能在“不限制”和“完全限制”之间进行折中平衡。单赢不如共赢，如此进行调节，最终找到各方都能接受的契合点。任何社会系统是如此，软件系统当然不例外。

2. 对安全主题设计而言，RDD是具体的设计方式

Ww系统参加过多次内外部安全对抗与防护活动，某次活动中使用攻击树进行安全风险建模的设计过程，如图5-21所示。

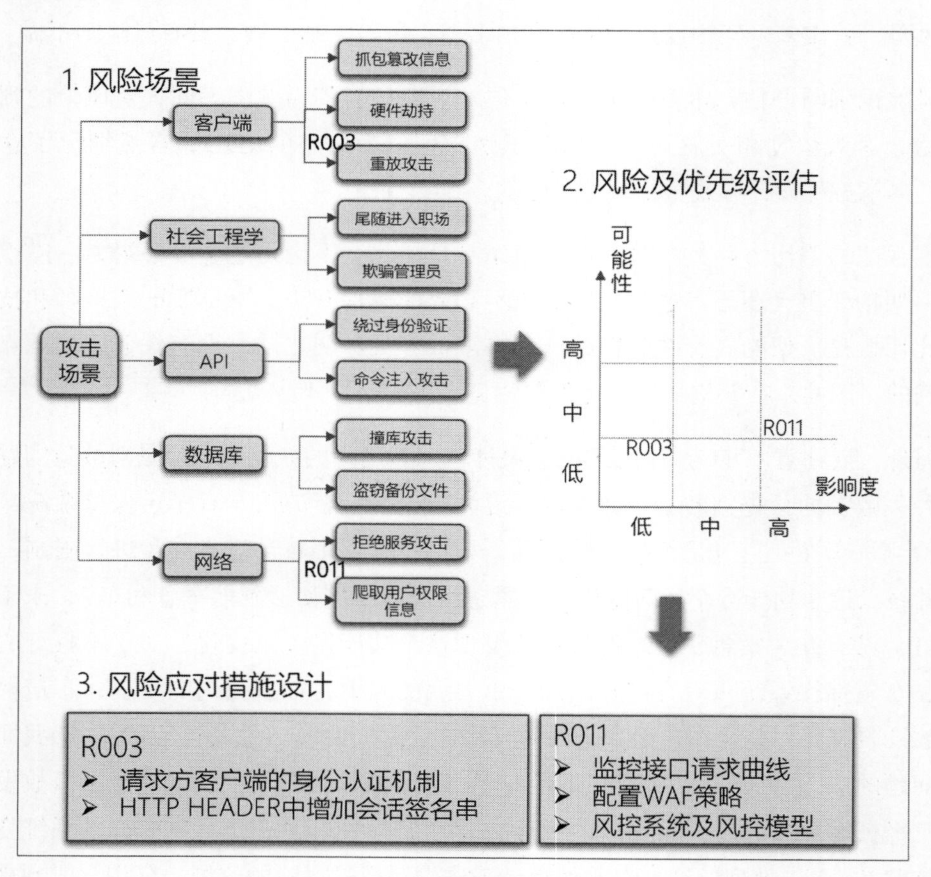

图5-21　基于攻击树风险建模的安全设计

（1）首先是风险梳理。为减少主观性，引入客观的理论参考是必要的，这里使用了攻击树模型（还可以使用STRIDE等风险模型），为设计建立风险场景。从工作目

标角度看，也可以将风险场景称为风险任务。安全设计的特点是，若想在攻防关系中做好防守，首要是想象对方如何进攻，常用的攻击场景关键字包括客户端、社会工程学、API、数据库、网络。

- 攻击客户端方式，可能是抓包后篡改信息，或者是对业务请求包进行重放，更有甚者，可以“劫持”移动设备硬件（进行ROM定制），例如控制摄像头读取程序，伪造人脸视频采集，绕过实名认证进行非法入侵。
- 社会工程学方面，欺骗管理员（执行不该执行的指令）、尾随进入职场（从而可连接内网）是常见的手段。
- API方面，除了绕过系统的身份验证，还有注入命令的攻击方式，最为大家熟知的是SQL注入。
- 数据库方面，包括撞库操作或盗取备份文件。
- 网络方面，最常遇到的是Flush攻击、DDoS攻击，以及通过爬取（或诱骗）等方式窃取用户权限信息。

要注意的是，这是Ww系统参加某一次攻防活动进行的风险梳理，是基于当时的内外部情况定制化选择的，是有特定针对性的。绝对不要将其与做整个系统的安全设计相混淆。在通用、常规的设计内容的基础上，通过攻防关系和风险识别对安全设计进行补充、强化，进一步体现所设计系统的领域（及场景）特征和设计要点，这正是践行风险驱动设计思想。风险驱动设计适合在局部的、特定的领域（或专题）设计中发挥效力，如果将其作为主导设计方式，引领中大型系统的主体设计过程，则属于“小马拉大车”，会有力不从心之感。没有一劳永逸的设计，学习各类设计方法的目的，正是要取其精华、形成互补，在需要的情况下，能够将多种方式有效结合，为己所用。

（2）其次是风险评估。建立了风险场景，下一步就是对每个场景进行评估，为便于表达，Ww系统已经为本次活动的每个风险任务建立了编号。风险评估的方法论中，较常用的是使用“风险影响度”和“风险发生可能性”两个维度，根据综合得分高低设定风险优先级。考虑到Ww系统请求中不涉及支付或其他动账操作，因此单笔请求重放攻击（编号R003）对Ww系统影响有限。但是，编号为R011的爬数攻击（也叫爬虫）则不然，Ww系统的特征是承载极为大量的客户数据，因此R011最终的风险优先级远高于R003。

（3）最后是安全的设计。防范重放攻击，请求方客户端一定要做好身份验证，那么Ww系统运营人员要去约束客户端开发者，对客户端进行检查，或是推出接入者安全检测机制等更高级的安全管理方法。另外，可以在HTTP请求的报文头里面设计用户会话签名，通过这个机制实现请求的一次性消费，重放无效。

对于爬取用户信息的攻击行为，如果能在最外层进行防御是最佳的选择。因此，可以配置WAF策略在网络设备上去阻挡，另外，还应考虑在后端监控接口调用的曲线，可以是人工方式，也可以是在风控系统中通过复杂规则（爬虫的识别模型）来实现自动告警能力。这样相当于设计点就理出来了。

大家觉得这是架构设计吗？叫作技术设计也好，叫作架构设计也好，其实两者间已没有完全的界限。只要设计过程实现了质量属性，那就是软件架构的范畴。

5.5.2 因地制宜才能恰如其分

如果拿到一个面向C端用户的，包含客户端界面层、业务层、持久层的三层结构系统，对于界面层，设计关注点在于客户端页面安全风险，对于业务层和持久层，换句话说对于中后台，面向大流量下的可用性风险，架构设计应更多体现在吞吐量和可伸缩性能力方面。仍然是这套三层结构，如果用途是面向企业内部员工使用的管理信息系统，中后台的突出风险可能会变成操作内容的可追溯性和可审计性。

对于不同的系统（以及一个系统的不同组成部分），一个公司如果使用同一套开发过程和开发模板，出现的结果会是所用的技术与面临的风险之间没有建立联系。

讽刺的是，绝大多数公司都在强调对所有系统实施一体化、一致化的设计方式和质量控制方法，并对此美其名曰“标准化、流程化”。没有人可以将如此完美的管理策略视作反模式，笔者当然也不例外。那么问题出在哪里？

问题正是出在“如此完美”这里，在标准流程和项目管控下，系统设计的里程碑时间是既定的，但风险驱动设计的最大特点在于主观性和难以预测性。RDD设计者就像那些绘画大师，他们可以几个月不做什么，也可以随时灵光闪现、妙笔生花。无论是艺术家还是大侦探，高手们更习惯于随心所欲地发挥天赋，常对流程和标准嗤之以鼻。

因此，可行之道应在于，在不违背标准化、流程化的前提下，在局部设计、特定主题设计中尽量保有灵活性，善用风险驱动方式进行定制化设计，这是做好设计工作的要领所在。笔者喜欢将RDD称为“因地制宜的设计”，原因正在于此。

将风险驱动设计列为主要的设计驱动方式是个“冒险”的举动，因为大多数情况下它是以隐性的运行方式存在的。但也正因为这一点，本书恰有必要以显式的方式将风险驱动设计的内涵清晰地提炼总结出来，帮助读者提高RDD思想底蕴，更好地驾控复杂软件系统的设计。

本章的最后，对五种驱动设计方式做一个总结。

- VOD和PBD所需知识与技能的门槛儿相对比较低，更容易被复用。VOD和PBD方法论具有较好的可理解性，因此在实际工作中更容易上手。
- DDD备受推崇，但是门槛相对较高。DDD中的概念和方法论相对抽象、复杂，团队使用时，需要有一个体系学习。DDD作为主轴带动系统整体设计并不多见，因此，在普及性方面，在五种方式中DDD处于相对居中的位置。
- ADD和RDD难以作为引领系统设计工作的主要方式，对中大型系统更是如此。但是不可忽视的是，它们在局部设计、特定领域设计场景中有很大的价值空间，可以被频繁运用。ADD和RDD在五种方式中的熟知度相对较低，更恰当的说法应该是，ADD和RDD的概念和方法论“平淡无奇、鲜为人知”。鉴于ADD和RDD更为小众、偏门，因此可以认为，从某种意义上说，其难度大于VOD和PBD。

为方便记忆，上述总结内容如图5-22所示。

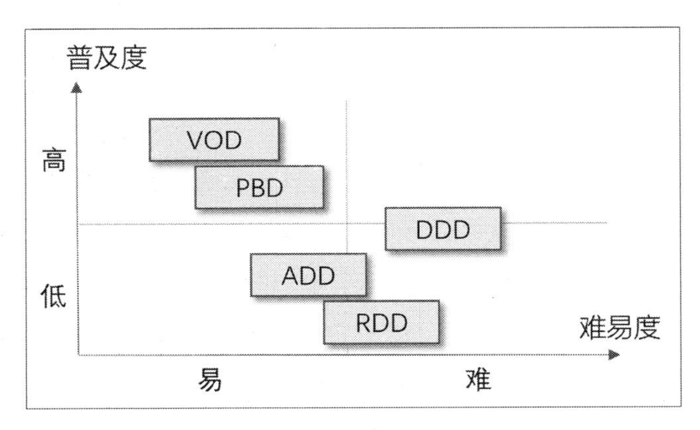

图5-22 五种架构设计驱动方式对比

本章讲述了五种设计驱动方式的理论来源、重要概念、方法论、核心特征，以及一些实践建议。有了这些认识之后，读者也许会发现设计系统的底气更足。能够达到这样的效果是笔者最大的期望。

6

第 6 章

抽丝剥茧，使命必达
——技术决策的六大特定关切

虽然我十分喜欢最佳实践这个词，但是却频频遭到现实的挑战：真的有最佳实践么？昨天的最佳实践，明天可能被认为一无是处。如果说架构是一个技术理想国度，那么决策则是不折不扣的现实世界了。

人们使用二维码进出地铁站，但却为何使用钥匙（而不是二维码）进出小区大门？这与“客户数量”有关，与“有多大金额的建设预算”有关，也与“是否需要支付扣费功能”有关。倚仗高性能、高可用后台系统的支撑，以及具备实名认证和支付扣费功能的客户端，对于城市级基础设施的地铁而言，二维码服务是必备的能力。如果小区门禁也使用这样的系统，则像是大炮打蚊子，得不偿失。将众多因素综合在一起，应该说，从抽象角度看，“必要性以及投入产出比”是个决定性因素。

带录音功能和手写屏幕的会议Pad，文字编辑功能强大，录音功能更是专为会议量身定做。但是各类会议中，参会人中使用会议Pad的占比并不高。原因何在？这个问题的答案可能包括“很多大型会议不允许录音，而小型会议录音的必要性又不大”，或者“功能越多操作越烦琐，不论是使用手写笔还是导出电子文件，都需额外的时间成本”，抑或是“用圆珠笔和白纸记录，基本可以满足需求”。当然不止这些答案，仔细琢磨还可以想到的是，即使想用电子设备代替手写，手机和笔记本电脑也可作为选项。综合这几个答案来看，会议Pad的刚需性并没有想象的那么强。

这两个极其简单的问题，其实很耐人寻味。对于每一个问题，不同的人会给出很多个不同答案。任何看似容易的技术决策，背后都蕴含着很多考量因素。优秀决策源于技术能力，取胜于对技术约束、应用场景、领域特征等很多现实因素的把控，笔者将这些方面称为“特定关切”。

因此，很有必要根据日常工作经验选出有代表性的例子，对特定关切进行一番总结。希望大家阅读本章的感受，像是上一堂怡然自得的温习课。

本章阐述6方面的特定关切，是架构技术与现实世界之间的贴合点。这些内容并不高深，貌似初读即懂，但要想熟练应用于实际工作，还需要从心里反复领悟、深度思考，将这些关注切面根植于心，逐渐固化下来，成为无形的能力底蕴和坚实的思想后盾。沉淀技术哲学，做到厚积薄发，不仅能令我们自身受益，更是助推软件行业良性发展的利器。

6.1 技术约束，设计的导轨槽

从负面看，技术约束的本质是约束与限制，对设计者而言意味着束缚手脚。但是从正面看，系统不能做什么和能做什么同样重要。约束为系统制定了一个导轨，引导系统到达目的地。恰恰是在约束的帮助下，架构师们形成了整个系统的设计。

现实生活中的每一个软件，一定会存在约束条件的，约束可以驱动、塑造和影响软件系统的架构。例如，使用Java语言开发、部署在Linux服务器上，这样的基本原则即是约束，这样的约束正是在引导设计，离开了约束，设计无从谈起。

从约束的角度来看业务需求、系统架构、技术实现三者间的关系，可以理解为：业务需求对技术架构设计提出约束，继续向下游传导，架构会进一步对技术实现提出约束。如果希望技术实现是符合架构的，那么它必须符合架构规定的设计决策，实现架构规定的各个软件组成单元及实体之间的交互关系，确保每个单元按照规定履行职责。否则就会产生技术债。有时这个正传导过程会出现反馈（即反向传导），例如架构上的考虑会反向影响和修改业务需求。

国内软件业的实际工作中，对约束一词的使用其实还是比较少的。将约束作为技术决策的重要关切，清晰地提领出来，帮助读者形成“认识约束、重视约束、主动运用约束”的意识是本节的目标。

1. 以约束“塑造”业务产品

约束像是一把雕刻用的刻刀。在毛坯材料上的每一次下刀，都是一次约束的作用过程。

例如，在支付系统数据库中，需要设计名为“手续费收入”的业务产品。如果以正面、直接的反应，想当然的策略是增加一张表示此产品的数据表，将“如何收手续费、收到了多少手续费”这些信息逐条记录到这张表中。这种方法略显笨拙，那么有没有轻巧的设计方式呢？

这正是利用约束做文章的时候，方法可以是在系统支付交易明细表上增加2列，1列为“是否计入手续费”的标记，另1列为“计入手续费”的费率值。没有任何约束的交易明细如同原始木料，增加一个标记相当于在木料上刻一刀（意指加约束）。这一刀表达了某种含义，对于本例而言即一条被标记为带有某个费率值的交易明细，本身同时具备了一笔手续费收入的含义。

2. 以约束“指引”网络部署

安全（尤其是网络安全）领域是技术约束的密集区。网络分区、IP地址、白名单设置、防火墙策略等网络安全管理措施是各类系统部署和相互访问的重要要求，即约束。有这样的约束，必然会形成对应的网络部署架构。

例如，重要系统需要单独管控，不得与其他系统混用IP 地址段，这样的约束意味着应将核心数据库部署在独立的网络区域或虚拟网段。

再例如，应用节点水平扩展时不得新增防火墙策略，基于这样的网络约束，在设计部署架构时，就要考虑设计代理服务作为跨网络区域系统之间调用的解决方案。

多个约束相互之间可以是层级关系，大的约束下面可能有小的约束，这些约束都是正向指导架构设计走向最后的终点。

3. 以约束“突显”架构风格

约束也叫不可变量，架构风格的特征正是放置在系统各元素上的约束。5.2节所讲的16种架构风格正是如此。

5.3.1节中有如下两句话。笔者认为其观点十分经典，特意复制到这里，希望能帮助读者加深对架构风格与约束两者关系的理解。

- 推定架构限制了设计，使开发人员可以控制风险并获得某种质量属性，这是显而易见的。
- 任何一个推定架构都自动提供一些词汇，并为系统提供设计模板和关键约束。

4. 以约束“控制”系统性能

架构设计是建立架构决策关键点、分析技术约束，并进行最终架构权衡的过程。系统架构决策中有一个词语叫作“整体架构权衡点”，指的是架构决策者只能以权衡的方式对各个架构实体元素的构建者进行约束。

以系统性能约束为例，此时约束表现为分派给各个组件的性能指标，与一般指标要求不同的是，约束类指标具备约束和指标双重属性，因此所体现的约束性更强。架构决策者将大的功能约束拆分后分配给涉及的软件单元，如果每一个单元都满足约束，那么整体也将满足。此时，每个组成部分的实现者可能不知道整体的性能约束，只知道自己的部分。

在本节的最后做个总结，做架构设计应该关注约束，这个道理浅显易懂，但在现实中，约束更像是边角料，被置于不起眼的位置，在对约束的分类定义和梳理提炼方面，多数系统都乏善可陈，希望读者能够足够重视这个问题。

6.2　解决方案，架构的温度计

纯粹的架构，是模式、组件、连接器的王国，是视图的世界，但企业所需要的软件设计可不是这些，而是以这些为基础形成的解决方案。象牙塔里自命不凡的技术专家只会惹得各方不满，引起大家的抵触情绪，架构设计者一定要尽量往前走一步，朝着可执行方案再多考虑一些，不论是实施方式、路径还是风险，都会为架构赋予现实意义。

1. 架构与项目实施方式

在还未实施前，一切架构图都只算纸上谈兵。

回到5.4.2节领域驱动设计中项目管理平台设计的例子，将产品版本上下文定义为核心域，将论坛和日程定位为支撑域，身份访问则被作为通用域看待。那么，下一步一定要面向解决方案，考虑各个域的实现方式，如图6-1所示。

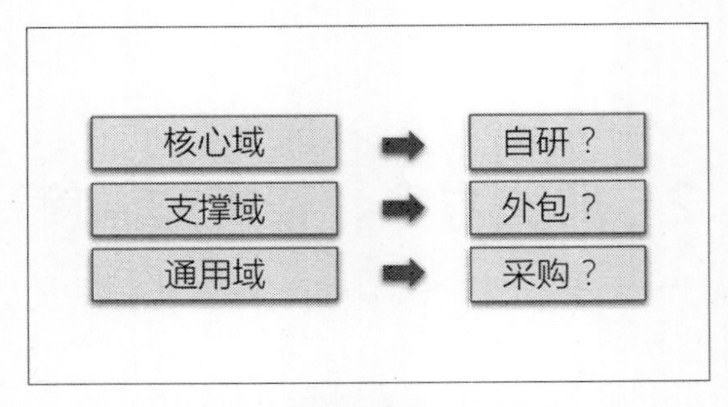

图6-1　不同类型域的实施方式

（1）定为核心域的单元：应该为自行实现，以求百分百地自主掌控。全部使用精良的团队资源，并予以管理上的重点倾斜，必须把核心域打造成组织的核心竞争力。

（2）定为支撑域的单元：可以外包方式实现，避免因错误地认为具有战略意义而进行巨额投入。但是支撑域仍旧非常重要，核心域的成功离不开它，拥有全部的源代码和知识产权，也应该是必需的。

（3）定为通用域的单元：完全可以通过复用的方式予以实现，即接入内部已有服务，或采购外部市场上的成熟能力。例如，很多系统平台中的客服服务即属于此类，与核心域的耦合性较小，可以单独运转，而且行业有成熟的系统案例，可按照标准接口进行集成。对此类系统，可以不进行私有化部署，不要求源代码。项目管理平台中作为通用域的身份访问功能，如有可用的SSO（统一身份认证）服务，其首选的实现策略当然是接入SSO，而不是自行实现。

综上可见，通过DDD进行系统架构设计只是第一步。相比于目标架构的本身含义，目标架构的实现方案才是更重要的。注重架构与解决方案之间的相关性，才能从纸上谈兵的境地中走出来。

2. 架构与项目风险应对

在项目预研阶段，清晰的方案构思决定建设方向的选择、指定建设模式和路径、指引目标架构的形成。不同的建设思路（图6-2）带来完全不同的结果。下面以设计开发一套类似于OA或是ERP功能[①]的SaaS化系统服务为例。

① OA即办公自动化，主要关注企业工作的日常事务处理；ERP即企业资源计划，主要包括销售、采购、库存、生产、人力资源、财务等方面。

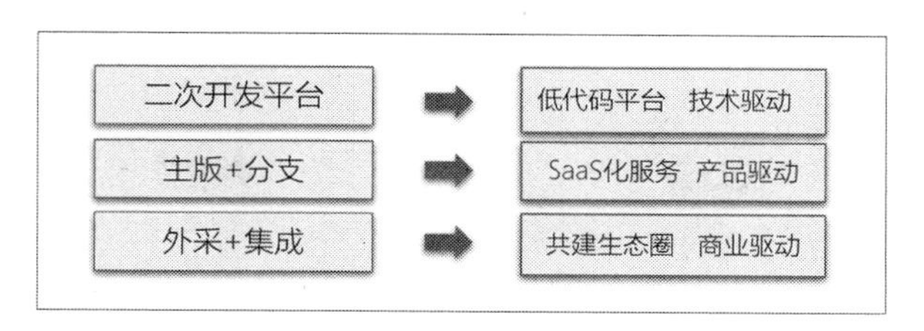

图6-2 SaaS平台的建设思路示意

（1）第一种方案，二次开发平台。

这个方案的核心是建设低代码平台，对于此类功能系统，至少实现三大低代码能力，即自定义表单、工作流/审批流、图表和BI展示。对目标客户的运作模式包括两方面：第一方面是客户维护人员通过拖曳的图形化操作方式即可实现基本功能需求，搭建出可用系统；第二方面是对于客户无法自行完成的，提供少量的定制化开发服务，围绕低代码平台进行二次开发。

这样的SaaS产品的明显特点包括：属于技术驱动型，完全自主的平台能力，前期技术起点很高，但一旦建立此能力，后期不同的用户需求可以低代码方式实现，一劳永逸。

这个方案的问题主要在于：相对简单的客户需求，使用此方式或许可以，但是对于复杂的客户需求呢？是否还需要具有其他很多功能的低代码能力？技术上能实现么？这是要在架构设计前深思熟虑的问题。

（2）第二种方案，主版+分支。

这属于产品驱动型的建设方式，以翔实的产品功能为准，实现一版具体的产品，推向市场，根据客户反馈对产品进行迭代修改。对于与产品差别较大的反馈意见，没有办法收敛、合并进主版的，可以开分支（基础模块不应该形成分支），每个分支如同积木块，最终整个产品是“公共底座+产品主版+A单元定制1版+B单元定制2版……”形态的多单元多版本并存模式。向客户提供服务时，在产品矩阵里面挑选对应的单元及版本即可。

这种模式的主要问题在于：先期自研出的产品，市场可能不买账，可能会受到推翻性、摧毁性的市场反馈，迟迟无法确立出主版本，导致来回返工。这在资源上、时间上都是巨大的浪费。

（3）第三种方案，外采+集成。

这种模式的开发重点是做好统一门户（Portal），以及组织、用户和权限管理功能。各个产品功能单元则以外采市场服务提供方的系统为主。通过接口打通（统一门户与外采系统）双方的用户权限，实现集成，这属于外挂[①]模式。

这种模式的特点是：路径相对便捷，实现较快。但是用户操作数据落在了服务提供方系统，对于需要掌握全部数据的需求是个大问题。这种模式还有一个弊端是对外依赖严重，订制化受限。而且，不同合作方提供的单元功能、页面UI及交互各不相同，用户体验不佳的忍受度问题也需要评估。这种模式属于生态合作驱动型，SaaS产品市场销售所得要与采购伙伴按比例分配。

这个例子可以说明，技术驱动、产品驱动、商业驱动这样不同的模式，其建设路径是不一样的。架构师一定要在这方面推波助澜，帮助公司先出具解决方案，这样才能把项目做活、做成。这样的能力，需要兼顾业务思维、技术思维、市场思维，将三者有机结合。

完美的架构有时像镜花水月，在现实中可能如同空中楼阁一般不堪一击。识别风险、寻求最优模式，需要超出架构技术之外的眼界。唯有理清解决方案，阐明架构内容的优先级、达成目标的路径、关键资源及影响，揭示风险点和遗留问题，才能将理想与现实相拟合。

3. 重构与迁移的策略

日常工作中大家常遇到系统重构或系统迁移类工作。系统重构改变的是系统本身，系统迁移改变的是系统的运行环境。与其他设计类工作不同的是，此类任务的目标架构和目标环境是相对清晰的，完成这样的工作命题，重点和难度并非是对结果的设计，而在于如何实现由旧到新的过渡。从这个角度来看，重构或迁移工作的设计交付物更类似于实施方案，内容应当侧重于实施过程。

随着系统老化、开发工具逐渐落伍以及Bug堆积，软件系统会变得极难维护。“腐烂”是所有软件遗产不可避免的宿命。虽然很多企业不想[②]再去碰那些很久未维护的

① 这是一种形象的说法，指各类功能系统逐个“挂”在统一门户上，通过门户进行访问。

② 或者说是不敢。

“遗产型”系统，但是也有不少公司喜欢另辟蹊径——每两三年用新技术重构一遍代码。众所周知，遗产代码很难改动，那它们这么做的自信来自何处？不要惊慌。架构的世界真是异彩纷呈，除了技术型模式之外，还有些有用的方法策略型模式。

对于重构型工作方法，前辈们已经做了有价值的总结，包括拆迁者模式、绞杀者模式、修缮者模式，具体含义如图6-3所示。对此，如果用房屋来比喻软件，拆迁者模式的含义很容易被理解，把旧房子拆掉后重盖，而修缮者模式更像是进行古建筑维修。绞杀者一词的来源则更有趣，指的是绞杀者藤蔓。绞杀者藤蔓会沿着其他树干一路向上生长，以获取光线资源。随着藤蔓的不断生长，寄生树会被这种植物完全包裹，并随着阳光资源的枯竭而死亡。最后树木腐烂而死，但是原地却留下了一棵树状的巨大藤蔓。

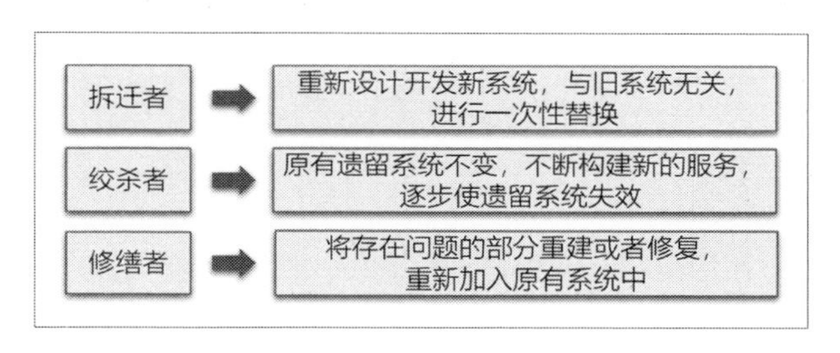

图6-3 系统重构的几种策略

与重构不同，系统迁移则是另外一套思路。

- 从（被迁移的）应用系统的角度看，如何拿捏划分的颗粒度是关键，需要衡量逐个、逐批、整体等不同迁移策略的优劣。
- 从（用户访问的）流量角度看，关注点应该在于流量全部切换还是分拨切换。
- 从（应用依赖的）底层资源角度看，决策点可能在于应用系统与资源类系统（如数据库）迁移时的先后顺序。

这些是至少需要考虑的几个维度，多一些维度，方案就会更美一些，多一些维度，工作就会多一份胜算。很多设计者可能有过这样的经历，使用常规方法开展某些设计任务，总有“力道不够、捉襟见肘”之感。当踌躇不前时，流量、资源这两大维度，可以为设计者提供极佳的设计切面。越大颗粒度的设计[①]，越是如此。

① 例如5.2.2节讲到的多中心容灾设计。

6.3 领域特征，架构的方向盘

多数系统可以归为某一类或者某一个领域，而多数领域都具有一定的特征，并基于这些特征形成某种设计惯例，具体可能是（有别于其他领域的）某种结构关系、某种流程，或者某些特定的设计方式。此时，可以将这些惯例理解成经典范式并加以复用，为架构设计指明正确方向。

1. 支付系统的领域特征

如果接到一个支付系统的设计任务，第5章的五大设计驱动方式都可以用，例如系统数据规划中先以分而治之的思想进行数据分区，划分联机交易、对账及批处理、数据报表、数据仓库等各大数据区。但是，无论如何都绕不开的是原则是：支付系统，一定要以支付交易设计为核心。如果支付交易设计有瑕疵，其他的设计即使再完美，系统也只是外强中干的空壳儿。

支付交易体现了支付领域的重要特征，并且具有明显的设计惯例。如图6-4所示，每一个支付交易包括场景、前置条件、交易码、交易协议、交易配置、交易输入、交易处理流程、风险控制、交易输出、交易对账、交易补偿等要素，每个支付系统具体的交易[①]可能有上百个，交易主控负责这些联机交易的调度。交易发生时记录交易流水，交易执行后记录交易明细，并更新客户账，记录会计科目。

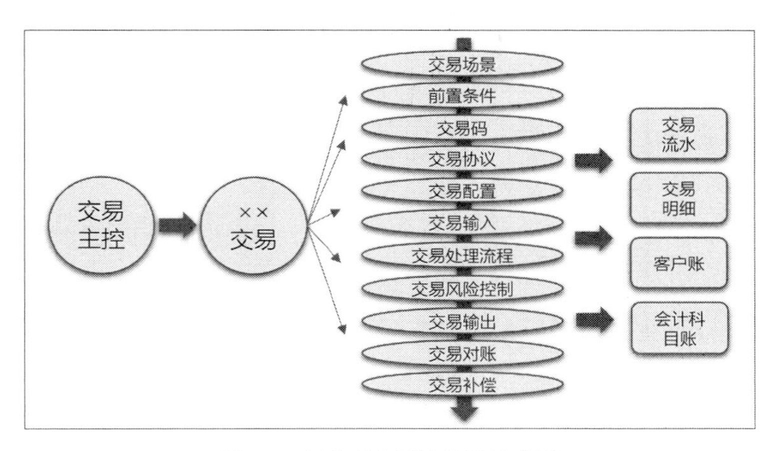

图6-4　支付系统领域特征示意图

以支付交易的这些特征作为主线，进而推演数据库表的设计，不论交易流水表、交易明细表，还是客户账、会计科目数据表，都可以水到渠成。甚至批处理任务中差异账表、总账表、费用表，以及数据仓库中的数据模型，也能够在交易设计的基础上一气呵成。支付系统的主体框架因此得以快速搭建成型。

2. 数据密集型系统的领域特征

最具代表性的数据密集型系统是机器学习系统。机器学习系统技术架构中最典型的领域特征是机器学习流水线，如图6-5所示。

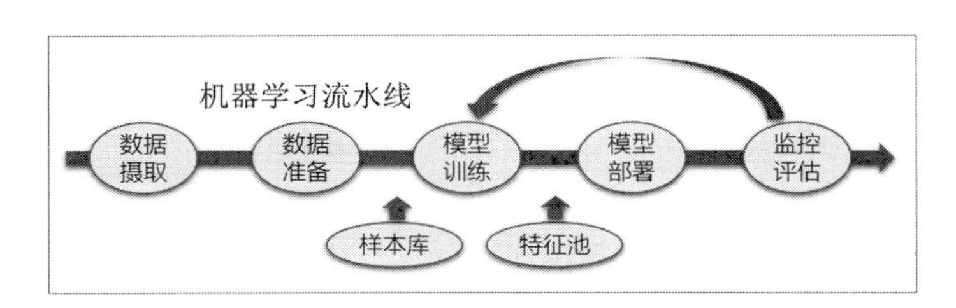

图6-5　机器学习系统领域特征示意图

---

①　例如开户、绑卡、支付、退费，以及各类明细查询等。

机器学习流水线从数据摄取开始，经过数据准备，进行模型训练和（训练后的）模型部署，最后进行模型监控和有效性评估。模型的训练、部署、监控评估三个步骤多轮迭代、循环进行，整条流水线形成完整闭环。除此之外，样本库、特征池等方面的设计也是机器学习系统的显著领域特征，超出了一般类业务系统范畴。

任何质量属性设计，包括数据摄取的时效性、ETL的容错性、模型训练的操作易用性……无一例外地都要以流水线为基础，所有设计内容都要附着到流水线上的相应节点。如若失去了流水线这个领域特征作为线索，任何设计都是一团乱麻，无法形成有机的整体。

需要强调的是，对于这样的系统，领域特征的重要性远大于5.3.2节16种架构风格的总和。这句话听起来有些夸张，实则不然。领域特征像是历久弥新的经验，有些设计者并不熟悉设计理论，对各类架构风格也一窍不通，但是仅凭（对所负责系统的）长年经验，也能在职场走得很远。

3. 游戏系统的领域特征

早在20多年前，笔者看过一份有关游戏程序设计的英文材料。虽然我从未在游戏公司工作过，但是至今对这个资料仍旧印象深刻。如图6-6所示，游戏显示程序有一个主程序，它不断循环往复地读取游戏场景中各个对象的状态信息，例如角色的信息、环境的信息、任务的信息、对手的信息等。游戏程序的前台显示，实际是主程序在一帧帧地刷新各个对象状态，游戏的画面和内容得以变化，引领游戏场景持续向前进行。

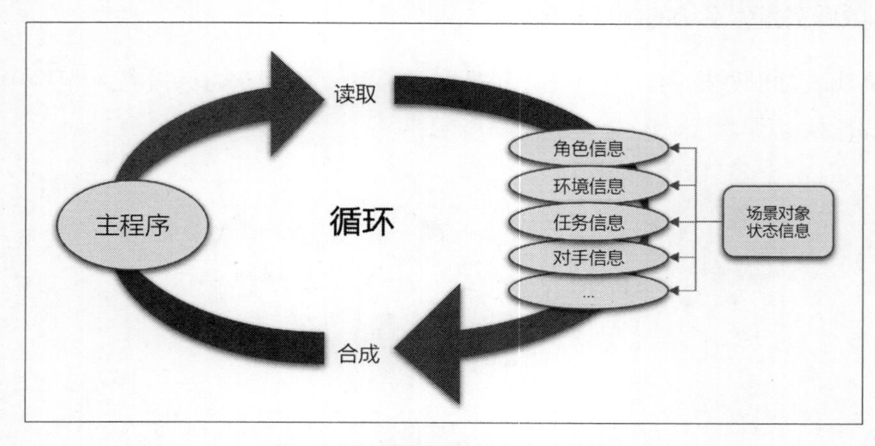

图6-6　游戏程序领域特征示意图

游戏显示程序的架构到底是否如此？因为未接触过游戏开发，笔者并无多大把握。其实这个问题的答案早已无关痛痒，相比而言，头脑中一直保有这样的架构认知，或许是更令人意味深长的。

不仅支付领域、机器学习系统、游戏程序有设计惯例可以参考复用，即使是在蓝图规划类的设计任务中，对领域特征的关切也十分重要。例如对于一个大型平台，高层决策者给出了“中台战略”这样的指导思想。对于设计者而言，中台的领域特征包括四方面：第一，服务于整个企业，而不是面向某个部门；第二，强调各类功能的共享性、复用性，避免各个团队各自为政的局面；第三，面向能力，强调标准化、轻量化的服务输出，摒弃笨重的功能建设方式；第四，平台化，强调开放性、易用性，以及与生态伙伴的对接和集成能力。

以中台的领域特征为线索，不难判断系统平台的架构取向：基于对各级、各类业务的公共抽象，建设面向全局的系统群，以分布式框架作为技术骨架，运用面向服务的思想进行内部系统关系治理，通过一体化服务网关打造对外能力提供的中枢，并发布标准化、轻量化协议，支持多形态客户端接入。

6.4 兜底方式，设计的保险丝

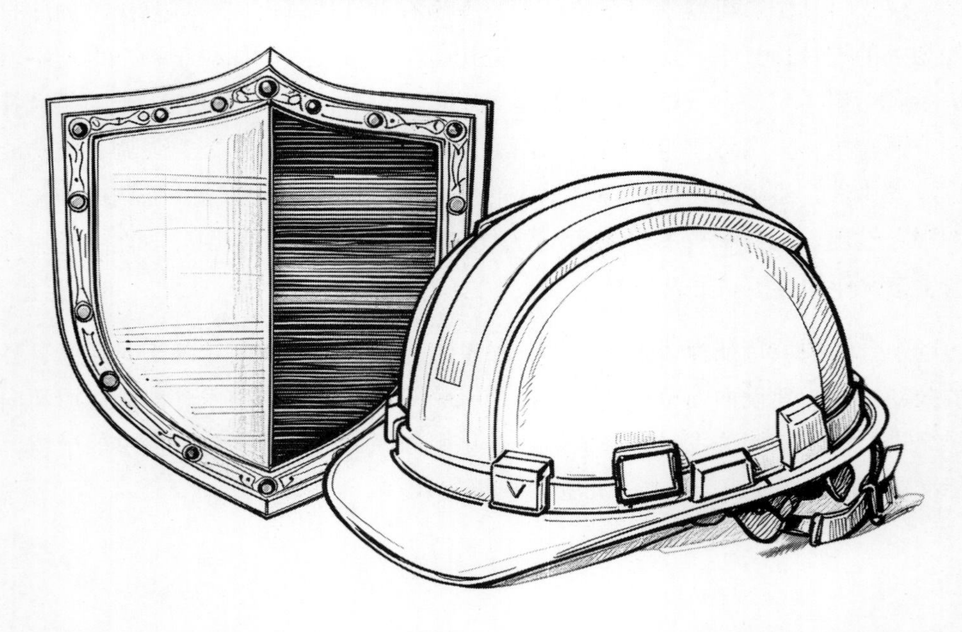

技术兜底的含义不言而喻，架构设计工作始终要葆有底线意识，意识到有关重要节点、重要功能和操作的底线是什么，以及如何对风险形成常态、有效的兜底机制。不只是技术，再进一步看，这实际也是对设计人员自身工作和职业发展的保障措施。

1. 跨系统支付交易的补偿

通常可以使用补偿措施作为技术角度的兜底机制，在使用分布式支付服务中，补偿是系统必需的功能。

将一系列操作封装成一个动作，成为不可分割的整体，这是我对事务最朴素、通俗的理解。事务的核心原则是：每个操作都成功，事务才成功，任何一个失败，则全部失败。在软件系统中，事务其实是兜底机制中的一种实现方式。

如果系统功能超出了事务可适用的范畴，或者使用事务的成本过高，管理过于复杂，这时如何兜底呢？以支付系统为例，交易双方（或多个交易节点之间）记账的一致性是支付业务的底线，一方发出的交易通知没有返回，则要通过冲正交易将记账结果回退回去，这就是著名的补偿模式——TCC模式。

对于需要兜底的操作变更，设计可逆功能是基本的架构设计原则。没有底线的系统就如同没有系安全绳的攀岩者。很多次“正确设计”所积攒的成绩，抵不过偶然一次“失守底线”造成的损失。因此，兜底是软件系统中最具杠杆性特征的概念，任何强调其重要性的措辞都不过分。

2. 人工方式进行最终兜底

如果进行了交易冲正，但是交易双方的最终结果还是不一致，怎么办？唯有依靠事后对账。对于不平账（或称差异账），金融领域通常的处理方式是对账后纳入下一账期结算。作为重要的兜底机制，在对账环节设置人工补偿处理，在各行各业系统的交易账处理中已经成为了事实标准。

笔者经历过这样一个场景，在银行自助设备插入IC燃气卡购气，银行扣了钱，但是界面没有显示成功写卡，等了30秒也没有结果，只能退出自助设备。咨询银行业务人员，答复是燃气卡坏了（专业的说法应该是未知的异常），无法读卡，让去燃气公司处理。燃气公司也因为无法读取这张卡的信息，不知道到底是否购买成功。如图6-7所示，正常情况下序号1～序号3应该完成的任务，现在变成了序号2是否成功未知，整个任务未完成，如图中×符号所示。

这种情况燃气公司到底该不该进行补气操作呢？人工兜底的前提是对出差异账，如果不知道是否存在差异，补偿措施自然是无从下手。燃气公司办事人员当然会有办法，这个过程的处理方式如图6-7中序号4～序号6所示。

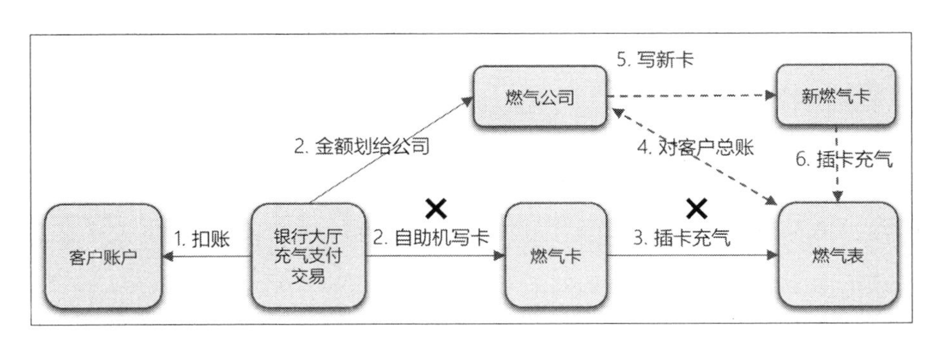

图6-7　燃气系统对账处理示意图

- 这张IC燃气卡异常无法读，无疑是销毁掉再办理新卡，那么卡里是否写入了本次购气量已经不重要了。销毁了等同于没有写入。
- 办事人员让我提供燃气表的照片，将上面显示的已用燃气数、剩余燃气数相加，等于这个表的所有购气量。
- 办事人员再查询燃气公司后台与银行的往来账，就能够知道银行给燃气公司所有付款的购气量。
- 这两个量相比，发现有一个差值，正好是我所说的本次购气量，通过这两个总值比对证明存在单边账，燃气公司因此进行了补气操作。

在技术方面，这个场景给我的提示如下：第一，单笔交易出现了无法对账的情况，可以通过对总账来核对某笔交易的差错，这是我之前未曾想象的，这个燃气表使用已超过15年，常年更新总账的难度可想而知，其间的换表、换燃气卡等操作，都会给维护总账带来影响；第二，互联网交易相对容易对账，但对于涉及操作物理设备的交易会复杂很多，必须具备更复杂的兜底方法。

在心理方面，我也感触颇深：虽然做过几年的支付系统，但对于包含读写硬件设备的支付交易，其实还是个门外汉。

3. 以回退、重跑对失败任务进行兜底

- 上线失败版本回退，这是最通用且常见的兜底方式。
- 技术兜底方式很多，在数据批处理中记录断点信息，目的是遇到失败情况时，可以（修复问题后）在断点处继续进行批处理任务，俗称为“续跑”。
- 如果觉得依靠断点信息还不够保险，那么可以记录足够用于追溯数据处理过程的文本日志，在极端情况下使用日志进行兜底。
- 很多安全管理措施的背后都是兜底思想的体现，记录用户登录和操作信息的审计功能即是典型例子。

4. 与质量属性密切相关的兜底

实现质量属性随处可见兜底措施的运用，尤其是高可用性。服务失败的自动降级、用备用服务对失败服务的替换[①]……任何服务于高可用目标的机制设计，几乎都是

① 道理与防空洞里的手摇式发电机是一样的。

兜底思想的体现。

为达到兜底，必须付出相应的代价。以主备方式作为兜底措施，则带来多做一套备用系统或服务的成本，以冗余部署方式作为兜底措施，则带来多节点部署的软硬件成本。

5. 形式各异的兜底手段

除了上述4种技术类型的兜底，还需要关注其他的兜底方式。

- 兜底方式的范围很广，企业合作时签署协议，这即是兜底，用法律的方式为双方建立一些底线和保障。
- 用户办理业务时，系统界面上弹出的提示信息，以及带有勾选框的电子协议，提前揭示风险并明确处置方式，这也是一种兜底方式。如果真出了问题，事前有这样的风险揭示过程，对于双方都是个保障，利于承认并解决问题。
- 还有一种兜底方式是投保。例如，客户在某平台办理业务，遇到账号被盗刷时，可以申请保险赔付，笔者见过很多这种兜底策略的运用。背后的实现方式是，平台在预算中直接拨出一部分钱来，去应对这种不可预期的赔付，覆盖风险敞口。

从以上多种类兜底的例子可以看出兜底在技术决策中的重要性。*N*次任务交付慢、不达标，工作局面或许尚可维系，但一次安全事件或大面积宕机，则满盘皆输。将兜底比喻为保险丝，表明了这是技术团队的生死线。“技术总监岗，如坐火山口”，这句话的含义即在于此。

笔者见过一次失败的混沌工程[①]，因没能有效控制故障的爆炸半径，故障实验演变成了真正的故障。主动尝试混沌工程本来是IT工作的加分项，是在完成本职工作之上的继续探索，甚至可以理解为创新。但是加分项做得不好，反而可能成为减分项，创新型尝试工作同样可以隐藏着重大风险。底线思维对于任何IT工作具有普适性价值，大多数的系统任务中都应当纳入兜底这个话题，作为技术决策的特定关切。

人脸识别认证技术无法百分百保证结果是正确的，手机App无法百分百防止新型注入式攻击。对于技术上无法覆盖的事情，根据对系统风险和损失的认知、评估，有针

---

① 关于混沌工程内容，具体见第7章。

对性地建立兜底机制是必要的。如果无法做到这些，则要及时揭示风险，对于安全、数据这两个主题领域，要经常（甚至是频繁）地使用兜底这个特定关切，来指引技术决策。说到底，这就是IT管理工作的专业素养所在。

最后，从两方面谈一下对兜底错误理解的反例。

第一，对兜底机械式的理解方式，将其认为是绝对不可触碰的底线，这样的观点有些过于绝对。看待软件系统的成长，我们的心态不应该是“非此即彼”，通过历练过程实现螺旋式上升是最佳选择。

如果参加一次营销活动，其预计业务量超过系统性能指标的上限值，即系统的最大承受力，那么从技术角度决策，当然是不能参加。但是答案并非如此简单，系统性能指标虽然是底线，但是几乎所有的底线都具有相对性特征，业务方满意度其实也是一种底线，甚至会直接影响技术决策者的职业发展。因此，对各类决策会议上发布的技术指标，笔者经常持有怀疑态度。不论技术指标多么权威，一旦与业务侧利益冲突，技术决策者的底线可能随时发生变更，可称此为底线转移。

那么，对于是否参加营销活动到底应该怎样处理呢？比较妥帖的办法是：首先向上做好事前报备，客观说明活动超出了系统承压极限，难以从技术角度对活动进行兜底；其次是表态，全力做好扩容和降级，并通过其他技术手段尽量缓释风险；最后是平衡利弊，接受这样的营销活动。如此报备，对免责十分有效。

第二，侥幸心理是兜底思想的天敌。有很多决策者十分重视底线意识，以及对底线的技术保护，但却很少检视自己和团队是否存在侥幸心理，以及程度如何。这像是一个笑话，无异于要开发最前沿的黑科技产品，然后招聘了几个极其平庸的程序员。

6.5　颗粒度，设计的万能魔法

面对的系统越复杂，决策者对颗粒度的把控就越关键。为什么这么说呢？软件系统具有无穷嵌套性，模式当然也不例外。“系统中的系统，模式中的模式”令设计者处于“嵌套、分散、循环”三种关系相互掺杂的体系中。系统越大，里面存在的层级就越多，经常见到的情况是，一个系统概要设计的详细程度，可以等同于另外一个系统的详细设计。层级越多，各级人员工作职责的边界就越多，架构关注点就越多，颗粒度能发挥的作用就越大。

1. 故障防御的颗粒度

在故障防御的多个方法中，颗粒度的体现方式是“上层包裹下层”，上层（防御方法）的颗粒度大于下层（防御方法）。下面以一个短信发送通道为例予以说明。

（1）最下层是物理设备的RAID机制，可简单理解为一块盘坏了，另一块盘接替它。

（2）第二层防御是在云平台层。平台多节点部署和负载均衡策略，在短信通道的某节点整个不可用的情况下，通过其他节点保障功能可用，避免故障。

（3）再往上层看，从更大颗粒度来看，在应用层可以建立两个不同短信服务商的通道。在上面两个防御全失效，导致主通道不可用的情况下，还有一个通道可以备用。此时，可以让应用指向另外一个通道，从而避免故障发生。

（4）继续增大颗粒度，最大颗粒度的高可用方案是建立多个中心。当两个通道都因故障不可用时，可以屏蔽掉整个中心，把短信发生的请求流量打到另外一个中心。

以上4种故障防御是4种不同颗粒度的故障隔离级别。4种隔离级别联合运用，可使系统对各类不可预知故障做到“免疫”。

2. 级联反馈的颗粒度

系统群中随处可找到颗粒度的用武之地。对外提供服务的多个应用系统来自不同的建设方式，每个系统响应码的标准各异，A系统用字符串数据类型的6个“0”表示成功，B系统用整数型的1表示成功，C系统用3个9表示未知原因的失败，D系统以 5 个6表示超速，五花八门。

每个应用系统是较小颗粒度的边界，网关是更大颗粒度的边界。对此类问题，解决办法可以是，在对外API网关处将所有应用系统的返回码进行转换，实现统一。这是个具有普适性的设计道理：在设计过程中，如果守不住细颗粒度处的设计标准，那就要放大颗粒度，在更大的颗粒度处去实现设计标准。

3. 软件模型的颗粒度

笔者曾经学习过如图6-8所示的软件模型设计方法，将软件架构的概念模型分为三个层级，分别为领域模型、设计模型和代码模型。每层体现了不同的设计颗粒度。如果抛开业务建模话题，只谈从技术角度满足软件设计要求、应对设计失败的风险，那么这三层模型应该是足够的。

- 第一层，领域模型[①]。其作用在于描述客观事实。具体体现方式可以是由类型与关系组成的信息模型，例如客户的住址和电话信息，这就只是个模型；也可以

① 此处的领域模型，指对于需求分析结果的技术化表达方式。DDD中的领域模型指的是业务模型。两者都使用了领域模型一词，但各自的出处不同，含义也不相同，请读者注意理解。

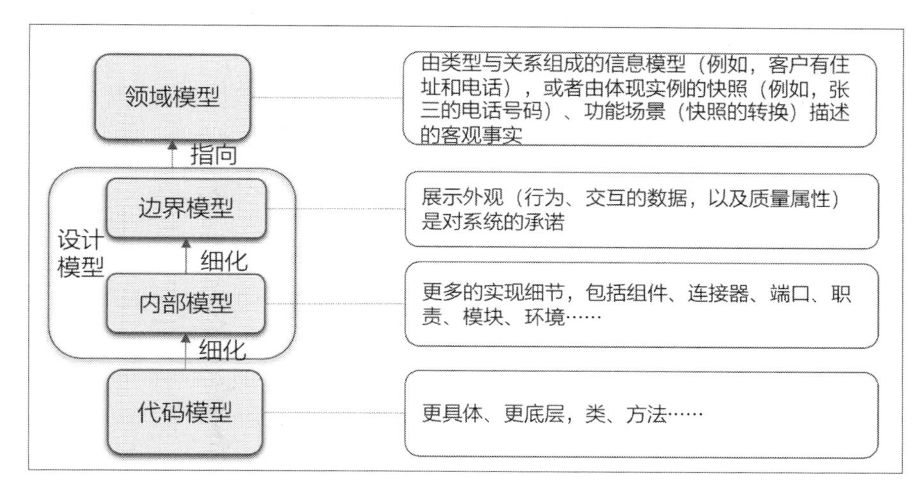

图6-8　软件架构的概念模型示意图

是模型的实例快照，例如张三有一个电话号码，张三就是客户的实例，电话号码就是电话模型的实例。

- 第二层，设计模型。具体分为两层，一层是边界模型，展示外观、交互行为，是系统的对外承诺，设计颗粒度相对较大；另一层是内部模型，更多是实现细节，包括组件、连接器、端口、职责、模块、环境，内部模型是对边界模型的细化，因此设计颗粒度比边界模型明显要小。
- 第三层，代码模型。常用E-R图来进行面向对象的类与方法的设计，这是对设计模型中内部模型的再次细化，是最小颗粒度的设计。

对某项设计任务，需要全面综合、事无巨细地做所有层次的模型设计吗？工作量[①]会有多大？架构工作管控到边界模型，还是要深入代码模型？

图6-8所示的概念模型是完美的，但是很多任务中不可能如此照搬，而是要根据实际情况做具体分析。架构设计工作层级的划分、边界范畴的界定，本质是对颗粒度的掌控。对于大型系统平台的高阶设计而言，边界模型是最重要的设计关注点，一个系统（或子系统）被视为一个架构量子，除了对可声明接口的设计外，架构量子内的具体技术实现如同黑匣子，不需要为此花费过多精力。然而，对于某个具体系统的开发团队而言，则需要在内部模型、代码模型上做到“一百〇八般武艺，样样精通”，综合运用多种技术实现方式完成内部研发工作。

① 影响因素很多，例如设计人员对设计语言及（组件、连接器等）设计符号的掌握程度也应该纳入考虑。

4. 结构设计的颗粒度

办理业务会更新（或插入）数据，做统计报表时需要批量查询数据，这几乎是所有系统的常见功能。但是，不同系统可以有不同颗粒度的设计方案，如图6-9所示。

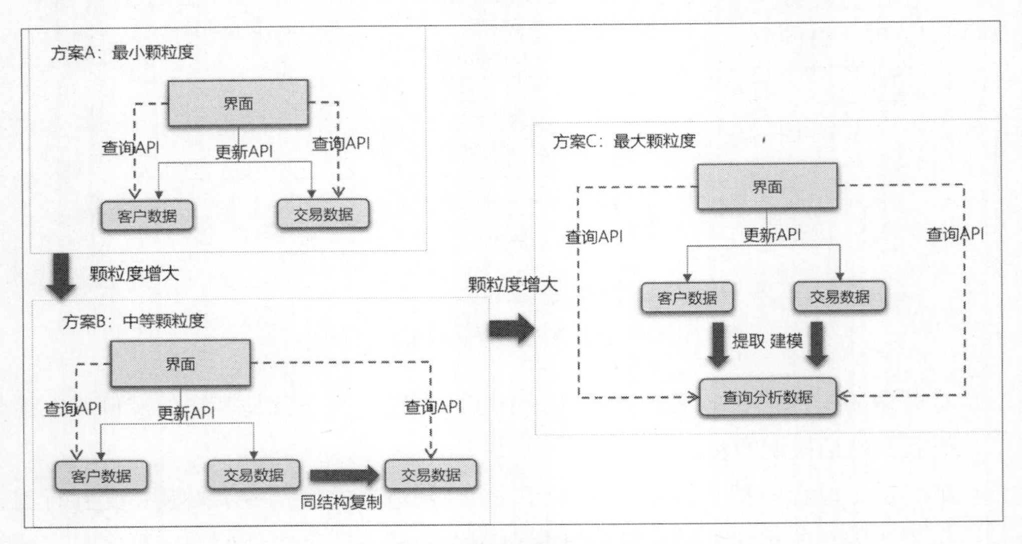

图6-9 不同颗粒度的数据读写方案

- 方案A，最小颗粒度的设计方案。办理业务与查询统计，使用同一个数据库。对客户信息，两类操作都使用客户数据表，对于交易信息，两类操作都使用交易数据表。
- 方案B，中等颗粒度的设计方案。由于交易数据量极大，查询统计对数据库资源的竞争易对正常业务造成影响。因此，可将交易数据进行同结构复制，使用不同数据库分别支撑办理业务与查询统计两类操作，具体实现方式可以是数据库读写分离技术。
- 方案C，最大颗粒度的设计方案。建设数据处理平台，将客户数据表、交易数据表的数据抽取至数据仓库（及BI系统）中，在仓库中进行ETL处理和建模操作，将业务库数据转化为分析型数据，支撑查询统计类需求。

此时，不同颗粒度的方案实质是不同的解耦方式。

这三个方案都十分简单易懂，貌似没提供多少有价值的信息，实则不然。能从颗粒度角度去思考和解读设计方案，价值巨大，它是提领设计、表达思路、推动决策的一个维度，为设计者提供了一种结构性、框架性的思维模式。这对于任何类型设计都是普适性的，可以作为底层逻辑和规律来理解。

基于牢固的设计思维框架，很容易再增加其他的设计参考项，使整个设计工作更加立体化。例如，系统是否有时间特征，如果查询统计主要集中在非工作时间，对于不同颗粒度的方案会有何影响？读者可以思考一下。

最后要注意的是，颗粒度的变化难以穷尽，在这三个方案的中间，还隐藏着无数的颗粒度与组合方式。例如方案B中的交易数据复制，可以使用同一数据库实例的不同表空间、不同的数据库实例、完全异构的数据库产品等多种方式，每种方式均意味着不同的颗粒度。

5. 性能指标的颗粒度

最常用的性能指标是TPS和QPS，但在实际工作中，很难见到沟通双方对其拥有客观一致的理解。笔者认为，TPS是从客户端得到的并发处理能力，QPS则是从服务提供者视角提出的服务（例如API接口）性能指标，两者的侧重点不同，TPS更像业务角度的性能术语，而QPS则更为技术化。除此之外，两者之间的差别还在于，一般情况下，TPS的颗粒度比QPS更大。用户访问了某个页面，是一个TPS，这个页面可能有8部分需要查询后台服务接口、加载后台返回的数据，即发生了8个QPS。

TPS、QPS自身也有颗粒度之分，例如客户在商城下单，对客户来说这是1个大（颗粒度）的TPS，背后可能包括扣账户余额、减少库存、通知发货3个操作，即3个更小（颗粒度）的TPS。如果扣账户余额操作向A应用接口请求1次、B应用接口请求2次，减少库存操作向A应用接口请求2次、B应用接口请求3次，通知发货操作向A应用接口请求3次、B应用接口请求4次，那么发生这1个大TPS，对应的QPS是15个，其中A应用接口6个、B应用接口9个。

如果要刨根问底地把一笔交易的性能需求讲清楚，确实需要通过颗粒度这个维度，由大到小地将系统间调用的细节一层层地“扒出来”才行。

6. 表设计的颗粒度

2008年笔者在银行建设信贷管理系统时，采购的是厂商系统，里面有个名为Contract

（合同）的超级宽表。合同是信贷系统的最核心业务概念，几乎一切重要业务都直接或间接地与合同有关联。这张超级宽表有几百个数据列，以合同号为起点，将所有能关联的业务实体都放在这张表中。也就是说，这张表承载了几乎所有的业务数据。

对于信贷管理系统，这是颗粒度最大的数据表设计方式。如果用专业级架构水平来评价，这应属极端拙劣的设计方式，不仅严重违反了最基本的“高耦合、低内聚”原则，变更表操作的效率低，而且还极度浪费数据库的存储空间，例如，如果一个合同没有发生借款，即没有借据，那么宽表中借据信息相关列是空值，既然没有借据，那么宽表中的还款计划信息、还款明细信息相关列也是空值，一旦插入值，会产生数据库表空间的碎片化问题。

常年服务于金融机构的专业厂商，为何会这样设计信贷管理系统产品？答案是不需要理解复杂的表关系E-R模型，易于理解，易于开发人员上手，主要围绕一张表写SQL，开发数据读写程序的难度自然也低。

虽然笔者至今仍旧坚持“这是一个拙劣的设计”的观点，但这只是个人观点。考虑到2008年时该领域的设计水平，这样的设计或许还说得过去。此例足以说明，作为6大特定关切之一的颗粒度，表现空间如此之大，自己认为常识性的设计方式，完全有可能用另一种颗粒度产生意想不到的设计结果，以及完全不同的系统结构形态。

7. 服务设计的颗粒度

颗粒度问题是很多失败设计案例的罪魁祸首。在面向服务风格的企业架构中，相比技术选型，更加致命的挑战是业务服务设计的合理性，其中的一个决定因素就是服务颗粒度。不论是SOA架构下的业务服务抽象提取，还是微服务架构下的领域模型概念划分，如果颗粒度过大，则发挥不出服务共享、服务治理的功效；如果颗粒度过小，则会陷入“系统间通信开销过大、管理和维护复杂度过高”的无尽深渊。更可怕之处在于，这种级别架构所面向的对象，通常并非某一个应用系统。如果设计范畴是面向全局的，失败的后果可能是满盘皆输。

本节的最后做一下总结，软件系统中只要存在阶梯，有层次之分，即能找到颗粒度存在的身影。将颗粒度作为重要维度，对设计可能性进行多样化表达，技术决策过程不仅更加充分，而且具有更好的可解读性，决策结果也自然更为理性。

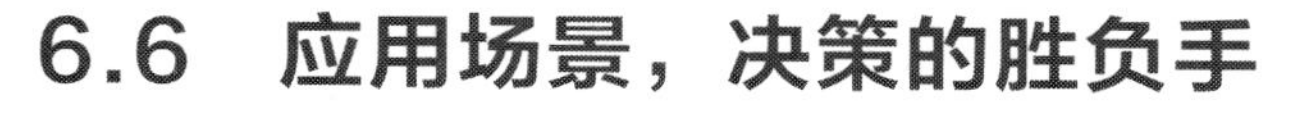

6.6　应用场景，决策的胜负手

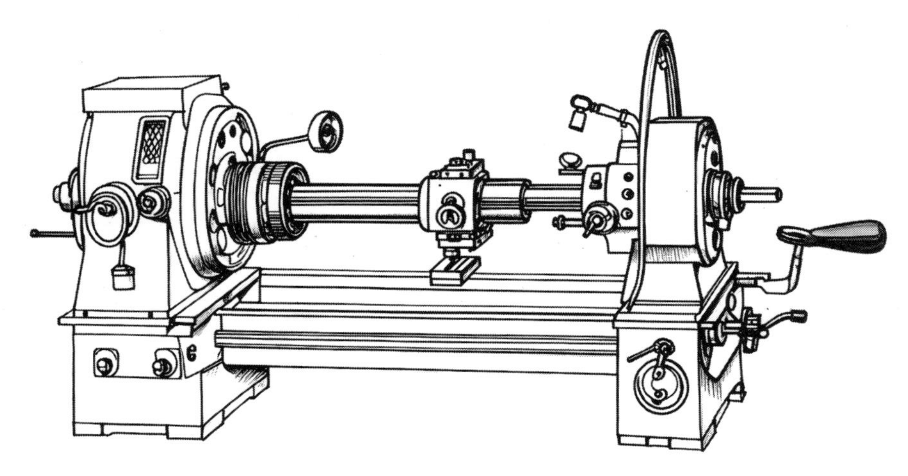

领域驱动设计无比强调通用语言的重要性，这当然指的是重要的业务概念和模型语言，对于日常沟通用词，当然不需要如此之高的素养。如果能用大白话把场景描述得明明白白，很多沟通问题也就基本解决了。

5.2.1节讲过，即使是质量属性也要放在场景中去描述。响应时间是3秒，这句话的含义凡是听者都能听懂，但这句话其实没有任何意义。脱离场景去定义质量属性是一种反模式。我们工作中遇到的好多问题都是在“就架构讲架构、就组件讲组件、就技术框架讲技术框架”，设计者应当意识到，同样的架构、组件、技术框架，在不同场景下的表现可谓千差万别。因此，我常说的四个字是“场景为王”。场景可以有很多种含义，有时指的是系统运行环境，有时指的是某种条件、某个实例化形态，或是某些突发信息。决策时善于结合场景这个维度思考问题，等同于俗话说的“头脑中多根弦儿”。

1. 前后端传输方式

以两个前后端传输场景为例，场景一是前端埋点采集数据传给后端，场景二是前端视频采集数据传给后端，貌似一回事的两个前后端信息传输，实现方式却截然相反。对于埋点采集上传，可以先采集到本地，然后再择时批量上传到服务端；对于视频采集上传，更好的方式是联机实时传输视频流，可使用WebRTC通信协议。

同样是前后端传递，两者的技术倾向为何不同？放在场景中思考，问题自然迎刃而解。两者对实时性敏感度不同，而且不同时间场景下带宽的可用性不同，因此可按需采用不同的传输机制。

- 对于做人脸活体识别，如果前端将摄像头采集的视频存在本地，采集完成后一次性上传上去，这个动作带来的结果是，较大的视频文件会冲击实时带宽，对带宽资源的竞争会增加网络拥挤造成的系统抖动风险，降低用户体验。
- 对于埋点采集与传输，如果实时传输给后端，埋点发生频率极高，如此高频次地传输动作，会大量占用应用系统的传输端口。埋点采集的实时性要求相对较低，因此完全可以选择日终带宽压力低的时机进行上传，或者采用一些更为灵活的文件处理方式。

2. 对TPS的需求

当客户方与服务提供方做营销活动时，客户方通常会对服务方系统提出“并发性能要达到某值”的要求。这时问题就来了，如果某值是100，那么两个团队对于“并发性能=100”这个含义的理解是一样的吗？当然很难做到。软件行业中，TPS与QPS两个并发性能指标从来就没有过公认的客观定义，而且还有6.5节所讲的颗粒度问题。

不同视角的人、不同技术功底的人、不同工作经历的人，对“并发性能指标”这个词的理解各异。使用模棱两可的语言沟通，其结果常常是双方团队争论不休，或者草草糊弄个结果了事。笔者给大家的建议是，如果技术对话陷入困境，那么有关业务场景的事情应该用场景语言来沟通。目标只有一个，形象化描述性能需求，让需求更容易被理解。

例如，可以这样描述营销活动的性能需求：活动持续半小时，在这期间，预计情况是，每秒有100人进入营销活动页面，大概会有60人单击报名链接，其中有20人会去单击报名功能按钮，从进入活动页面到完成报名操作，平均时间是6～8秒。

这样的需求描述，比“TPS要达到某值”的表达方式更为有效。对于一件事的认知共享，用学术范儿的词来说，叫作共同的心智模式。如此沟通，服务提供方更容易理解活动需求的确切含义，便于回应是否满足，即使当前无法直接给出答案，也可以模拟场景，对系统进行有针对性的、精准的压力测试，以便进一步验证、评估。

3. 解释机器学习概念

2023年遇到了这样一件事，在一次机器学习技术培训进行到中途时，一名开发人员突然问了一个问题："我对机器学习一窍不通，可否先形象地讲一下，对于编程人员来说，机器学习编程与传统编程有何区别"。

软件技术的世界就是这样，即便已经成为某领域的技术高手，却不一定能在1分钟之内妥帖地回答某个最原始、最简单的问题。读者是否有过这种印象，越是集大成者的谈论，越是朴素而简约，常常是讲几个概念，给出一些基本观点。这就是"大道至简"之言背后蕴藏的深邃魅力。

我坚信，越是场景化的表达，越是容易被理解的。因此，做了这样的回答："小明早上出门，坐了2路公交车，如何判断他是否去上班了，传统编程方式是查询小明的单位地址，与2路车行进方向匹配，做出判断。而机器学习呢，是拿到小明的历史出门记录，如果大多数情况下小明是坐了2路公交车去上班，那么今天早上大概率是去上班了。前者是由因到果的规则计算，后者是由果到因的概率推测，两者的编程思维方式是相反的。"

笔者并非机器学习领域的技术高手，更不是什么集大成者。庆幸的是，遇到问题时，我经常用场景化语言来救场。场景是故事化的，如果能用故事讲明白道理，是最佳选择。相比于枯燥理论，人类的大脑更喜欢故事，故事更能形成长久记忆。

本章的6个特定关切中，场景思维是最具普适性的，在任何领域均可以广泛运用。

4. 两个小爱同学的烦恼

笔者有一个带对话功能的小米音箱，给它下语音指令，只需要说"小爱同学"这个唤醒词，"小爱同学，播放轻音乐""小爱同学，关闭音乐"……只要发音标准，小米音箱就能正确理解我的语音指令，响应速度也够快。从使用者的视角看，无论是功能性，还是易用性，都满足使用需求。其实严格地说，系统性地进行评价当然不能仅凭这些个人感觉，例如，作为一名用户，除了看一眼说明书，我没有技术手段去衡量它的能耗水平。因此，只能从主观上说我对这款产品很满意。

后来我又有了一个带对话功能的小米手机，基于品牌的统一性，给手机下指令的唤醒词当然也是“小爱同学”这四个字。幸福的烦恼来了，这个词会同时唤醒音箱和手机两个设备，在两者都响起音乐时，解决办法貌似只有关闭我不想听的那个。但是“小爱同学，关闭音乐”这句指令又会将两者都关掉，最终只能靠手动按键的方式了。但是我在卫生间、厨房时，这显然很麻烦。

或许产品测试人员测试过这样的场景，但是不认为这是问题（这可能不能算是产品的Bug），或者没有办法解决，只能如此。但我作为用户，一直认为这是个缺陷。对此举一反三，笔者想强调的道理是，相比于静态测试，真实场景有更强的动态性、时效性特征。系统还是那个系统，换个场景，适用与否则不好说。

在本书完稿前，这个功能有了一些戏剧性的变化，对两个小爱同学发出语音指令后，只有一个设备会接收指令并按照指令进行操作，另外一个设备上会提示“旁边的小爱同学已经抢答了”。这样的处理方式解决了两个设备都按照指令工作的问题，但是带来的新问题是，按照指令工作的设备可能并不是我希望的那个。这岂不是胡乱抢答。

场景是任务或项目特征的重要标签，同种类型的任务，在不同场景下的最终差异很大。场景的含义十分丰富，除“现实的、真实的情况”含义外，还包括“工作在一线才有发言权、实践出真知”这样的内涵。不论稻盛和夫主张的“人性和美德为核心”的治理观，还是杰克·韦尔奇以“推行标准化制造和全球化电子商务”几乎重新定义了现代企业，无一不强调一线实际工作场景的重要性。

笔者见过一些技术书籍，推荐尽量去借鉴经验、参考他人，使用已有案例做类比，最大化复用的思想原则，而另外一些观点则强调经验主义的错误性，尽量摆脱对经验的依赖才能重拾创造力，其实两种观点都是正确的。再如，既有倡导极简项目管理的，也有强调项目管理应当尽量严谨、翔实，并为此建立体系，两者当然无对错之分，而且其实质内容还是相通的。观点和看法可以有无数种，但具体某工作应该如何做，只能取决于实际场景。

本章的最后分享几句论道之言：第一时间在实际环境中的亲身体验，是客观的、直接的、深刻的。历史经验、知识理论当然极具价值，但当前场景更为鲜活，是决策工作的第一参考点。真实的创造力，不是在头脑中腾云驾雾凭空而起的。要从场景中来，要到场景中去，要以场景作为知识的源泉，在一线场景中获得真知灼见。

7

第 7 章

混沌工程，完美拼图
——大型复杂系统的韧性之道

在软件行业，提到工程二字，第一反应当然是软件工程，貌似软件行业的一切活动都应隶属于软件工程。那么混沌工程呢？就生命周期而言，混沌工程已经超越了传统软件工程所关注的范畴。对绝大多数团队来说，上线运行与验证是软件工程工作的最后一步。混沌工程则将工程化概念继续向后拓展，将其称为软件工程领域“最后的拼图”绝无半点夸张之意。

混沌工程的特征在于它是所有软件技术理念中唯一具有实验属性的。混沌工程是通过实验对运行态系统的探索过程。从混沌工程理论与实践中，我发现了大量的技术哲学，这也正是将这个小众化的技术领域单独作为一章写入本书的原因。

随着软件系统数量和体积的增加，当代软件架构的职责越来越重于对抗系统的熵增。混沌工程正是实现这一目的的有力武器。笔者可以信心十足地说，好的系统平台不一定有好的混沌工程，但是，反之则是必然的。

在一个企业智能化会议上，我听过某个发言者提出一个问题，其意思大抵为：“建设大模型平台，并开展全口径语料搜集和模型训练工作，这是高阶的智能化要求，但是我们连中阶的数字化转型还未真正完成呢”。的确，数字化是智能化的基础，是智能化能够得以成功实施的依托和保障。任何高端领域工程的实施都离不开良好的系统基础。

对于混沌工程领域，可同理观之。混沌工程是“看似门槛不是很高，但上限极高”的领域。很多实践者做混沌工程，但最终做成了测试验证或系统演练。只有系统平台的技术机制、治理水平、流程规范等方面具备良好的水准，才能将混沌工程做大、做深，做出实验探索的内涵。

与其他章内容定位有所不同，鉴于混沌工程的小众性（市场上此类书籍很少），本章内容除了思想与思维层面，更注重工程实践。通过本章的具体指导，读者可以全面掌握开展混沌工程方方面面的要点，着手进行实践。

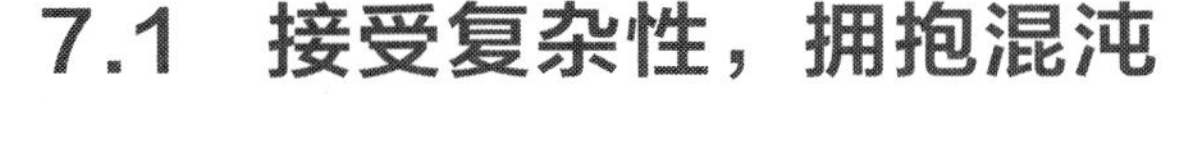

7.1　接受复杂性，拥抱混沌

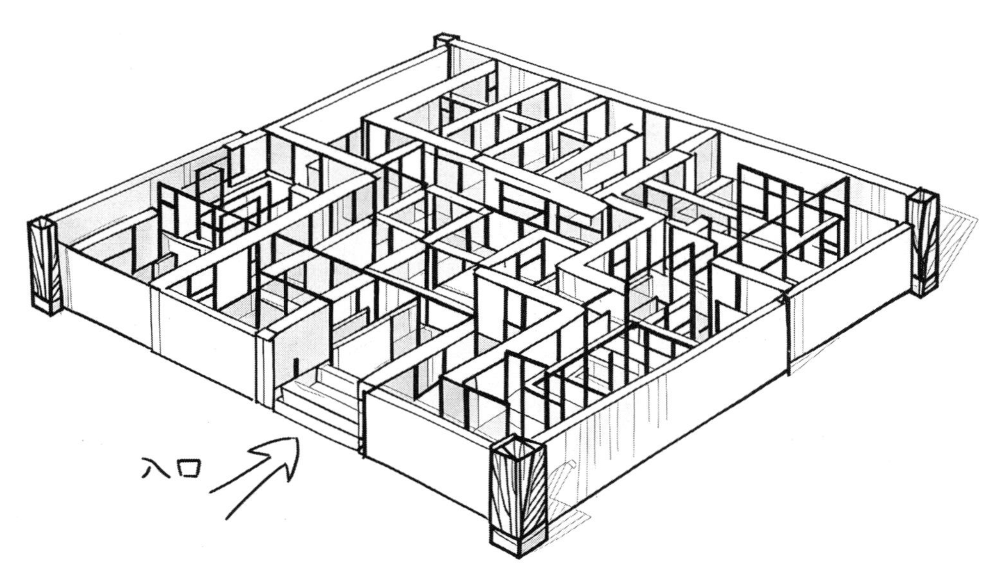

7.1.1　技术社会是个好词儿

软件系统群的高度复杂性包括：规模大，团队大，投入大；参与方多，利益关系和协作关系错综复杂；对硬实力与软实力要求极高；技术决策时，鱼与熊掌不可兼得；存在大量主观性，很多方面工作难以量化管理。

企业软件架构在过去几十年纵横跨越，内外隔离与服务治理、多层虚拟化以及控制与应用分离……主流趋势带来的弊端，必然在于“有意增加系统中各部分之间关系的做法会使复杂度管理难上加难”。

如果“中大型系统平台、庞大系统群”这样的词汇不够高级，略显拖沓，难以带领读者进入混沌的话题领域，那么笔者提供一个抽象的新名词，即“技术社会”。之所以可以称为社会，在于复杂系统囊括的各类环境、人员、流程、需求，以及应用程序、服务、基础设施、开发工具、监控、流水线、文档、工单、用户、流量、第三方、安全、外部事件等众多组成部分，甚至还包括办公室政治以及暗流涌动的阴暗面，综合起来足以称之为“社会”，从机房的摄像头、机架上的螺丝，到终端用户的一句评语，无一例外都是技术社会的一分子。

要用软件系统为人类服务，则必然需要迎接系统复杂化给架构带来的挑战。据网上可查的官方数据，2021年，我国软件行业从业人数超过800万大关，而2013年数字是470万。以2013—2021年为例，从业人数一直呈稳步增长态势。全国系统的数量当然不可能有客观数据，但是一般认为，人数与系统数具有一定的同比相关性。人数可以反映软件行业整体规模和复杂度持续增加的程度。

技术社会一词，强调复杂软件系统具有技术性和社会性的双重属性。软件系统不仅是技术系统，还离不开社会系统[①]与之相互作用。提升到社会层面，我们可以成熟的社会观来审视复杂的软件系统。使用技术社会一词，更适合隐喻：混沌不仅必然，而且影响力足够大，必须提高到全局的高度，予以重视。

7.1.2 深刻理解软件的复杂性

没有人会相信自己做的系统有导致故障的缺陷。如果知道有这样的缺陷，设计、开发人员就已经改正了。因此，“某人知道系统有故障缺陷”这句话本身好像是个悖论。只有用事实说话，才是破解悖论问题的最佳方式，正所谓“实践是检验真理的唯一标准”，这正是混沌工程的价值。

1. 多域之间的意外影响

Netflix公司混沌工程项目中有这样一个经典案例，对于播放视频的流媒体平台，它的一个重要KPI指标是每秒启动播放的流媒体的数量。

平台中有一个书签服务，目的是当客户在观看途中关闭播放器窗口时，系统自动记录当前的观看位置，当客户返回时，系统通过书签服务找到中断的位置，方便用户继续观看。书签服务的另外一个价值在于已经加载了播放缓存，从书签位置播放对后台系统影响较小[②]。

---

① 并非指IT系统，而是广义存在的系统概念。例如，参加2022年世界杯的阿根廷足球队，就是一个成功的系统。

② 如果从其他位置播放，系统要重新加载缓存。

混沌实验的对象正是平台的书签服务。实验人员期望的结果是：书签服务的功能与KPI无关，它属于低优先级服务，是可降级的非核心服务，出现故障时，不会影响平台的核心KPI指标。用专业的话说即“书签服务可以安全地失败”。

实验开始了，实验人员对书签服务注入故障令其失败，同时观测KPI的变化情况，执行的结果是实验失败了。分析原因在于：当用户返回再次打开播放器后，播放器调用书签服务寻找中断点时，面对书签服务的失败，系统自动启动后备机制，处理方式是默认跳转到视频的最开始，从头启动视频流的播放。但是，用户并不会接受这个结果，几乎所有用户都不约而同地频繁拖拉进度条上的滑块，向后寻找之前的停止处。这样的操作导致系统频繁加载缓存，抢占了大量的系统资源，同时又不会增加真正播放的视频流数量，是对KPI无效的操作。

视频播放服务与书签服务，各自处于不同的系统域，由不同的团队负责管理维护。这样的实验，成功地揭示了多域之间的影响，排除了重大的隐患。

2. 系统级联的错误传导

来看这样一个例子。A系统调用B系统提供的服务，提供服务的B系统依赖于（Redis缓存服务的）R系统，R系统的数据来源于D（数据库服务）系统。4个系统的服务关系如图7-1所示。

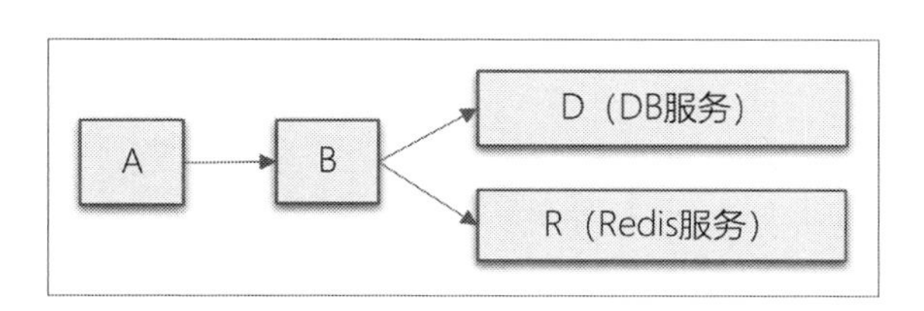

图7-1　4个系统的服务关系示意图

对R系统的失效，其实已经做了两道防御：首先使用D系统作为R系统的高可用备份；其次，从B系统外面又增加了一道故障处理机制，当B系统因为无法得到（R系统和D系统的）响应而无法向A系统提供服务时，B系统会向A系统返回特殊定义的状态码，A系统因此会降级处理，例如给客户一个友好的提示信息“系统繁忙中，请稍后再试，如有问题请拨打客服电话”。

混沌工程实验开始了，对R系统注入了服务超时故障，观察A服务的表现。

B系统访问R系统超时，则转而调用D系统，但实际情况是Redis能提供极大的并发量，当Redis因故下线，所有的查询都落到数据库上时，D系统发现数据库撑不住如此大的压力，数据库节点开始逐渐变慢，并最终失效。D系统的处理方式是向B系统返回404错误码。

B系统收到了404错误码，对于收到明确状态码的情况，B系统并不会新建或者自行捏造一个新的状态码，而是将404错误码作为结果，原封不动地返回给A系统。404错误码的准确含义是无法访问到页面，但常用于表达“无法找到”（Not Found）类型的错误。但是，对于A系统而言，B系统返回的404错误码的含义等同于“查无此人”。

此时再来看A系统的状况。如果B系统没有响应，即服务超时，或者B系统返回其他出错信息，A可以降级。但是，A收到的是404响应码，对于某个客户的ID，业务角度上不可能出现库中没有这个客户[①]。因此A系统没有预料到，也没有办法处理“原则上不可能出现”的404响应码，于是A系统既无法正常运行业务，也没能够做出服务降级的处理方式。实验结果以失败告终。

对于级联系统，应当十分细心、谨慎地对待接口响应码映射关系的准确定义，确保对任何响应码的处理不被遗漏。这个例子其实反映的是常犯的错误。在验证、支付、充值类业务接口，笔者（所带的团队）多次“踩过这样的坑”，最严重的一次，是上游增加了一种“扣款失败的”响应值，而我们对于“扣款是否成功”的判断程序的逻辑并不严谨，将带有此码的返回信息认为是扣款成功，结果购物者在没付钱情况下拿走了昂贵的货物。

因此，在系统设计层面，对上游系统所有可能的响应码，下游系统必须详尽地理解其含义，并逐一制定处理策略。

3. 防御手段酿成大祸

系统数量越多，所需要的能力越多，这进一步导致设计和开发者做的假设越多，这其中不乏一些错误的假设，可能在很久远的时间之前提出，或者十分隐蔽，潜伏得很深。

在分布式复杂环境中，故障有时会不期而至，发生速度之快令所有人猝不及防，

① 意思是如果没有这个客户，便不会有ID。既然有ID，则一定有这个ID对应的客户。

不论是对于开发团队、运维团队，还是质量团队，这都是一场无妄之灾。但好消息是，各种系统间的关系越是盘根错节，如同密林丛生，越是混沌工程的最佳用武之地。

笔者亲身遇到过这样的故障，一个名为A的重要系统，水平部署了32个节点，以确保其高性能、高可用，同时，对于其中某一项功能所依赖的名为D的服务出现故障时，该系统会自动切换，转而调用名为M的服务以实现系统降级。M服务中使用的是（并非实时最新的）静态数据，这意味着其中可能有些数据是上一个日期的，因此M服务并不能作为正常业务运行所用，其存在的目的是在D服务不可用情况下，临时充当D的角色，同时能够保障A系统不至于因这一项功能问题导致业务请求不断积压，造成宕机风险。A系统与D、M服务的关系如图7-2所示，看起来这个逻辑实在是平淡无奇。

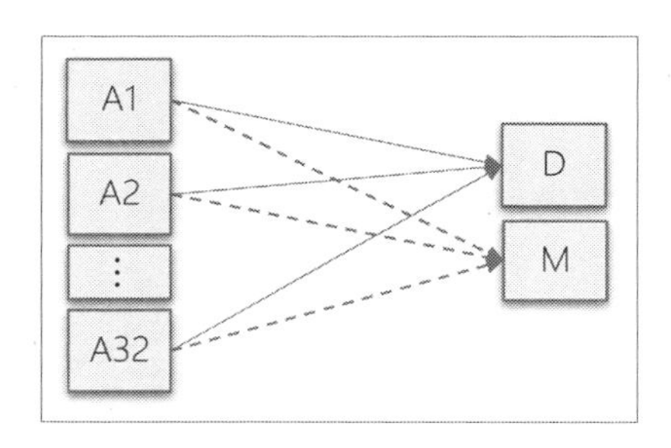

图7-2 A系统与D、M服务的关系示意图

对于管理超过上千个应用节点的大型云平台，为保持云资源的合理化使用，需要基于资源使用率进行节点资源的动态收缩。当A系统节点的CPU、内存使用率低于某个阈值时，平台会回收这个节点。这个自动化运维机制对所有人都是无可非议的。

某一天D服务出现了短时抖动，这其实并没有糟糕到完全不可用，在抖动期间，A系统开始转而使用M服务。A系统知道M服务提供的是静态过期数据，并不会做与使用D服务相同逻辑的业务处理，只采用了最简易的处理方式。但是A系统的CPU、内存使用率因此而降低，触发了平台资源回收功能，在短短的5分钟时间内，32个节点被回收了一半。此时A系统整体还是可以运转的，剩余的节点承载着所有的外部业务请求。

随后D服务的抖动结束，这本来是一件好事，但是A系统自动切换到D服务，业务处理也恢复运行，剩余运行节点的CPU、内存使用率瞬时飙高，A系统响应变慢，这又导致了用户不停地重试以获取服务，结果是A系统全面宕机了。

A系统的业务处理逻辑并没有任何设计问题，云平台的资源回收机制也无差错可言，M服务作为D服务的降级备份角色，应该说是无可指摘的。但是貌似并无交集的几个环节，在特定情况下被连接在一起，形成一条故障链。

这是一个听起来像是虚构故事的真实生产事故。指望任何一个团队能够想到存在这样的故障隐患是不现实的。即使有这样的想象，也难以被多个团队所承认（并进行整改），设想与整改之间有如天地之隔。除了开展混沌工程，无计可施。

7.1.3 与混沌问题友好相处

人类对通信的追求、对自动化的追求，以及行业一直以来所倡导的“软件定义一切”的理念，主动推进了软件的发展演变。在正向性增长的同时，会自动带来反向性，这既体现了哲学中的矛盾论，也有些自然科学的物体维持稳定性机制（事物具有抗改变、维持稳定的特性，一旦遇到改变，会以某种方式对抗，作用力越大，反作用力越大）的影子。系统使用场景越来越多，用户流量越来越大，功能越来越高级，带来的副产品就是系统熵增、纷乱无序以及不可预见性。

软件系统的暗债、假设、庞大复杂的社会性，这些方面几乎符合混沌理论的所有特性。面对简单的系统，整体是可理解的，影响是线性的，输出是可预测的。对于庞大的系统群，复杂性达到一定程度后，技术团队无法对系统建立完整的思维模型，混沌现象随之而来，造成各类技术异常和各种级别的运行故障，甚至是无法挽回的损失。

阐述这些内容的最终目的，不仅在于揭示系统复杂度的必然性，更在于让我们能够真正理解和承认混沌，坦然地接受混沌，并且力争学会与之相处。取得竞争优势，就要操纵复杂系统，向软件添加功能或者质量属性，取得进展，同时不可避免地增加复杂性，减少暗债发生的任何办法本身也是新暗债的来源，我们是软件平台的创造者，亦是混沌的始作俑者，自信只能在情感上帮助我们无畏混沌，但是真正理性、科学的认知应该是真正地拥抱混沌，与其深陷于漩涡，不如在其中冲浪。

混沌工程的立意，正是“与混沌问题友好相处”，打造韧性系统。这个领域最早始于Netflix公司的混沌猴项目，经过十几年的发展，已经具有较为完备的理论、方法、工具，以及实践案例和成熟度评估模型，形成了一定的行业影响力，一些大型企业已开始自行实施。总体而言，混沌工程在我国仍处于相对小众化的状态，通过本书读者将见识混沌工程的魅力，更广泛地认知、实践混沌工程。

7.2　与众不同的魅力所在

7.2.1　完整闭环的最后一块拼图

混沌工程一词来自对英文Chaos Engineering（下文中有些地方使用CE作为混沌工程的简称）的翻译，因为混沌的英文是Chaos，这也就形成了Chaos Engineering这个名字，直接解读其意即是"面向混沌问题的IT工程"。但是作为单独的理论，混沌不限于IT领域。不仅如此，工程一词的范围也太宽泛，适合一个行业或者学科，例如软件工程、建筑工程。因此，笔者认为混沌工程这个名称的含义不够准确，而且很拗口，不易被直接理解。

某次会议上，一个新人直接问我："我不理解混沌工程这个概念到底是什么意思，可否不作额外讲解，只换一个更准确、容易理解的代替词，让我能直观明白它的含义。"

我当时一下子被问住了，实事求是地说，这确实是个好问题。

如果我有机会给这个领域重新定义名字，我觉得使用"故障实验自动化"这个词更为妥帖。对于本书中的混沌工程一词，完全可以用故障实验来进行词汇替代，不会影响上下文的阅读与理解。鉴于“与行业习惯保持一致，并对官方组织和技术前辈们保持尊重”的考虑，本书当然还是要沿用混沌工程这个名称。

接纳软件社会的复杂、纷乱与无序，承认生产系统缺陷及异常的不可控和不可预见，拥抱混沌现象，混沌工程为打造韧性系统提供了终极答案。下面是对混沌工程的3种定义。

- 定义一，混沌工程是通过主动向系统中引入软件或硬件的异常状态（扰动），制造故障场景，并根据系统在各种压力下的行为表现，确定优化策略的一种系统稳定性的保障手段。
- 定义二，混沌工程是一种确保减轻故障影响的实验，也有人将混沌工程比作疫苗，通过“接种疫苗”的方式，让系统具备“抵挡重大疾病”的能力。
- 定义三，在分布式系统上进行由经验指导的受控实验，观察系统行为并发现系统弱点，以建立应对（系统规模增大时）意外条件引发混乱的能力和信心。

再来总结混沌工程的目标与价值，包括以下几方面。

- 混沌工程的目标，是实现韧性架构和可靠生产系统，以及面向可恢复的计算。混沌工程有时也被称为Resilience Engineering。
- 运维的新常态是接受部分故障。处在部分故障中的系统要求仍能正常运行，并对外提供服务。利用实验提前探知系统风险，通过架构优化和运维模式的改进来解决系统风险，真正实现韧性架构，降低企业损失，提高故障免疫力。
- 复杂性将使大多数持续增长的系统陷入一片混乱，成功并不取决于消除系统的复杂性，而是要学习如何与之相处。另外，还应该定期验证很久以前所建立的假说，从而避免其逐渐腐化。长期以来，我们在这方面显得束手无策，仅有的一些手段也是静态化的，混沌工程为此提供了真实而完整的解决方案。
- 用多样的现实世界事件做验证。引入反映事实的变量，最好是在生产环境中进行实验，观察稳定态和实验组之间的差异，应对故障并且获得新的发现，重新认识系统，主动实施积极措施。

可以说，混沌工程是软件领域工程化能力的最后一块拼图，是软件系统完整生命周期的最后一公里。

7.2.2 以实验之名再次探索系统

虽然还算是前沿领域，但市面上早已不缺乏混沌工程的技术实现方式，例如ChaosBlade、ChaosToolkit等开源技术平台框架和工具，但这些内容并非本书的重点。除了技术框架、工具外，想实施混沌工程的读者，首先要掌握CE的诸多最佳实践原则，学会开展CE的方法论。

CE最具内涵之处在于“探索”二字，CE是对系统的再次探索[①]，是对系统行为的再次学习、认识和发现的过程。虽然被冠以工程之名，但不论将其归为架构设计范畴还是技术管理范畴，笔者感觉都不恰当。CE是跨界的，既是对系统设计与实现的验证，又是对技术管理工作的延伸。因此，以探索二字作为对混沌工程的深刻释义，是甚为合理的。

本节重点是分享CE的独特特征，通过阅读本节，读者可以认识CE的本质，思考对于驾驭复杂系统平台，CE带来了哪些现实借鉴意义，并考虑该如何行动起来，持续改善系统、提升表现。

1. 混沌工程能力是一种变革

在CI和CD[②]之上，软件圈子大胆地提出了CV理念，CV是英文Continuous Verification的缩写，即持续验证之意。复杂系统带来的挑战，鼓励我们从CI、CD进一步向后自然演进，延伸到CV。“CI+CD+CV”模式已经为越来越多的系统平台所接受。

前文提到，可以使用“故障实验自动化”作为混沌工程的可替代名称。如果觉得这个名字太俗气，那么还有一个可以考虑的选择，即持续验证。这并非想给混沌工程换名字，而是强调CV理念的重要性。技术格局的形成，背后正是由一个个关键概念构建起来的立体认知网络，由一个个理念串联起来的心智模式。

2. 混沌工程与测试的区别

在传统测试里，可以写一个断言，给定特定的条件，产生一个特定的输出，如果不满足断言条件，就说明测试出错。而CE是探索更多未知场景的实验，实验会生成哪

① 第一次探索，无疑指的是设计开发过程。

② CI是持续集成的英文缩写，CD是持续交付的英文缩写。

些新信息，是不确定的。

混沌工程并非让软件不失败，而是在失败的情况下具有足够的韧性。CE是一种生成未知新信息的实验和探索过程，而测试是针对已知属性的验证。这是CE与测试的最本质区别。

从另外一个角度看，测试是一种清查过程，而CE主张通过实验的方式来验证，不需要对系统相关细节进行清查。

3. 混沌工程与演练活动的区别

攻防演练、切换演练，已经体现了对生产系统进行实验的理念、模式和价值导向。但是与CE的目标和模式有所不同，演练并非真正注入故障，其本质是一种预制化的操作流程验证，例如多中心的流量切换。演练（或安全对抗）通常来说设定的范畴很大，更像是一种活动。既然与活动类似，就要有事先规划、预案、报备、组织流程，重要的演练通常是年度级别的，无法高频执行。

成功的CE并不诉诸演习或对抗，与单独实施的某个演练行动相比，CE将生产系统的可靠性提升为自动化、常态化、工程化，克服一次行动的片段性、静态性问题。全面实施CE的系统平台，每年可以进行上百万次故障实验，长期执行并持续迭代。CE覆盖面之广、自动化程度之高、场景之丰富、颗粒度之细，远非传统演练可比，两者之间可谓差了一个时代。

4. 混沌工程与故障分析的区别

对于生产系统维护，一直以来更多是被动地观察系统运行表现，传统的RCA（根本原因分析）方法不鼓励实验和试错，而是强调事后分析，削弱了从更深层次了解引发不良错误的事件和行为的能力。从已发生的故障中学习，这种方法经常是代价昂贵且令人痛苦的，此时用“整改”一词更符合职场现实。“狼狈地跟在故障的后面跑”是技术团队长年面对的窘境。这种被动的反应很难做到对系统的良性探讨、探索之效。

混沌工程强调对生产系统的主动操作，从这个角度来说，这为众多复杂平台技术决策者打开了一个新的工作篇章，足以体现混沌工程的战略价值。

5. 混沌工程与反脆弱的区别

反脆弱并非“屈服于混沌理论，认为混沌为系统所固有”，也并非教育运维人员，反脆弱是一种设计，不是实验、探索与发现。

最后还要补充一点，混沌工程不是在生产环境中搞破坏。破坏很简单，但对于系统韧性毫无价值。CE是执行有价值的故障，修复生产环境的漏洞。

7.2.3 发现隐患，对抗系统熵增

1. 混沌工程与故障预防的相关度

3.1.3节分析了架构与4类故障的相关度，本节继续使用这些故障实例，分析混沌工程与故障预防的相关度。相关度越高，混沌工程的使用价值越高，反之则越低。

（1）静态错误类。通过注入故障的方式，不适合发现A1、A2、A4类问题。通过功能测试和验证的方式明显更为适合。不论是加大并发来观察查询功能的性能指标变化，还是测试用例覆盖（如0值、Null值等）边界参数，这些更多体现了测试的属性，本质是清查和检验。混沌工程难以跟踪如此细致的错误点。用混沌工程查找这种功能性的问题，成本过高。A3类问题与质量管理工程强相关，显然不能等待上线后通过实验的方式去探查。

（2）动态变化类。B1（重试风暴）、B2（雪崩效应）和B3（维稳陷阱）三类故障，完全体现了系统运行的动态复杂性，绝非开发和测试人员能够提前预测。这类问题正是混沌工程的适用范畴。

（3）能力机制类。C1～C4类问题适合用混沌工程来发现吗？不适合。最明显的相悖之处在于这类问题发生于系统版本发布之前。从软件生命周期上看，混沌工程并不能左移到这个位置。而且这些问题也不属于测试对象的范畴，而是架构和技术管理范畴。

（4）随机偶发类。D1～D4类问题是系统测试后发生的，与混沌工程适合发挥作用的时间范畴相符，但指望用混沌工程主动发现此类问题则过于理想，像是天方夜谭。故障的随机偶发性特征决定了解决方式主要依靠工程师的实力和对工程的了解程度。对随机偶发类故障的处理，本质上是应急响应。

如上4点可见，日常类的系统故障预防还是要倚仗良好的技术管理和软件测试工作。混沌工程与测试无任何重合和冲突，也完全取代不了测试的地位。定位于软件测试所适用范围之外的、通过引入可控故障才能发现的问题，才是混沌工程的强项。

2．混沌工程故障超市

混沌工程可以覆盖足够多层级和种类的故障，从而满足任何的实验对象和实验目标。各种各样的故障来源像一个系统故障大超市，如图7-3所示，从（底层）基础设施到（应用层）客户端请求，从网络通信到数据处理，从稳定性到可用性……不一而足。

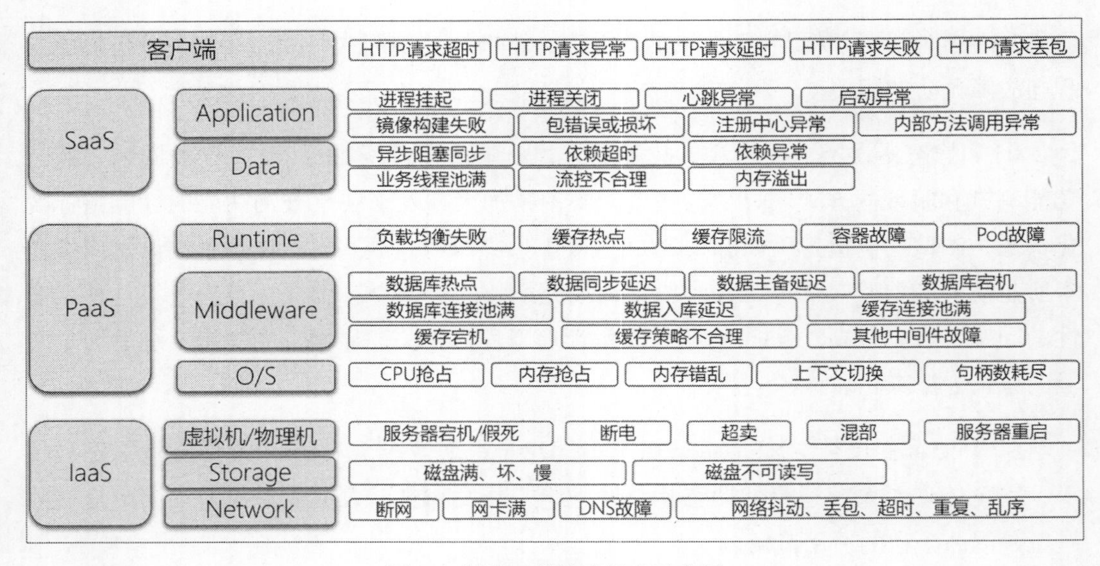

图7-3　混沌工程故障超市示意图

任何故障都可能触发系统动态运行过程中的一系列关系推演过程，造成多系统间相互之间的影响，帮助CE实验人员发现故障时（存在串联关系的系统）会出现怎样的反应。全面了解故障的可能来源，正是做好实验设计工作的最佳思维切入点。

3．混沌工程与韧性

在众多质量属性中，与混沌工程关系最为紧密的是韧性。两者之间的关系可从如下两方面解读。

第一方面，韧性反映的是能伸能屈的能力。可以将韧性等同于质量属性中的弹性，在出现故障的情况下，通过自动处理方式力争主服务能够继续运行，尽快恢复故障，使损失最小化。

第二方面，可以从软件工程的视角，将韧性理解为一种行为能力。在系统投产或系统的某版本投产之后，所有设计、开发工作告一段落。进入维护周期，意味着技术力的火焰随即熄灭。对于生产运行中的系统，任何人都显得无能为力，除了例行性的健康检查、被动地观测监控曲线、出现问题时迅速响应之外，难以做些更积极主动、更有价值的事情。此时，混沌工程提供的韧性能力令技术力继续向后延伸，主动发现系统问题的过程，体现了对系统的继续探索。

序章中讲道，架构工作的使命，发展至今，更深层意义在于对抗复杂系统的熵增。混沌工程恰恰体现了这句话所蕴含的道理。据我所知，国内很多系统平台已重视并开展混沌工程，在软件行业中，混沌工程已然占有了一席之地。

7.2.4 目标场景，无所不尽其极

混沌工程可包括如图7-4所示的5类实验主题，也可以说是5个方向，每个方向下面可以有多个具体的故障实验内容及目标。

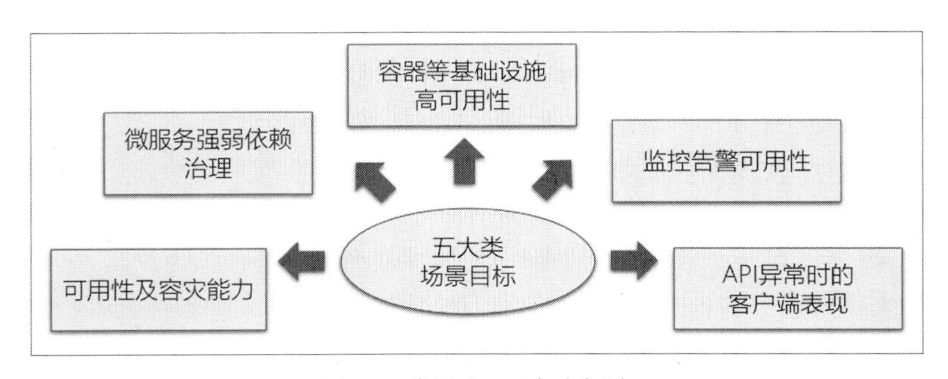

图7-4 5类混沌工程实验主题

1. 可用性及容灾能力

对于多中心环境，当某个中心的系统故障时，验证其他中心系统是否可以快速自动地接管服务，整个平台面对故障及灾害时是稳定可靠的。

验证个别组件故障时是否会影响整个系统，主要考察的技术点是流量切换、资源切换，以及DNS服务、VPN网关服务等切换时，重要功能的可用性是否有保障。

向某个服务主通道注入故障，看系统是否自动检测并切换到热备的服务上。

2. 微服务强弱依赖关系

进行应用服务之间、业务逻辑之间依赖关系的可靠性、可用性验证，例如非核心服务不能“拖曳”主服务。对不符合预期的依赖关系做进一步优化。

给提供服务的系统注入故障，观察其调用者的各项指标表现，例如设定的3秒超时的有效性，再例如，根据不同类型的依赖关系（强依赖、弱依赖）的定义，调用者是否能够通过熔断、降级等方式妥善处理。

3. 面向基础设施层

平台层基础设施的故障是最适合CE的实验范畴，也是行业里做得最多的。最常见的场景是某个基础设施点（例如K8S的容器）不可用的情况下，观察系统服务的可用性，验证副本的配置、资源限制的配置是否合理。

对于没有使用云计算的环境，或者没有使用容器技术的实验者而言，基础设施层的混沌工程对象则更多是虚拟机失效，或物理服务器故障。

4. 监控与告警

验证运维体系是否有效且可用的，例如，磁盘使用率达到90% 是否自动告警。同时验证监控维度和指标项是否完善。

对于告警事件，验证告警通道是否正常工作，以及告警是否及时有效，例如普罗米修斯监控系统能够查到报警信息，但是短信通知、电话通知是否发出了报警信息或拨打电话。监控与告警能力其本质也是一种服务，主要面向内部监控和运维团队，对此类对内服务的实验重点在于“确实能用”，对于性能、体验等其他方面的要求可适当放宽。

5. API 异常时的客户端表现

从客户端层面看，假如前后端通信使用的是HTTP，可在业务请求报文的HTTP Header中，或是HTTP Body中注入一些异常内容，观察客户端系统表现如何，验证是否可以按照设计妥善地进行防御处理。

7.2.5　核心方法，一招鲜吃遍天

开展故障实验，方法论的核心包括4个步骤。如图7-5所示，在准备阶段和分享结果之间，第一步是进行实验说明，第二步是建立稳态假说，第三步是注入问题变量，即可控的系统故障，第四步是比对结果，也就是验证。

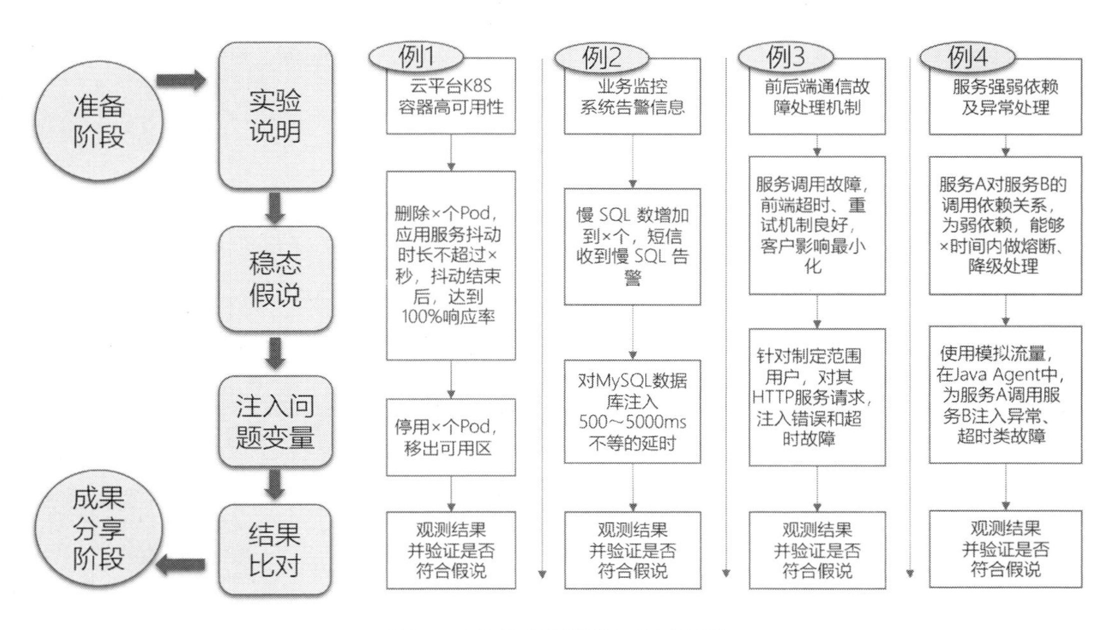

图7-5　混沌工程步骤及实验例子

1. 进行实验说明

具体执行混沌工程时，首先要回答的问题是，如何设定具体的故障实验内容？到底要实验什么？服务降级、容量管理、数据完整性、网络问题、监控和告警、通信抖动、重启系统、版本发布与回滚、事故管理机制、数据中心维护流程、按等级运行、业务连续性计划……系统平台的方方面面都可以是CE的目标对象。实验来自技术决策

者的痛点。如果当前没有隐患，那么CE的对象设定可以是对于未来持续发展最迫切关注的问题。

- 选定主题领域和故障场景，定义实验模型。
- 设定标题、标签、贡献列表、方法、作用的用户范围、流量比例。
- 设定爆炸半径及回滚措施等。

安全属性在CE中的作用举足轻重。在生产环境中进行实验当然是有风险的，实验人员必须设计安全的实验方法，降低对生产流量造成的实质影响，建立受控边界。最小化爆炸半径是与生产事故相隔离的关键举措，是确保混沌工程可以正常开展的底线。

因此，这里要补充一个关于混沌工程的重要观点：根据需要和具体情况，如果在生产环境开展存在现实困难，CE完全可以在UAT（User Acceptance Testing，用户验收测试）环境进行。

2. 建立稳态假说

建立假说的含义是定义稳定态，以表示系统正常行为的某些可测量的输出。稳态假说一词有些拗口，通俗的说法是按照设计或设想所期望的实验结果。

设定有效的观测项和观测指标，对于建立稳态假说极为重要，最好是代表业务含义的，应当尽量避免使用技术曲线和指标。例如，用户注册量突然降低，支付交易失败率变高，这些业务问题无疑更利于判定实验是否引起了系统故障。相比而言，CPU或内存使用量增高，这样的现象到底说明了什么？是否真正发生了故障，对实际业务的影响如何？可能并没有确定性的答案。

3. 注入系统故障

注入系统故障即执行探测，笔者使用过的技术实现方式包括如下4类。

（1）对于CPU或者I/O被占满这类简单的情况，实现方式是混沌工程工具直接生成故障，制造混乱。

（2）对于服务超时、不响应类故障，混沌工程工具可以生成一个代理进程，将代理运行于服务的节点上，使用代理截获这个服务的请求，将其阻塞。

（3）对于删除K8S平台Pod（Pod是K8S系统中可以创建和管理的最小单元，是在K8S上运行容器化应用的资源对象）这样的故障注入，混沌工程工具则需要通过相应的驱动程序连接到目标节点，通过驱动程序实现操作。如果开源的CE平台没有提供，则需要自行实现。

（4）对于请求异常类故障，相对更为复杂，可以制作一个过滤器，作为插件注入请求所使用的通信协议（一般是HTTP）程序包中，在其中修改请求报文的Header或者Body，制造异常请求。

4．进行结果对比

用混沌工程的术语来说，这一步应称为“对比变量组和对照组”，变量组是观测到的实际运行指标，对照组指的是稳态假说定义的期望情况。两者如果相符，说明在故障情况下系统运行达到了期望的稳态结果，实验成功，反之则实验失败。

下面讲解图7-5中几个混沌实验的例子。

例1，云平台K8S容器高可用性。稳态假说是：当某些Pod异常下线，应用服务抖动时长不超过×秒，即在×秒之内流量全部被可用的Pod承接。Pod不可用的原因很多，可能是服务器掉电，可能是被操作人员误删，也可能是负载过大、被某个进程阻塞等各种情况。最简单的操作办法是停用某些Pod，然后将它移出可用区。

这个实验看似很简单，但是完整执行一遍，所需时间并不短。涉及运行系统和基础设施的操作权限，需要得到运维的授权，包括环境准备、系统用户权限分配、操作授权。

例2，慢SQL的监控告警。稳态假说是：应该通过短信收到慢MySQL的告警。实验方法是对MySQL数据库的部分请求注入延时。需要注意的是延时时间的设置要合理，时间过短无法模拟问题，时间过长则超出了“慢”的范围，等同于响应中断。

例3，前端请求超时的系统防御能力。稳态假设是：超时、重试机制能够发挥作用，降低某些请求超时和不良影响，对于超时和重试无法挽救的请求，能够对客户进行友好提示。实验方式是对某些后端服务注入错误（或超时）故障。需要注意的是，错误故障应该是点断式的，模拟出抖动的效果，否则重试机制无法发挥作用。

例4，后端服务之间强弱依赖关系。稳态假设是：如果a、b两个存在调用关系的服务为弱依赖关系，调用出现故障时，熔断和降级机制应当及时生效。实验方式是通过一个CE代理（如Java Agent）给b服务注入异常，令a服务对b服务的请求发生超时。其原理很简单，由CE代理控制b服务进程，占用b服务的HTTP响应端口。

7.2.6 最佳实践，要做就要做好

1. 不只限于技术故障

混沌工程最初主要关注系统的基础设施，软件系统有个规律，“越底层越客观、越上层越主观”。底层故障是最容易被理解和关注的，故障实验始于服务器下线、虚拟机停机这样的底层故障，无疑是明智之举。经过近年来的发展，混沌工程已经逐级向上层发展，覆盖基础软件层（如删除K8S Pod）、中间件（如数据库服务和缓存服务）和应用系统层。不仅如此，组织、人员和制度流程在发生故障时是否正常运转，也已成为混沌工程的几大类主题之一。在Netflix、微软、Google的混沌工程计划中，不难看到针对以人员为实验对象的故障实验，例如选择管理员不上班时进行实验，检验离线响应是否及时有效，故障处理流程是否能够正确执行。

非技术因素（主要指人的因素）完全可以作为CE的实验对象。理论上而言这方面应当有很大占比，考虑到CE的发展阶段和落地难度，本书并未重点提及，如果需要，读者可结合自身工作所处的实际环境，另行进行研究。

2. 再次完善设计

设计故障实验、寻找稳态假设时，发现有些服务不存在可以自动恢复的稳态假设，那么必然要求对设计和架构进行修复，弥补漏洞。这是混沌工程故障实验可以切实带来的增值服务。就笔者实际经验来看，这样的收获颇丰[①]。例如，计划在UAT环境做主CDN服务失效实验（检验备CDN服务是否可以自动生效），经过讨论发现UAT环境与生产环境使用的是同一域名的不同路径，无法只失效UAT，因此无法控制爆炸半径。此问题最终推动了域名拆分工作。虽然原来的设计并非是错误的，但是如果没有故障实验这样的契机推动，这样的提升永远不会发生，CDN服务的高可用性也就一直停留在理论假设的层面。

① 用“意外的收获”来描述这种感觉不够准确，更贴切的说法应该是“一种惊喜”。

从这个例子可以明显看到，未真正执行实验，混沌工程也能验证技术设计工作的有效性，或弥补之前的漏洞，或与时俱进地加强提升，这实际是延伸了设计工作的边界。能在全生命周期内不断循环进行设计提升的过程，对于大型复杂系统的发展与演进的价值不可低估。

3. 两大能力前提

第一，可观测能力对于CE的发展极其重要。

- 仅凭命令行和控制台，混沌工程成果的受众范围或许只停留于工程师的圈子里。要做到横向分享、纵向汇报，将混沌工程的价值充分发挥出来，实验结果的图表化观测输出是必不可少的。
- 可观测能力是人机之间交互的媒介。混沌实验对系统进行探索，期望新信息生成。一切信息都要通过可观测能力获得，在观测到现象之前没有人知道会发生什么。

第二，服务等级是开展CE的有效前提。

- 如果没有良好的服务等级定义，内部服务治理无处可谈，没有服务治理，应用层面的故障实验无处可谈。
- 如果没有良好的服务等级定义，停服影响缺乏标准参考，最小爆炸半径也难以设定。此时，混沌工程不是实验，而是赌博。

4. 工具、人、方法论的结合

对于多数技术人员来说，主动注入故障有时等同于自揭伤疤，终归是个艰难的话题。开展混沌工程，有时会受到心理抗拒因素或其他场外因素的困扰。

除了关注如何破坏系统和导致故障的事情、工具、技术之外，需要极其重视“准备阶段”和“成果分享阶段”的价值。“糊涂地开始，草率地结束”是混沌工程的兵家大忌。

5. 避免反模式

CE的反模式是存在的。例如，无论关闭实例、内存耗尽或者磁盘已满，结果都是响应失败。通过多种实验方式使实例失效，得到的结果是一样的，探索不到新的信息。因此，使实例失效的新方法通常是徒劳无功。

最后做个总结：本节内容从多个角度进一步讲解混沌工程这门学问，对有效开展混沌工程进行扩展性思考，更重要的价值是对“全面性、系统化思维”的实践分享。这是一个抽象提炼过程，具有巨大的借鉴意义，是在任何领域小有成就的前提。

7.2.7 实际工作中的思考和感悟

第一，鉴于篇幅上的考虑，本书没有讲解CE的成熟度评估。需要注意，对于十分重视并已经开展CE的企业来说，若想在这条路上越走越远，一定要掌握CE的接纳指数模型和成熟度模型，以便于从管理角度推进CE领域的继续深耕。

第二，大多数企业距离真正达到CE定义的标准（指形成完整闭环的方法论、理念和成熟度评估）应该说相差甚远。这更多是与“对系统故障预防工作的认知、能分给混沌工程的预算”等方面相关。多数情况下，CE的起点只能是技术部门，先以自身创新的视角去发起。关于“预计需要投入的规模，以及打造CE产品的技术团队和人才需求”方面，是不容忽视的问题，起步很难，只有做出成效才能继续争取资源。

第三，浅层次的混沌实验，总是有点像对某个功能或机制的验证。对于多数系统平台来说，真正做出实验探索之意还任重道远。

第四，CE自动化、机制化执行是长远发展的关键。例如，对于服务依赖进行故障实验，对于上千个节点的平台，使用智能（算法）计算来选择实验对象十分关键，这要求平台具有较为完善的服务治理与管控能力，以此作为CE智能计算的基础。

第五，可以认为CE是一项专家工程。在起步阶段，若想开展以应用逻辑为对象的故障实验，大概率还是深度依赖最了解系统逻辑关系和运行情况的领域专家。不仅门槛可能比较高，而且越是依赖专家经验，越难以达到真正意义上的自动化程度。

第六，技术工具层面，有一定市场基础和开源项目可参考，不需要从0开始。尤其是对于基础设施层的故障实验，开源工具已具备较好的支持能力。

本章的最后，有必要再强调一下：将混沌工程当作软件系统的“试金石”是个不错的选择。

8

第 8 章

前沿科技，生生不息
——智能原生时代的技术思考

虽然图灵并非人工智能领域的第一人，但他被公认为人工智能之父。图灵在1950年开启了回答“机器是否能思考”这一问题的实验，即著名的图灵测试，他对人工智能的定义是：如果一台机器能够（通过电传设备）与人类展开对话，且不能被辨别出其机器身份，那么称这台机器具有智能。任何历史级的定理与定律，总是能够另辟蹊径，体现极高的抽象性，图灵测试被认为是衡量人工智能水平的一个重要标准①。图灵在论文中对这个问题给出了肯定的答复——机器可以像人类一样思考。如果将此定义为人工智能的起始点，那么人类已经在人工智能领域奔跑了大约四分之三个世纪。

人无远虑，必有近忧，绝大多数人在想着今年工作计划如何落实时，科幻电影里面的高科技已一一现身，这在几年前是不敢想象的。一群天才的高瞻远瞩着实令人钦佩不已。奇点已经走到我们面前，焦虑与抱怨毫无意义。既然可以拥抱混沌、拥抱复杂、拥抱风险，那么人类的心绪更无须为新科技所扰。

笔者从事于本章这些新兴领域技术工作的时间很短，严格说只能算是小学生。按

① 图灵更适合被称为“先行者”。在1956年的达特茅斯会议的计划书中，人工智能问题被定义为“让计算机的行为符合人们对智能行为的认识”。此后，主流人工智能一直是以“让计算机解决那些人脑能解决的问题”为工作定义和划界标准的，而并不要求系统的具体行为和人不可区分。

照常理，写这些领域的内容是有些鲁莽、冒失的，更何况只给每个领域分配了一节，篇幅如此短。那么本章的意义何在？

正因我也是这些领域的学生，这样的角色令我更知晓初学者首先应当掌握哪些内容。希望本章内容可以帮助读者在多个领域实现快速入门，了解这些领域的发展背景、重要概念、核心价值、应用模式，以及与架构的关系。

我曾经做过这样的自问自答："用6000～8000字写一项前沿技术，既达到专业级水准，又表达出领域的内涵，应当如何去写？这既需要画家的笔触，又需要如评论员一般的视角。那么，本章内容是目前我能想到的最好的写法"。

本章写给积极探索前沿技术、致力于科技创新的同仁们。

8.1　硅碳之争，乐观看待机遇与挑战

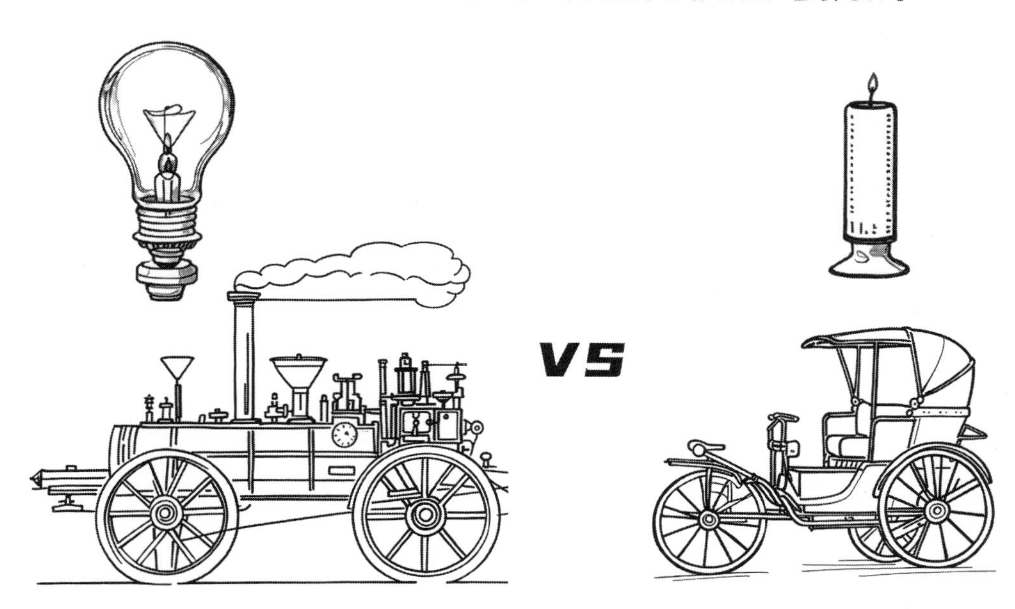

8.1.1　将解放生产力进行到底

1. 科技浪潮，周而复始

笔者出生之前，人类历史上已经有三次产业革命：

第一次，业界普遍认为人类社会近代文明的开端是大航海时代。

第二次，18世纪60年代，人类进入蒸汽时代，以及随之而来的电力时代。

第三次，20世纪40—50年代开始的，以原子能、电子计算机、空间技术和生物工程的发明和应用为主要标志的信息革命。

21世纪人类进入互联网时代，万物互联将产业革命推向高潮。互联网浪潮的历史地位能否比肩这几次？各种答案都存在。身在其中的我们，更愿意相信互联网浪潮是

人类历史的第四次技术革命。如果这样的说法有些牵强附会，那么互联网与当前涌现的智能浪潮两者联合起来，足以承担第四次革命之名。智能浪潮是以AI、5G等为主要标志，近年来的大模型、量子信息、元宇宙等新业态登上舞台，将智能浪潮推向高峰。从熊彼得的那句“你不管把多少匹马连续相加，也绝不能得到一辆汽车”，到败给AlphaGo之后柯洁泪洒现场，我们目睹了这一切的发生。

在互联网浪潮下，网络应用模式从Web 1.0到Web 2.0，然后快速进化到最前沿的Web 3.0时代，用户从生涩的查询，演变为点对点形态的真实参与，任何有权使用互联网终端的人，都能够实现网上售卖商品、发布短视频、写电影评论、分享生活感受。

互联网浪潮将软件系统的技术形态从功能化演变为平台化，平台化对软件行业生产关系的影响绝对是革命性的。不论是平台化还是人工智能发展，作为软件行业生产关系的变革力，都会引起软件人口在不同领域间的大量迁移。与平台化所建立的“连接革命”有所不同，人工智能是领域技术的纵深化，促进生产力释放的机制原理是：人+机器的合力大于人自己。这么说来，对于提升生产力，人工智能的本质与蒸汽机更为相似。蒸汽机解放体力劳动，通用智能则升级为可以替代脑力劳动。

人类通过技术进步不断释放社会生产力，这样的进程从未停止，只不过现在的主角变成了“硅基生命①”而已。笔者经历过一场辩论会，主题是“你愿意选择数字永生么”，这不仅是技术与哲学的较量，更是关于人类未来命运的探讨。辩论的正方认为硅基生命形态是人类进化的必然趋势，它能够超越碳基生命的生理限制，实现真正意义上的永生。正方提出，随着AI和脑科学的发展，意识数字化成为可能，硅基形态能够提供更广阔的生命体验和更长的生命跨度。硅基永生不仅技术上可行，而且在某种程度上是人类追求自由和无限可能性的体现。这样的观点有时会令我们深感困扰，但是困惑之后只能是理性面对，并且不得不承认这并非空穴来风。

2. 几大领域，融会贯通

近年来前沿科技层出不穷，虚拟现实、数字孪生、元宇宙、Web 3.0……一个个新概念和新词汇此起彼伏，令人目不暇接。对于初学者，很有必要先弄清相互间关系。

（1）虚拟现实与元宇宙。虚拟现实也就是大家口头常说的VR，很早即被热炒，

---

① 硅基生命是相对于碳基生命而言的。本节中的硅碳之争一词，意指计算机智能与人类之间的竞争关系。

元宇宙概念出现得更晚一些，可以将两者理解为技术与应用之间的关系。VR是一种技术，它通过计算机技术创造出沉浸式的三维视觉和听觉体验，让用户感觉自己真的置身于虚拟环境中。元宇宙是一个更广泛的概念，指的是由无数个虚拟世界、社交平台和体验组成的网络空间，用户可以在其中进行社交、工作、娱乐等活动。VR技术是构建元宇宙的关键技术，使用户能够更好地在元宇宙的虚拟环境中探索和互动。

（2）数字孪生与元宇宙。数字孪生是指数字副本或者模型，可以模拟或者反映现实世界中的对象、过程或者系统。可以将数字孪生理解为元宇宙的基础和重要组成部分。从笔者所见的实际案例来说，数字孪生拥有十分具体的应用场景，港口或企业园区的交通管理、摩天大厦的管道布局、对机件等设备的精准设计等。数字孪生是现实世界1：1的投影，强调完美重现现实世界的运作，而元宇宙则更像现实世界的1：*N*投影，其中富含衍生品，例如社交体验、情感连接、归属感。

（3）Web 3.0与元宇宙。Web 3.0是新一代价值互联网，Web 1.0为“可读”，Web 2.0为“可读+可写”，而Web 3.0是“可读+可写+拥有”。目前关于Web 3.0仍没有一个精确的定义，可以将Web 3.0视为一种理念与方向，强调数据价值归属，具备去中心化、数据自有、数据互联、保障隐私、高度智能和永久保存的特征。Web 3.0侧重描述人与信息所有权关系的变化。从理论上来看，Web 3.0也可以理解为元宇宙的基础设施，代表技术的发展方向。元宇宙是上层建筑，是应用场景和生活方式的未来。

这些前沿科技领域，迅速完成了从“创新型探索、尝试”到“数据及智能经济载体”的角色转变，作为软件业未来的顶梁柱，是新质生产力的重要组成部分。

3. 硬核科技，层见叠出

如今每个公司好像都是软件公司。商场超市、航空公司、家政服务，汽车租赁……甚至公益类服务，如果App做得十分糟糕，长期下去，最终会影响公司的生存底线。软件能力几乎是任何一个市场化运作公司的必备能力。对于想要保持竞争力的公司，仅局限于软件技术能力，不仅含义有些平庸，而且分量可能远远不够，难以满足可持续发展诉求。聚焦创新，开发新质生产力，以科技创新能力引领企业和社会的发展，已经被提到前所未有的高度。

伯纳德·马尔的著作《硬核科技》中列举了25项硬核科技，分别是人工智能与机器学习、物联网与智能设备的兴起、从可穿戴设备到人体机能增进、大数据和增强型分析、智能空间和智慧场所、区块链和分布式账本、云与边缘计算、数字化扩展现实技术、数字孪生、自然语言处理、语音接口和聊天机器人、计算机视觉与面部识别、机器人和协作机器人、自主驾驶车辆、5G和更快更智能网络、基因组学和基因编辑、机器协同创新与增强设计、数字平台、无人机和无人驾驶飞行器、网络安全和网络弹性、量子计算、机器人流程自动化、大规模个性化和微时刻、3D和4D打印与增材制造、纳米技术与材料科学。

除了大规模个性化和微时刻听起来有点令人费解，其他24项的含义从字面即可大体理解。大规模个性化是一种提供高度个性化产品或服务的能力，同时，术语“微时刻”本质上是指在正确的时机响应客户的需求。人工智能、大数据及分析技术使这两者成为可能。如此说来，这个“硬核”好像有点缺乏亮点，与其他项存在重合。

以此25项为参照，衡量一下我所参与建设的面向互联网的分布式服务系统平台的“硬核指数”，结果是大概有10余项有过直接的应用。再从客户角度看，大概有20项在我们的日常生活中被用到或有所接触，这个范围还在继续扩大。

本节的最后，对新技术进行如下点评：行业生态中的新技术层出不穷，竞争如火如荼。很多技术和我们的未来生活息息相关，人类对生产力的狂热追求从未止步，区别只是不同时代的主角不同。当今世界处于技术生态主导产业竞争的时代。

8.1.2 应如何评判科技的发展

1. 人类是否会毁于信息泛滥

*Amusing Ourselves To Death*是尼尔·波兹曼于1985年出版的一部关于批评电视声像逐渐取代书写语言过程的著作，也是他的媒介批评三部曲之一，其中文版《娱乐至死》于2015年出版，至今畅销不衰。这本书解析了美国社会由印刷统治转变为电视统治的过程，得出了社会公共话语权的特征由曾经的理性、秩序、逻辑性，逐渐转变为脱离语境、肤浅、碎片化，一切公共话语以娱乐的方式出现的现象。

我们将毁于我们所热爱的东西，人类心甘情愿地成为娱乐的附庸，最终成为娱乐至死的物种。这是这本书的精华观点，既深刻又犀利，甚至有些令人发指。作者的这些言论是危言耸听么？按照“真理掌握在少数人手里”的说法，这完全是有可能发生的。

信息技术令沟通成本下降，使得人与人之间分享信息越来越便捷。与日俱增的信息传输速度，意味着素未谋面的个体可以建立彼此之间必要的信任，进行实惠的沟通，从而完成复杂的任务或者交易。这听起来真是沁人心脾。

很多事情总是冰火两重天，沟通成本下降，可能正是当代欺骗、诈骗等不法现象，以及人云亦云、心态浮躁等社会性问题的源头之一。不仅如此，科技发展确实会带来一些令人讨厌之处，例如，有时社会好像被软件格式化了，人类文字表达能力退化，人变得更加孤独和无趣。对此，不论是各国政府的监管能力，还是整个人类社会的自我调整速度，都是严重滞后的。通用智能对人类社会的挑战，已经敦促（或者说倒逼）教育体系的变革。因此，对技术发展持悲观论的人并不少，对技术革命的骂声也不绝于耳。

那么，应该如何看待科技，尤其是通用人工智能的发展呢？

首先，要看到技术存在的杠杆效应。技术会加快生产力，提高人类的工作效率，不论是会开玉米收割机的农民，还是会用大模型提示词的自媒体工作者都是如此。人类近代史的三轮技术革命其结果也是如此。那么，生产力被放大的过程就是杠杆原理在发挥作用。从人与人之间进行横向比较来看，如果机器将产出量提升了10倍，那么人与人之间的差距也会被放大10倍；从人与自己进行纵向比较来看，将卖咖啡的工作换成制作互联网软件，收入可能呈指数级提升。

其次，不能将财富收入与真实所得两者画等号，要看到技术在不断地消除差距。技术革命的杠杆效应会引起人们之间收入差距的扩大，但是似乎能够减小大部分的其他差距。由于技术的发展，在很多方面，富人与普通人的实际生活品质是在趋同。普通人可以拥有汽车、手表，100万元的汽车与10万元的汽车开起来的感觉差不多，即使有差异也没有10倍之多，100元的电子表走时精准度足够用，在看时间方面并不输10万元的机械表。普通人的心理健康程度、生存寿命完全可以和富人去比较，人们之间的社会地位差距也在逐渐被科技消亡，上班虽然要被领导管理，但是我们不需要像古代那样要对上级磕头，说错一句话可能被斩首。世界首富的衣服和普通人的衣服材料相似，价格的差距更多是在品牌。

因此，虽然收入差距在变大，但在人类生存所必需的物质、权利等方面，科技并未对普通人有何不利。

对于反对科技革命的人，还需要思考一下“相对贫穷与绝对贫穷”的关系问题。机器代替人力造成了一些失业现象，社会收入差距变大带来的结果当然是部分人变得更加贫穷，但请记住这是相对贫穷。

科技能大幅提升社会的整体财富，生活在一个整体富裕但个人相对贫穷的社会，还是生活在一个整体贫穷但个人相对富裕的社会，应当如何选择？笔者会选择前者。可以设想，如果让我穿越回几千年前，即使成为某个部落里有权有势的首领，我也一定是哭不是笑。天天背着弓箭和长矛，带着大家寻找食物，还不如没工作领失业金的日子有安全感。

很多人喜欢怀旧，怀旧看似浪漫、令人神往，沉醉于过去的人常畅想梦与远方。这虽然无可指摘，但最好适可而止，别对这种情感太当真。理性拥抱科技革命，相信技术带来的社会繁荣、文明进步，比什么都强。

2. 数字经济仍处于初级阶段

新质生产力中的一个重要板块是数据经济，那么数据经济与商品经济有何不同？因为数据也是商品的一种，读者可能认为这是个有语病的问题。那么换个问法，让数据成为商品，最大的难度在哪里？或者说数据的商品属性有何与众不同？读者一定能想到答案，包括安全性（例如隐私）问题、合法性使用问题、如何确权问题、成本如何核算问题等。这样的观点其实还是将思维限制在数据领域。从固有本质层面对这个话题继续加以抽象，还有更深层次的原因可以挖掘。

商品流通依赖于标准的价格体系。然而，数据要成为可公开、可交易的商品，当前仍面临定价问题。一瓶矿泉水可以定价，在于其功能的客观性，即喝水可以解渴。而数据呢？数据被加工后形成数据产品和数据服务，才会转换为价值。数据加工过程仍旧难以度量。将铁矿石原材料加工成成品钢有客观成熟的体系。一条数据则截然不同，不同加工方式、不同应用场景，输出价值有天壤之别。加工得好价值连城，加工得不好一文不值。

数据的这个特性阻碍了数据定价。电子信息的世界就是这样，非标准化、主观性问题如影随形。大数据技术的发展可谓一日千里，技术支撑能力已较为成熟、先进，数据领域貌似已经具备了全生命周期的管理链条。但数据成为可流通商品，将数据纳入到经济体系，仍然处于极其初期的阶段。数据公开化交易任重而道远。

本话题其实意义深远，如果对“数据如何成为商品”的问题进行泛化，大家可以用更广阔的视野来审视数字经济这个更大的话题。

3. 恐慌之下保持心平气和

技能可以造福人类，在于它的可重复性，但是计算机领域技术的可重复性程度太惊人，简直颠覆了人类文明的积累方式和物质生产方式。不论种植多少草莓，对于每一颗都可以使用同样的方法，但是必须要付出劳动，不论多快，必须得一个接一个种。计算机软件则不同，电子信息的复制、传播，从某种角度上来说是零成本的，只要人类愿意，可以随时随地无节制地生长。虽然软件也有实际的生产制造成本，但是最终常被理解为软性成本。一个项目招标，我们会见到这样的情况，乙方为了长远合作和扩展市场，软件部分可以免费赠送，但是硬件则必须收钱。因为硬件与钢铁、草莓等任何实物商品具有类似的属性，在物理上真实存在，是看得见摸得到的物体。

只要算力足够，人工智能的能力就可以无限增强下去。因此，从软件层面看，人工智能最终是可以超越人的。人工智能最终还是主宰不了世界，是因为它是被封禁在硬盘里面的，不能以人形走出来。二进制比特可以被零成本复制，而人形不能。一旦制造人形机器人，就要遵守实体世界的规则。作为实体物质生产，制造机器人不论是使用铜铁，还是使用纳米材料，都需要一步一步地进行，这与种草莓同理，不能零成本任意复制。

人同时生活在电子世界和物理世界，只要人工智能不占领人类的物理世界，人类文明就会大面积保留下来，在现实物理世界中，AI就难以突破“作为人类的助手”的角色定位。这段话谈不上是观点，目的是抛出一个思考维度，从电子世界与实体世界的边界来看待人工智能的发展。

软件行业先行者们早已呐喊“奇点已至、未来已来”，那么作为普通从业者的芸芸众生又能做什么呢？人与人之间的技术竞争，又会如何演变呢？

在大模型已经为人类编写程序、走进生活方方面面的时代，人与人之间的竞争模式会随之而变。记忆、背诵的能力不再是谋生手段，而是源于提升底蕴、自我进化的内在需求。相比而言，自学能力、自治能力变得更为重要。人类生活方式的驱动力已经因人工智能而改变。

当今技术普及速度之快，令人咋舌。令从业者诚惶诚恐[①]的大模型已经褪去了神秘的光环。大模型前途无量，但需要借鉴元宇宙等新技术领域的过往经验，理性发展，避免过度炒作。在百模大战时代，多数从业者只是大模型的使用者，角色定位于熟悉数据训练服务、了解各类应用模态，为客户定制解决方案。没有几个人真的需要打开Transformer框架的底层，修改大模型注意力机制的算法包。从这个角度看，大模型软件与Spring开发包好像没什么区别，多数人用了一辈子Spring，也不需要重写它。

如果机器学习已被意识形态所接受，那么对大模型其实也没有什么可惊讶的，本质只是小模型的参数量不停增长的结果而已。面对大模型，很多人焦虑感倍生。但是更有益的心态应该是，如同25年前的Java、15年前的云计算，用平和的心态待之即可，几年后就习以为常了。

近年笔者转型做科技创新工作，带了隐私计算、区块链、大模型、元宇宙、量子安全方面的项目。很负责地讲，与传统项目相比，这些新项目的立项报告还是可以照旧而行，项目的顶层设计、投入评估、风险与应对还是老样子。之前的方法论依然有效，只是更换了技术对象而已。除了算法难、模型难，需要一些专业性更高的人才之外，笔者并未在面对前沿科技项目时感到任何不适。

既然如此，前沿技术于个人发展而言，或许不过是又一个新项目而已。将前沿技术（例如一个大模型）作为一个架构量子来看待，以算法技术为核心竞争力的新兴领域与传统架构可以自然而然地相融合，毫无违和感。总而言之，之前所学仍有用武之地。

① 意指担心被淘汰，无业可从。

8.2　绿色计算，无服务架构实至名归

8.2.1　主流Serverless框架简析

OpenWhisk是一个开源的Serverless云平台，在行业内得到广泛认可，市场占有率较高。该项目最初是IBM研究院的内部项目，2016年在GitHub上进行开源，后捐赠给Apache软件基金会。

1. 逻辑架构

OpenWhisk平台的逻辑架构如图8-1所示。各类事件源向平台发送事件信息，事件（在OpenWhisk中称为Feed）到达平台后会触发触发器（Trigger），平台根据规则（Rule）触发相应的动作（Action），动作指的是用户定义的函数逻辑，若干动作可以构成调用链（Sequence）。

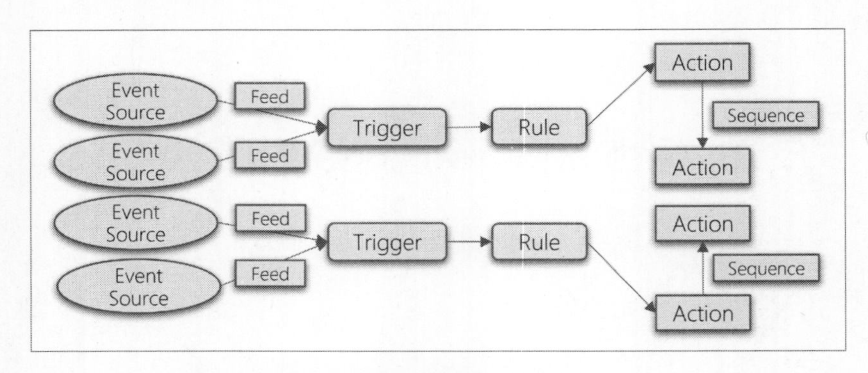

图8-1 OpenWhisk的逻辑架构

（1）Action

“函数即服务”（Functions as a Service）是Serverless的核心，创建Action就是定义Function函数的过程，调用函数可以使用同步、异步两种方式。OpenWhisk平台默认的函数调用为异步调用，每一次调用都将产生一个Activation对象（记录调用的参数、日志和结果），并返回Activation对象的ID。通过这个ID，调用方可以查询本次调用的返回结果，因此Activation ID是跟踪Action行为的主要手段。

（2）Feed

事件驱动架构的核心是Feed，在OpenWhisk中，Feed到达平台的方式包括三种，第一种是最常规的方式，在平台上提供一个可以被访问的地址，事件源（Event Source）系统在事件发生时调用该地址，将事件信息发送到平台。需要注意的是，对于事件驱动架构，事件的含义即要处理的业务，不要按照字面含义理解为需要特殊关注的事情，甚至异常或是故障；第二种是主动轮询方式，Action周期性轮询，调用目标系统的API查询并获取指定的事件；第三种是长连接模式，即独立运行一个程序，负责与目标事件源系统建立长连接，获取事件发送给OpenWhisk平台。

（3）Trigger

不同的Trigger用于处理不同的事件，Trigger可以被看作事件的管道，管道的一端是接收事件，另一端通向Action。

（4）Rule

Rule用于描述Trigger与Action的对应关系。只有当关系满足时，Trigger才会触发对应的Action。

2. 组件架构

OpenWhisk平台的组件架构示意图如图8-2所示。不难发现，OpenWhisk平台的技术实现是站在Nginx、Kafka、Docker、CouchDB这些巨头的肩膀上，对这些经典组件进行组合利用。

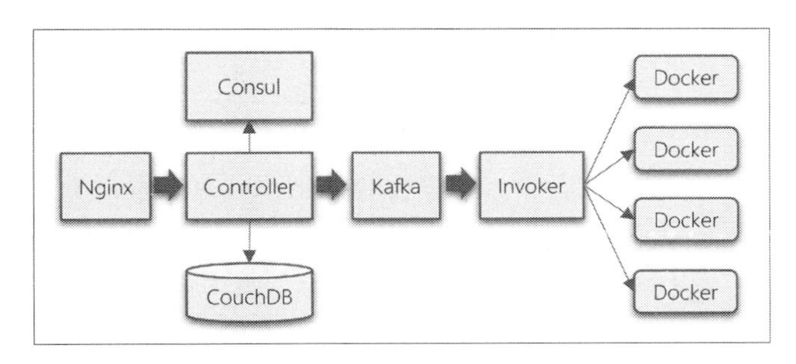

图8-2　OpenWhisk的组件架构示意图

（1）Nginx网关

OpenWhisk面向用户的API完全基于HTTP并采用Restful设计，进入平台的第一个入口是通过（作为HTTP反向代理服务器的）Nginx，其价值是整个平台的网关。“有平台，必然有网关”，这几乎是“放之天下皆通用”的事实标准。

（2）Controller

OpenWhisk的Controller基于Scala语言实现，承载着用户可以做的所有事情的接口，包括在OpenWhisk中对实体的CRUD请求和动作的调用。对于首次进入的请求，Controller会调用认证服务；对于HTTP POST请求，Controller将其转换为动作的调用。完全可以将Controller称为整个平台的调度中枢，每个平台都有这样的角色，例如大模型应用体系中的Agent（智能体）。Scala语言从设计之初就支持高可用，从而确保了Controller的高可用性。

（3）CouchDB数据库

不仅Controller进行请求者身份验证的数据信息，而且Trigger、Rule、Action等对象的信息，以及函数执行结果信息，都保存在CouchDB中。CouchDB是文档型知识库，数据以JSON的格式进行存储，支持分布式部署，这是OpenWhisk高可用的重要基础。

（4）Consul服务发现

服务发现机制的作用无须多言，可以用多种方式实现，例如笔者常使用Zookeeper。

（5）Kafka通道

为解决高并发场景的性能问题，Controller并非直接调用后端的Invoker，而是把请求发送到消息队列Kafka，而所有订阅了这个Kafka Topic的Invoker都会接收到消息。

（6）Invoker

Invoker是负责调用函数的组件，同时还有一项重要职能是管理OpenWhisk集群节点的容器引擎，根据Controller的指令启动和管理容器实例，执行函数代码。Invoker的技术并非如此简单，它根据算法对空闲的容器进行预先启动，这是解决无服务架构中函数冷启动问题的措施。

（7）Docker

Docker是函数执行的容器环境。对不同类型的函数，OpenWhisk实例化不同的函数运行时的容器镜像，执行函数时，从CouchDB中取出函数代码，注入到容器中。

以上通过OpenWhisk两个重要的架构图，对无服务架构进行了简洁描述。本节的目的当然不仅如此，细心的读者一定会发现，这个新生代技术的实现方式，完全使用了传统架构元素：从架构理念的角度看，这是一套经典至极的事件驱动架构；从技术栈角度看，使用的是当前主流的、大众化的开源产品；从整个结构角度看，网关隔离边界、内部职能分治、负载均衡等方式，传统架构师早已驾轻就熟；从通信机制角度看，异步机制的使用方式与其他系统并无二样；从高可用角度看，无非是各个组件的分布式部署；从性能和弹性等质量属性角度看，我们最熟悉的分布式队列仍旧是方案的核心。

当前的架构技术并未过时，这些理念、方法、产品工具，在未来各类新兴技术中还将大量被复用，所谓“万变不离其宗”。那么为什么还是这些技术，摇身一变就可以成为新生事物？无服务应用的核心在于对Docker的动态启停控制。运行环境历来被视作应用的底座，对于应用系统来说，具有运行时不可变性。无服务应用对此进行了突破，实现了运行环境启停控制的动态化。这是妙不可言的创新，可谓神来之笔。

从某处程度上说，这与Java OSGi框架的理念有些相似。打个形象的比喻更易于理解，花盆是花的底座[①]，若在花盆不动的情况下移动花，只有挖土迁移，这当然不能常态化进行。移动花盆才是日常移动花的最优方法。

8.2.2 新一代云计算的默认范式

1. Serverless 的核心价值

从2012年提出Serverless，时至今日已逾10年。Serverless技术正快步入场，进入今天IT生态的主赛道，逐渐成为云服务商提供能力的主流模式。Serverless被认为是新一代云计算的默认计算范式，业界中这样的声音不绝于耳。Serverless到底提供了什么样的价值，才会被冠以如此高的名号。

- 一是全链路弹性。如果算力的呈现形式仍然是服务器这样的资源形态，它的使用门槛依然很高。一个典型的业务系统可划分为应用层、接入层、资源层。资源型的云服务只提供资源层面的弹性能力，企业还需要实现接入层和应用层的弹性能力，才能做到业务的全链路弹性。这样的结果是，企业需要有一整套支撑应用的能力来用好算力，算力和业务两者仍旧相隔太远。如何让算力像电力一样普及，云计算需要新的形态。函数即服务正为此提供了答案。
- 二是按需运行能力。业界数据中心的统计数据表明，企业的整体平均资源利用率是不高的，一般小于15%。笔者还看到过一个福布斯数据，商业和企业数据中心的典型服务器在一年中平均提供其最大计算输出的5%～15%。这类数字永远不会有完全准确的结果，但这两个数字差别并不大，足以说明算力资源利用率的现实问题。Serverless技术能在能耗效率领域大有作为，其前途当然不可估量。

应用的加载和卸载由Serverless云计算平台控制，这意味着应用不总是在线的，只有当请求到达或者有事件发生时才会被部署启动，这样的模式从根本上降低了对基础资源的运行需求，降低了电力等能源消耗，是针对“闲置但通电的服务器消耗了大量能源”的最佳解决方案。从这个角度来说，Serverless是具有跨时代意义的，因此，“绿

① 对于无服务应用来说，花盆是容器，对于Java OSGi来说，花盆是程序依赖的编译及运行环境。

色计算”无疑是“画龙点睛”之笔。

Serverless的特征很多，如果选择几个词作为标签，除了“绿色计算”之外，笔者推荐使用“按需运行”。相比“绿色计算”这样抽象的说法，按需运行这四个字更为准确、朴实。

2. Serverless 的几大关系

学习的技术越多，学习者的困惑可能越多，“信息量大，并不代表知识量大”。因此，要先理清概念及关系，磨刀不误砍柴工。给学习Serverless的读者提个建议：不要把Serverless定位为开发框架或者技术工具集，而应该是软件架构思想和方法。

- Serverless与云平台的关系。Serverless是云计算发展过程的产物，是彻头彻尾的“云原生为业务赋能”理念的体现。从演变关系来看，Serverless的核心概念FaaS，是在“IaaS、PaaS、SaaS”这棵老树上发的新枝芽。Serverless能力落地的技术前提是拥有庞大的云平台环境。在实现方式上，可以是采购云平台供应商提供的Serverless产品，或者基于（如OpenWhisk等）开源框架进行自研实现。
- Serverless与微服务的关系。微服务架构中的架构量子是每一个微服务应用进程，Serverless架构中的架构量子则是函数。微服务从应用架构的层面入手，强调应用的解构，带来应用系统的灵活性。Serverless侧重点不同，更关注“为应用减负”，即将服务器移出架构的管理职责范围。对应用服务来说，Serverless函数无须部署到具体的主机上，两者的技术差异是根本性的，如果平台全面采用Serverless技术来承载业务应用，必然会有对微服务架构“取缔”的情况发生，常态运行的应用服务进程，被由事件驱动的、按需运行的FaaS函数取代。另外不要忘记，微服务是与云平台无关的，这是两者的最基本差异。
- Serverless与容器技术的关系。容器是云计算的技术基础，Docker、Kubernetes分别是容器引擎和容器编排的事实标准。基于容器的应用服务是预先部署，然后持续在线，基于容器的FaaS是按需加载和执行。Serverless与容器的定位不同，容器未来仍是重要的应用分发和部署格式，在这个领域，Serverless架构不会对容器的地位产生冲击，两者之间可以无缝结合，可以将Docker容器内运行的对象变为函数，通过集成FaaS框架，Kubernetes即能够运行这样的包含函数逻辑的容器。因此，容器可以作为实现Serverless应用的技术基础，当前行业现状即是如此。

- Serverless与平台技术架构的关系。对于架构主题来说，只要是中大型系统平台，交互关系、数据、通信、部署等作为主题来进行顶层架构设计的方法论是通用的，各个主题中的策略、原则也依然适用，这与是否使用Serverless无关。如果使用Serverless，我们可以将FaaS作为一颗珍珠嵌入系统平台架构这个大贝壳中。从技术能力视角来看，Serverless改变了后端应用服务的实现方式，对部分主流技术来说，Serverless在实现理念上带来的是颠覆性的影响，但是这种影响不能鲁莽地认为是一种冲突或者是取缔关系，例如在部署方面，如果使用Serverless技术，平台层面还是要设计全局的API网关，对所有的FaaS函数进行统一管控，对外发布HTTP Restful风格的服务接口，而且，API网关与函数之间并非直接调用关系，仍旧可以使用Kafka等消息队列实现两者之间的高速通信。数据库、缓存、日志等主要技术对象在平台中照常存在，定位也无实质性变化。让FaaS函数在平台中运行，这些当前主流的设计技术仍然必不可缺。
- Serverless与架构行业的关系。Serverless对架构行业发展有一个暗示，即作为发展的展望，在未来，企业架构师不会面对如此多的架构主题，数据库实现方式和应用部署方式在很大程度上已经由云计算供应商的架构所定义。架构师的用武之地是在其提供的框架规范下，琢磨自己的业务应用如何实现。那么，架构行业显而易见会出现多个方向，例如，面向“实现云计算平台的”和面向“企业业务应用领域的”架构师，两者的技能类型和发展目标是相异的，选择就职的公司类型也是不同的。这与Serverless产生的背景和发展的目标是吻合的，这样的趋势并非未来，现在已经有所体现。对架构师职业的影响，有些人认为Serverless会进一步压缩传统架构师的生存空间。这是一个见仁见智的话题，对于行业来说，如同人工智能一样，降低人的技能门槛，让软件做更多的事情，笔者认为这是正确的方向。

3. Serverless 的劣势

最后，基于行业现状，补充一下Serverless的劣势。从商业角度、战略角度上，Serverless完全依托于系统平台所在企业或组织的云战略及投资，目前情况下，多数系统平台自身并没有十足的把握和所需的技术力量，能够在短期使用开源方式来实现一套承载全部业务的Serverless技术平台，那么，无法回避的技术战略性问题就是，对云计算产品供应商的依赖性，以及相对不成熟的技术和支持服务的风险。

另外，全面应用Serverless，会带来对现有应用的颠覆式改造，以及测试工具、监控和运维方面的配套能力建设，还要考虑如何合理应对FaaS冷启动等很多技术问题。认为使用我们所了解的系统重构方法，即能顺利完成从现有应用到Serverless的升级替换，这是乐观主义的技术判断，有决策失败的风险。

因此，建议系统数量多、业务流量大，具有雄厚资金基础和技术实力的平台，可以多多尝试，否则可以保持观望，等待技术成熟度更高、投入成本更低时，再行动为佳。

8.3　隐私计算，数据与安全浑然一体

8.3.1　数据流通基石

8.1.1节讲到了Web 3.0的概念，准确地说，Web 3.0是一个概念轮廓，范畴很大，区块链、隐私计算、大数据、云计算都可视为Web 3.0中的核心概念和技术基础。那么从广义来说，所有以区块链、隐私计算技术打造的产品及应用，都能算作Web 3.0的产物。

众所周知，人工智能三要素包括数据、算法和算力，但仅凭数据要素、智能水平、计算能力这三大法宝，仍不能形成完整的生产力闭环。隐私计算则补齐了这最后一环，即安全流通。

1. 可信数字社会的一体两翼

区块链与隐私计算是新形势下数据流通的两个最核心的技术领域。区块链目标定位在数据的可溯源、难以篡改、公开透明、合约自动执行等方面，用于实现数据的安

全、可信、共享；隐私计算则侧重于保护原始数据的安全和隐私性，实现多方数据的融合计算。二者互补，实现数据所有权和使用权的分离能力，更好地保护用户隐私和信息安全，避免数据被滥用和泄露，构建“数据可用不可见、用途可控可计量”的可信流通模式。

以数据可信分享与流通为目标，以区块链、隐私计算两大技术领域为手段，一个目标和两大手段，三者形成了构建可信数字社会的一体两翼。这是对隐私计算的战略层面定位。

对于从业者的具体工作而言，可将隐私计算与区块链建立关联，从整体上关注两者的演进关系，如果能够从区块链的历史发展中取其精华、去其糟粕，隐私计算的发展必会受益匪浅。

2. 以区块链发展史为鉴

区块链技术的本质是利用广播式传输方式，在达成共识的基础上，对数据从结构、追溯、权限和验证上进行共治的去中心化、分布式、公开透明的信息化系统。

2.2节讲述了平台模式，平台模式催生了占据主宰者地位的平台型公司。打破这样的软件生态格局，当然不能指望反对互联网的凡夫俗子[①]的奋起反抗，分散的群体难以形成足够的合力，自然没有破局的可能。市场上急需一个新的重量级选手，曾几何时，区块链被寄予厚望，很多比特币爱好者认为，区块链是一个完整意义上的技术革命，能解决一切中心化运行机制或有关垄断的问题，因为区块链使得自身的网络数据对其他网络开放，并可以被方便使用。

事实证明，这个想法被夸大了。区块链解决了局部特定的问题，它使交易参与者相信自己发出的信息将会完整到达预定的接收者。但是，这样的信息交互并没有告诉双方是否可以信任对方，也没有办法告诉谁的付出与谁的商品和服务相匹配。平台在打造市场以及社群方面扮演了极其重要的角色，而以分布式交易账本为核心的区块链技术，仅是解决了信任问题中的一部分，或者说某些环节。

任何技术的市场生命力取决于其适用的场景，区块链诞生于数字货币领域，凭借分布式账本在全球技术圈迅速走红。除此之外，区块链在其他领域的发展空间到底如

① 指对互联网生态心怀不满的用户群体。

何？笔者了解一些国内区块链（应用创新）实践工作案例，来自基层从业者最朴素且发人深省的说法是："对于这些创新应用，区块链并不是刚需。"如果用与不用是一样的效果，那么这只是"为创新而创新"了。

对此，笔者的感触是，离开了数字货币的区块链像只无头苍蝇，晕头转向、乱闯乱撞。6.3节讲述了领域特征对技术决策的重要性，揭示了（领域与技术）二者之间的强关联关系。这里要进一步强调，如果将这二者解耦拆开，相互之间寻找新的对象进行重新组合，需要格外谨慎和小心求证。

除了区块链技术所适用领域的问题外，具体来说，对于国内区块链应用，当前主要存在的问题包括以下三方面。

第一，自主研发能力存在短板，难以支撑应用深度创新。在共识算法、数据存储等方面自主创新能力尚需进一步进化，身份安全、授权管理和生物识别等配套技术有待提升，以解决数字资产、数字身份等应用创新过程中提出的新问题。

我国仍存在开源社区话语权较弱、核心专利较少、基础设施与软件发达国家差距较大等困境，难以支撑未来数字资产交易规模化增长和自主化应用。

第二，联盟链缺乏有效治理机制，产业规模化增长受限。国内区块链应用中重技术、轻治理，仍由中心化机构发起建设，联盟的治理规则不完善、不透明，难以形成类似公有链的高公信力和认可度。

第三，区块链基础设施建设缺乏统筹，影响规模化应用。从整体层面看，各个城市、行业级区块链基础设施的技术标准不统一，跨链互联和互通问题已经制约了跨区域、跨行业、跨主体的规模化应用，对长期的健康发展带来了一定影响。

区块链在各领域的深度应用，必然会受到上述问题的影响，已经引起技术决策者们的思考。言归正传，回到本节的主题，区块链领域存在的问题，足以对隐私计算的发展敲响警钟。

3. 破解互联互通难题

数据要素的流通和利用并非一蹴而就，以人类食物和商品的流通来比喻，可以从三个发展阶段来探讨这个话题：第一个阶段是孤岛阶段，最为蛮荒的原始人，自己获取食物供自己食用，这是“自产自销、自给自足”的模式；第二个阶段是点对点的低效流通阶段，进入刀耕火种的年代，商品与食物在各家之间可以互换，这时还缺乏基础设施的支撑；第三个阶段是在广域上的可信流转阶段，所有人都信任货币，商品得以大范围流动和交易。

隐私计算，本为解决（第一个阶段的）数据要素孤岛和（第二个阶段的）点对点低效流动问题，进而能够实现第三个阶段的目标。但有点讽刺的是，不同厂商的隐私计算平台恰恰如同一个个孤岛，不同平台的算法实现方式、协议与功能接口各异，无统一标准可言，如需实现互通，需要大量的定制化适配和改造（例如额外开发中间层），互联互通的壁垒对大规模发展已造成明显的制约，这与区块链的“跨链互通难问题”如出一辙。为解决流动问题而生的软件，因为高度复杂度导致自身也成为数据流动的障碍。这好像是对必要多样性法则（3.2.2节所讲）的印证。

在区块链领域，不同链实现链上互通，技术上的问题主要体现在两方面：首先，如何通过分布式的方式验证原链上的交易状态；其次，如何保证跨链交易过程中原链上的token总量不会因为跨链而减少或增多。不同于传统应用系统，区块链在分布式事务方面表现不佳，这是区块链天生的架构短板。不论是使用侧链方案，还是使用中继链技术解决跨链问题，得到的永远是十分笨拙、蹩脚的方案。除此之外，还有一个影响跨链的问题是顾虑对链的独立安全性所产生的威胁。

底层之间互通的长远解决方案在于基础设施层的标准化建设，区块链服务网络①（Blockchain-based Service Network，BSN）正在加速建设。在技术特性方面，BSN几乎对全球所有主流的区块链底层框架进行了研究，实现了对全球范围内几十种成熟稳定的开源和商用区块链底层框架的适配纳管，并形成了一套区块链底层框架纳管的最佳实践标准。BSN实现了基于中继链跨链机制的跨链通信枢纽，支持平台内多种同构/异构链的跨链交易管理和交易处理。BSN虽然覆盖面有限（而且在BSN上构建链需要一定的成本），但是区块链从业者们还是应该对此模式寄予厚望。

对于隐私计算，解决跨平台问题当然也没有灵丹妙药可言，从技术角度看，可行之路唯有推进国家级、行业级标准规范的制定。由市场化敦促标准化，以标准化规范市场化，令两者相辅相成，几乎是任何前沿技术健康发展的最佳模式。

① 旨在提供一个可以低成本开发、部署、运维、互通和监管联盟链应用的公共基础设施网络。

挑战当然还不止如此，隐私计算技术通常会带来大量的额外计算及通信开销，这个道理很容易理解，因此不再赘述。即便如此，我们无须对现存的任何问题愤世嫉俗。任何领域的发展都是如此，中间不免有浪费的工作（可能是重复性的或是无价值的）和必要的试错，也不免会陷入散且乱的阶段，甚至不乏局部的矛盾。

8.3.2 隐私计算算法

广义上隐私计算的定义为，以“保护数据隐私的同时实现计算任务”为目的，所使用的一系列广泛的技术统称。隐私计算三种技术路线包括以下几种。

（1）多方安全计算（Secure Multi-Party Computation，MPC）。这是一种基于密码学的技术，它允许多个参与者在不泄露各自数据的情况下，共同计算出一个结果。这种方法通过密码学协议来确保数据的安全，广泛应用于联合统计、安全求交、隐匿查询等领域。MPC对算力要求高，对于大规模应用性能是其明显的掣肘。

（2）联邦学习（Federated Learning，FL）。FL本质上是分布式机器学习的一种，通过对各参与方之间的模型信息交换过程增加安全设计，使得构建的全局模型既能确保用户隐私和数据安全，又能充分利用多方数据。主要用于联合建模和联合预测。FL并不搜集用户的原始数据，不影响数据安全性，但需要注意的是模型本身难以保密。

（3）可信计算环境（Trusted Execution Environment，TEE）。这是一种基于可信硬件的技术，通过在隔离的硬件环境中（通常指在CPU上构建一块安全区域）运行代码来保护数据和计算过程，保证其内部加载的程序和数据在机密性和完整性上得到保护。硬件厂商是可信的，这是TEE的前提。

除了上述3种技术路线外，隐私计算领域中的重要概念还包括以下几项。

（1）同态加密（Homomorphic Encryption，HE）。同态加密是一类具有特殊自然属性的加密方法，可在密文域中进行数据运算的加密算法。与一般加密算法相比，同态加密除了能实现基本的加密操作之外，还能实现密文间的多种计算功能，即先计算后解密等价于先解密后计算。

（2）混淆电路（Garbled Circuit，GC）。混淆电路思想是利用计算机模拟集成电路的方式来实现多方安全计算，它将运算任务转换为门电路的形式，并且对每一条线路进行加密，在很大程度上保障了用户的隐私安全。

（3）不经意传输（Oblivious Transfer，OT）。不经意传输的含义是，接收方可以通过选择位选择自己需要的数据，而发送方在完成传输后无法知晓接收方的选择。因此，不经意传输也可以被称为“茫然传输”，对于接收方要获取哪些数据，发送方是茫然的，而接收方只能获取选择的数据，对于其他未选择的数据也是茫然的。

（4）秘密分享（Secret Sharing，SS）。秘密分享也被称为秘密分割，是一种对秘密信息的管理方式，它将秘密进行拆分，拆分后的每一个分片由不同的参与者管理，单个参与者无法恢复秘密信息，需要超过一定门限①数量的人共同协作进行合并，才能恢复秘密文件。

（5）差分隐私（Differential Privacy，DP）。与密码学方案不同，差分隐私不对数据进行加密，而是以在数据中加入随机噪声的方式对数据进行保护。差分隐私使得攻击者只有一定的概率能拿到真实的数据，从而限制了攻击者窃取信息的能力。

隐私计算的概念繁多，这会对初学者形成一些困扰。很有必要理清各个概念之间的范畴和层级关系。如图8-3所示，用通俗易懂的方式将本节这8个术语间的关系讲明白，相信对读者不无裨益。

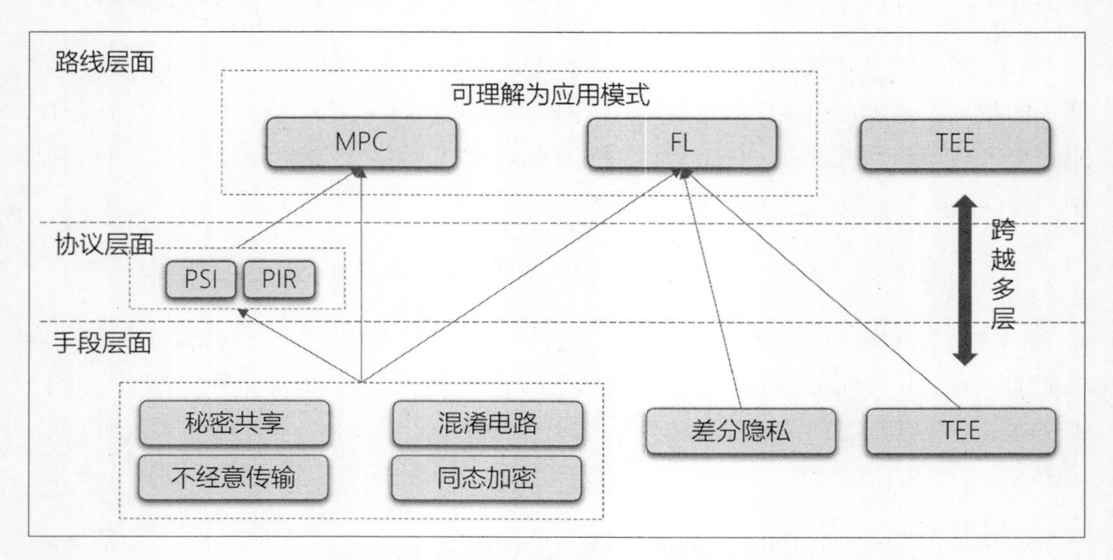

图8-3 隐私计算若干概念之间的关系示意图

① 门限是秘密分享中的术语，即比例的意思。

- 在路线层面，MPC、FL是基于算法的技术路线，TEE是基于硬件的技术路线。
- 在实现路线的技术手段层面，秘密共享、混淆电路、不经意传输、同态加密是实现MPC的4种技术手段。FL除了可使用这4种实现技术之外，也会结合差分隐私、可信计算环境等隐私保护技术。
- TEE的概念比较特殊，可以认为TEE跨越多层，既是技术路线，也是技术手段。当TEE被定位为技术手段时，完全可以将MPC、FL理解为应用模式，各概念之间的整体关系结构依然清晰易懂。

需要注意的是，这几个技术概念是隐私计算领域的绝对主角，但是绝对不能说隐私计算中只有这些概念。只要是能够用于实现数据安全计算流通的密码学算法，都可以纳入隐私计算体系。例如，MPC路线中有一种隐私集合求交（Private Set Intersection，PSI）协议，该协议使得持有数据参与方通过计算得到集合的交集数据。PSI协议的一种实现方式是被称为DH密钥交换的技术，其原理为：利用离散对数困难问题构建密钥协商协议来保证PSI协议的安全性。

因此，隐私计算的概念框架中，在路线、手段这两层之间，应该还有协议层。除了PSI外，隐私信息检索（Private Information Retrieval，PIR）协议也属于协议层的内容。

1. 秘密共享

秘密共享是密码学中的秘密分隔技术，目的是分散秘密泄露的风险，并且在一定程度上允许入侵。不论是电影里（将收集到的要素组合为一体，才能找到宝藏）的情节，还是IT部门（将密钥进行分段，分别交给不同授权人员保存）的重要密钥管理机制，其背后思想与秘密共享毫无二致。

截至目前，能够实现秘密共享的算法颇多，例如Shamir秘密共享算法、基于“中国剩余定理”的秘密共享方案、Brickell秘密共享方案。下面以（基于拉格朗日插值方法实现的）Shamir秘密共享算法作为示例讲解。

秘密数字S是13，将该秘密分享给5个人，即人数N为5，并确保在有3个（及以上）人在场时可以恢复秘密，即可恢复人数M为3。

（1）首先找到一个大质数P，保证其大于S和N，这个数字不难找到，例如可以是P=17。

（2）生成$M-1$个（2个）小于P的随机数，例如可以是$a=10$，$b=2$。

（3）N个人中，每个人编号为i，则每个人拿到的秘密$S_i=(S+a\times i+b\times i^2)\bmod P$，mod为模运算，mod P表示对P求余数，分别计算如下。

$$S_1=(S+10\times 1+2\times 1^2)\bmod 17=8$$

$$S_2=(S+10\times 2+2\times 2^2)\bmod 17=7$$

$$S_3=(S+10\times 3+2\times 3^2)\bmod 17=10$$

$$S_4=(S+10\times 4+2\times 4^2)\bmod 17=0$$

$$S_5=(S+10\times 5+2\times 5^2)\bmod 17=11$$

这5个数字就是分给5个人的秘密数字。

（4）当有任何3人（例如前3人）在场时，恢复秘密的方程组如下。

$$(S+a\times 1+b\times 1^2)\bmod 17=8$$

$$(S+a\times 2+b\times 2^2)\bmod 17=7$$

$$(S+a\times 3+b\times 3^2)\bmod 17=10$$

求解这个方程组，得到$S=13$，$a=10$，$b=2$，则原始秘密数字是13。

2. 不经意传输

不经意传输包括两个参与方角色，分别为发送方S和接收方R。本节例子中，发送方S拥有2条数据，接收方持有一个选择位。有研究工作证明，在现有理论框架下，不经意传输的实现必须要借助（非对称加密的）公私钥。基于公钥加密的不经意传输看起来十分简单，具体如下。

（1）S要发送2条数据，分别为X_1、X_2。

（2）R有一个秘密数据（可称为选择位）b，b的取值为0或者1。

（3）R生成公私钥对，记为（pk, sk），再生成一个随机公钥rk，但是R并没有rk对应的私钥。

（4）R根据b生成公钥序列，例如b为1时序列为（pk, rk），而b为0时序列为（rk, pk）。R将公钥序列发给S。

（5）S使用收到的公钥序列对数据进行加密。但是S并不知道两个公钥中哪个是真的。如果S收到（pk, rk），则用pk加密X_1，rk加密X_2，然后发送给R。

（6）R用sk对数据进行解密，可以获得X_1，但无法获得X_2。即R可以通过选择位b主动控制对数据的选择。

在这种情况下，发送方S根据公钥序列（pk, rk）能够推知接收方秘密数据b的成功概率不超过1/2。对于接收方R获取到的是X_1还是X_2，S是茫然的。虽然这是入门级别的二选一例子，但即便如多选一等更高级、更复杂的不经意传输算法，相比其他隐私计算算法仍是最容易掌握的。

3．同态加密

同态加密意在达到的目的是：可以在加密的数据上进行运算。举个最简单的例子，在隐私安全要求下不能直接计算1+2，但如果有同态加密函数C，我们可以使用$C(1)$和$C(2)$的计算结果，解密即可得到结果3。

与一般非对称加密方案相似，同态加密方案也是基于各类困难问题构造的。其特点是，构造困难问题和解决问题的难度不对称。以RSA所使用的大数分解困难问题为例，给定两个超大质数p和q，计算$n=p\times q$十分容易，但是如果只给出n，想要分解出质因数p和q，对于传统计算机[①]则非常困难。此类算法的方案一般是，在加密过程中进行困难问题的构造，在解密过程中利用私钥提供的额外信息解决问题。

本节简述实现加法运算的Paillier半同态加密方案，其算法基于合数剩余判断问题的困难性。同态加密当然不限于加法运算，篇幅所限，本书尽量用最短的篇幅和最易理解的方式，帮助读者去感受多个前沿科技领域的基本面貌。

1）合数剩余判断问题

方程$a=x^n \bmod m$的含义为a是某些数的n次方以m为模的余数。

如果以3为模，当x^n的值为3、6、9、12……这些能够被3整除的数字时，a=0。

① 强调传统计算机，在于给8.5节的量子技术埋下伏笔、留出空间。

同样以3为模，当x^n的值为4、7、10、13……这些数字时，a=1。

Paillier算法所依赖的合数剩余判断问题，其含义为：对于上面的方程，n为一个合数，而m为这个合数的平方，方程变为$a = x^n \bmod n^2$，在a为（0, n^2）区间的整数条件下，存在满足方程的整数x。这个判定已被论证是数学困难的。

2）密钥的生成

类似于RSA算法，Paillier也拥有公钥和私钥。首先要生成p与q，注意除了要求是质数之外，还要满足一个前提条件，即$p \times q$与$(p-1) \times (q-1)$两者互斥。为了简便起见（实际系统中所使用的数要大得多，越大越难破解），本例使用的是p=5、q=3，那么$p \times q$值为15，$(p-1) \times (q-1)$值为8，15与8这两个数满足互斥条件，即最大公约数为1。

计算合数n，$n=p \times q=15$，计算$\lambda=\mathrm{lcm}(p-1, q-1)$，lcm为最小公倍数函数，不难计算出$\lambda$=4。$\lambda$值十分重要，正是私钥的第一个数字。

选择一个随机整数g，g的含义等同于上面合数剩余判断问题方程中的a，即方程中对n^2取模得到的余数，那么其取值区间为$(0, 15^2)$，为减少不必要的计算量，本例中选择的g值为2。首先计算$g^\lambda \bmod n^2$，结果为$2^4 \bmod 15^2=16$。

定义函数$L(x)=(x-1)/n$，$L(x)$函数用于计算u值，u是私钥的第二个数字。将上段计算结果16放入$L(x)$函数，得到$u=L(16)=(16-1)/15=1$。

上述过程总共生成6个数字，分别为p=5、q=3、n=15、λ=4、g=2、u=1。至此，密钥生成完毕，n与g为公钥，λ与u则为私钥。

3）加密运算

假设被加密明文m的值为4，使用公钥n与g对m开始进行加密。

在$(0, n)$区间选择一个随机数r，为计算简单，本例选择r=1。

加密密文用c表示，$c=g^m \times r^n \bmod n^2= 2^4 \times 1^{15} \bmod 225=16$。可以看到，这个加密过程正是构造合数剩余判断问题的方程。通过增加这个困难问题方程，将原始m复杂化、不可逆化。

4）解密运算

对c值16使用私钥λ与u进行解密，得到m。

$m = L(c^{\lambda} \bmod n^2) \times \mu \bmod n = L(16^4 \bmod 15^2) \bmod 15 = L(61) \bmod 15 = 4$

5）加法同态性质

两个明文m_1、m_2，在$(0, n)$区间中选择两个随机数r_1、r_2，通过加密运算形成两个密文c_1、c_2，两者相乘：

$c_1 \times c_2 = (g^{m_1} \times {r_1}^n \bmod n^2) \times (g^{m_2} \times {r_2}^n \bmod n^2) = g^{(m_1+m_2)} \times (r_1 \times r_2)^n \bmod n^2$

由此可见，双方只需要提供密文，对密文的乘积进行解密运算，即可得到明文的求和，这就是同态加密的神奇之处。掌握算法的难度确实很大，因此相比其他内容，Paillier方案可以说是本书写作速度最慢的部分。网上搜索到的内容通常生涩难懂，令初学者望而却步，因此，笔者必须用自己的方式理解，用自己的语言表达。

作为入门级方案，Paillier仅是众多半同态加密方案之一，完整的同态加密除了半同态加密，还包括近似同态加密、全同态加密、层级同态加密等多种类型。由此可见隐私计算算法体系之庞大。

4. 混淆电路

大部分多方安全计算任务可以用一套电路表示，电路由门组成，具体包括与门、非门、或门、与非门等，每个电路门都有一张真值表。因此，可以用电路门逻辑形成查找表，从而不依赖加密算法的同态性质。这就是混淆电路方案的基本出发点。

举一个最简单的计算任务$f(a, b)$，如果$f(a, b)$的输入与输出逻辑是：

当a=0、b=0时，$f(0, 0)=0$；当a=0、b=1时，$f(0, 1)=0$。

当a=1、b=0时，$f(1, 0)=0$；当a=1、b=1时，$f(1, 1)=1$。

那么，这个计算任务是一个“与操作”，如果用电路门来实现，即一个“与门”。

基于混淆电路的计算任务中包含两个角色，分别为混淆方和计算方。大体流程是：第一，混淆方对明文加密，将明文和混淆电路表发给计算方；第二，计算方根据密文输入和混淆表得到一个密文输出，发给混淆方；第三，混淆方将密文解密，获得明文。

本节以逻辑电路的“与门”为例，介绍一个简单混淆电路的算法流程，A和B两方分别拥有数据X和Y（0或1），现在希望在双方都不知道对方数据的情况下，计算逻辑与的结果Z。其中涉及4张重要的表，如图8-4所示。在本例中，A是混淆方，B是计算方。

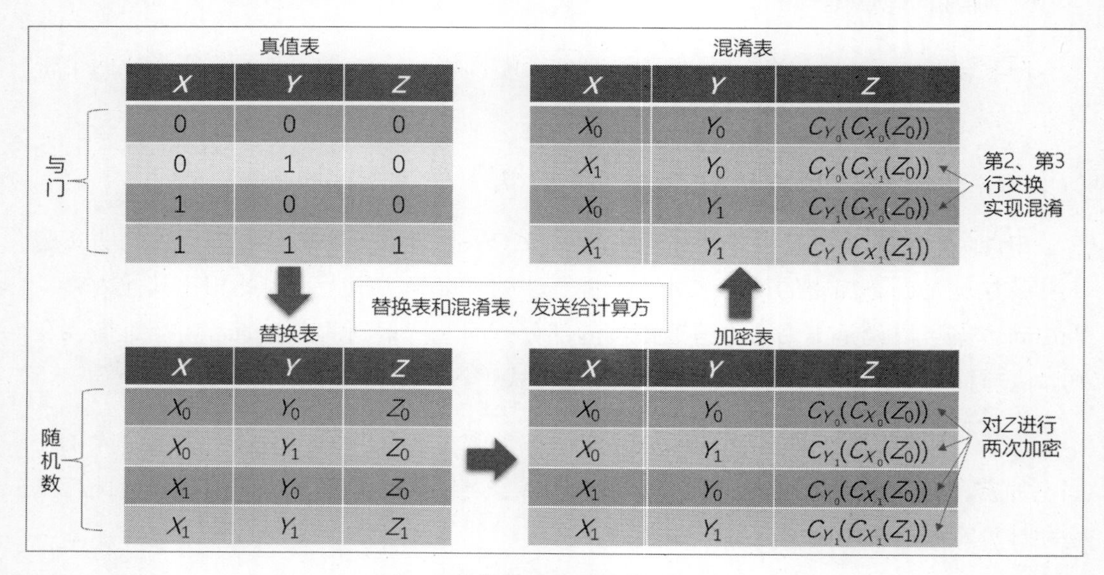

真值表

X	Y	Z
0	0	0
0	1	0
1	0	0
1	1	1

混淆表

X	Y	Z
X_0	Y_0	$C_{Y_0}(C_{X_0}(Z_0))$
X_1	Y_0	$C_{Y_0}(C_{X_1}(Z_0))$
X_0	Y_1	$C_{Y_1}(C_{X_0}(Z_0))$
X_1	Y_1	$C_{Y_1}(C_{X_1}(Z_1))$

替换表

X	Y	Z
X_0	Y_0	Z_0
X_0	Y_1	Z_0
X_1	Y_0	Z_0
X_1	Y_1	Z_1

加密表

X	Y	Z
X_0	Y_0	$C_{Y_0}(C_{X_0}(Z_0))$
X_0	Y_1	$C_{Y_1}(C_{X_0}(Z_0))$
X_1	Y_0	$C_{Y_0}(C_{X_1}(Z_0))$
X_1	Y_1	$C_{Y_1}(C_{X_1}(Z_1))$

图8-4　简单混淆电路算法的4张表

1）A生成混淆电路

对于与门，其真值表如图8-4中的左上表所示，这个表中实际存在6个数字。随机生成6个数（分别为X_0、X_1、Y_0、Y_1、Z_0、Z_1）对真值表进行替换，例如，X_1表示替换X=1的位置、Z_1表示替换Z=1的位置，形成替换表，如图8-4中的左下表所示。

A使用X和Y分别作为加密密钥，对Z进行两次加密，得到加密表，如图8-4中的右下表所示。

然后打乱各行，使加密表内容与行号无关，本例中笔者调换了第2行和第3行的顺序，这也是混淆电路中“混淆”二字的由来。最终得到混淆表（Garbled Table），如图8-4中的右上表所示。

2）A和B进行通信

现在开始进行实际的运算操作。A将自己的真实值替换为第一步生成的随机数，即X_0或X_1，发送给B。

为了能够使用混淆表，并且不能让A知道B的选择，这时双方要进行一次不经意传输操作。具体为，B向A获得Y列中真实值与替代值的对应关系，通过该关系B可以知道Y的真实值。B以自己的真实值（作为选择位）与Y匹配，选择Y值，例如，如果真实值为1，则B选择Y_1，如果真实值为0，则B选择Y_0。这个过程，B并未对A透露自己的真实值是1还是0，因此A不知道B选择了Y_1还是Y_0。这就是不经意传输要达到的目的。

3）B的计算

假如A的真实值是0，B的真实值是1，则B得到的是X_0和Y_1两个随机数，在混淆表中，通过X_0和Y_1对Z的两次加密密文进行解密，这4行中，当然只有$C_{y_1}(C_{x_0}(Z_0))$这一条可以成功解密。在这个例子中，解密结果得到的是Z_0。B将Z_0返回给A。

4）得到真实结果

Z_0只是A生成的随机数，对于B没有任何意义。但是A知道生成规则，因此可以知道Z的真实结果是0还是1。并且可以将Z的真实结果分享给B。至此，双方其实完成了A的真值0与B的真值1的与操作运算。

对上述操作流程进行总结：A端会生成布尔电路以及对应的真值表、替换表、加密表和混淆表，发送给B的是替换值和混淆表，然后B通过不经意传输协议拿到自己的替换值，从而对混淆表中的值进行解密。最后，将解密结果共享给A，得到真值结果，最后双方共享真值结果。在上述计算过程中，双方收发的都是密文或随机数，没有有效信息的泄露。

5. 差分隐私

前面几种算法保证的是计算过程的隐私性，而差分隐私保证的是计算结果的隐私性。与密码学方法主要依赖于问题的难解性不同，差分隐私的问题模型和隐私定义均依赖于随机性。

为何随机性能保护隐私？笔者以对N个人做一个问题调研为例。面对这个问题，任何人都可能为保护自己的隐私而不说实话，例如对于是否有过偷窃行为这样的问题。为了解决这个问题，可以设计一种随机调研机制，使得调研者无法从调查结果中准确推断个体的回答。即如果每个人的答案进行了随机化处理，那么即使他们说真话，也不必担心答案被知道，从而愿意如实回答。整个调研工作因此得以有效开展。

假如“回答为是”用1表示，“回答为否”用0表示，那么随机化机制怎么引入呢？可以用抛硬币的方法。算法是这样的，对于每个人的答案，抛硬币如果为正面（概率为1/2），则采用该答案，如果为反面（概率为1/2），则继续抛一次。如果第二次抛硬币为正面（概率为1/2），则令答案为1，为反面（概率为1/2）则令答案为0。

如果真实答案为有P个人回答的是1，随机处理后的结果是，有Q个人回答的是1。那么Q的期望值[①]为$(1/2)P+(1/2)\times(1/2)N$。

上段的结果是用P表示Q，将这个结果变为用Q表示P，那么P值为$2Q-(1/2)N$。

如上可知，N显然为已知数，拿到随机化机制的调查结果Q，即可推算出P值。这正是差分隐私的核心：提供有意义的整体数据统计量的同时，通过随机性保护了个体数据的隐私。

本节内容初步展示了隐私计算核心算法的大体面貌，不难想象，仅凭传统架构技能，并不能胜任隐私计算平台的设计与开发。在区块链、隐私计算、机器学习、大模型等前沿领域，建立核心竞争力更多是依靠数学、线性代数、概率论与统计等学科能力，这已成为未来趋势。传统架构和计算机编程虽然还可以作为谋生手段，但是可被替代性无疑会越来越高。用工具进行编程，是否有一天会成为如同骑自行车、游泳一样的通用技能？AI和自动化工具正在加速这样的进程。同时，各类软件套件与工具的日趋成熟，消息管道、数据库、反向代理、微服务开发包……这些都可以拿来即用。技术手段日益丰富，其结果必然是系统设计与开发的门槛大幅降低。架构工作的价值，更多体现于设计思想、思维与方法，通过深入思考、积极实践，持续不断地优化设计过程、提升创新能力。

8.3.3 主流框架简析

本节回到软件架构层面，以FATE为例，对隐私计算系统的技术实现一探究竟。FATE是由微众银行发起的开源项目，拥有大量的开发者。通过调研可发现，多家开源隐私计算平台在整体架构设计思路上有较高的一致性，从分层整体框架来看，底层是各种算法和协议的实现与封装，上层则以计算任务及调度为核心。除此之外，还包括

① 第一次抛硬币，得到答案为1的人数为$(1/2)P$，第二次抛硬币，得到答案为1的人数为$(1/2)\times(1/2)N$，两者之和是答案为1的总人数。

数据管理、资源管理等支撑组件，这些基础、公共型功能在任何大型系统平台中都是必备的。作为Fate平台运行的调度系统，Fate-Flow是执行并管理任务的核心组件，主导安全计算工作流程。

如图8-5所示，Fate-Flow由Fate-Flow客户服务（也可称为客户代理）和Fate-Flow服务器两个独立部分组成。Fate-Flow客户服务是帮助用户向服务器提交任务的客户代理进程，Fate-Flow服务器是持续运行的守护进程。

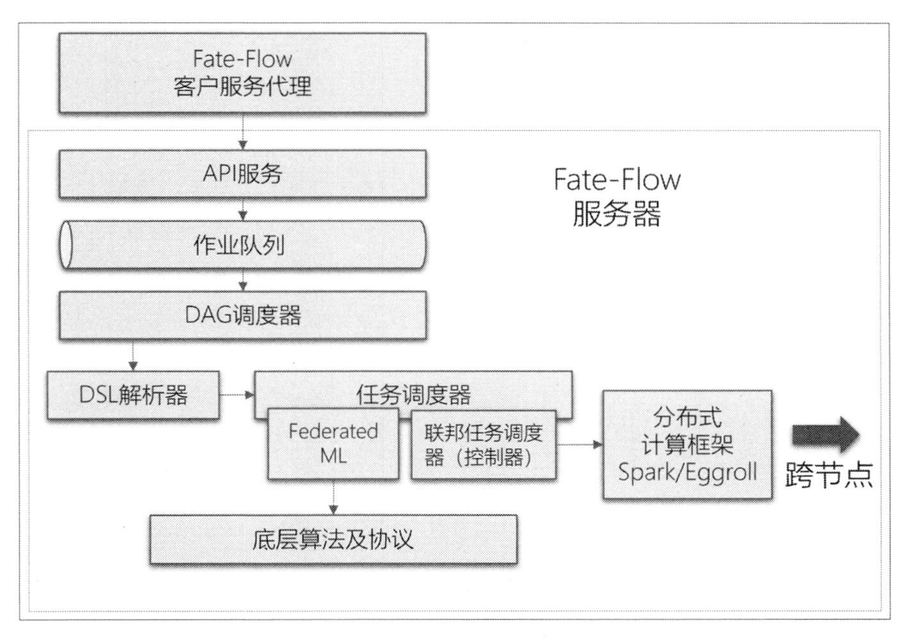

图8-5 Fate-Flow核心组件逻辑结构示意图

（1）启动时，Fate-Flow服务器对底层的资源管理模块、任务调度模块、数据及文件系统进行初始化操作，并创建多线程HTTP（提供包括数据上传、作业提交和模型加载等功能的）服务端口，监听并接收任务请求。另外，Fate-Flow服务器定义gRPC服务接口，用于实现分布式集群中各个计算节点之间的数据传输。

对客户代理使用HTTP，而在集群节点间使用gRPC协议，这是当前主流的分布式通信实现方式。

（2）当Fate-Flow客户服务发起联邦学习作业时，向Fate-Flow服务器发起HTTP POST请求，提交并注册数据集。

（3）指定作业中的任务构成所需的数据集后，Fate-Flow服务器将作业信息发送给作业队列，由DAG调度器执行作业调度。作业队列实际是典型的消息中间件，从架构层面看，通过消息中间件将HTTP请求与后端计算任务执行进行解耦，是经典架构思想的体现。

（4）DAG调度器负责管理作业队列，根据进度更新各个作业的状态。首先通过DSL解析器解析作业信息，将作业拆分为多个模块化任务。然后将分解后的任务发送给任务调度器进行调度。至此，实现了由作业到数据读取、隐私求交、模型训练等具体任务的转换，开始进入任务的具体执行过程。一个作业由若干任务组成，任务是Fate-Flow中最小的调度单位，Fate-Flow将任务的执行独立为隔离的进程。

（5）任务调度器中的联邦任务调度器也称为控制器，管理各个隐私计算节点的任务运行进度。联邦任务调度器是远程任务的调度模块，提供若干远程任务调度接口，包括任务的创建、启动、停止等功能，各计算节点通信使用gRPC通信机制。根据分布式计算框架的不同，跨节点通信组件的实现方式各异，若使用Spark计算框架，跨节点组件使用Nginx，若使用Eggroll计算框架，跨节点组件则使用Roll Site。

（6）任务执行器负责具体计算任务的执行工作，调用Federated ML模块完成对应的读写操作和计算操作。执行器通过命令行的方式从任务调度器获取任务参数，包括任务类型、预算数据等配置信息。Federated ML中的各个模型对象（如逻辑回归模型），均继承ModelBase类，ModelBase根据任务信息，确认需要完成对应功能中的（例如拟合、预测等）具体运算，构建运算列表，调用Fate平台的底层算法和协议接口，执行具体运算。

篇幅所限，本节对Fate-Flow的简析只能算作对市面主流隐私计算平台技术结构的初探。俗话说“万事开头难”，本章的目的是希望以最短的时间、最容易的方式、最低的成本，帮助读者达到当前热门前沿技术领域的入门者水平。

8.4　通用智能，语言大模型步入凡尘

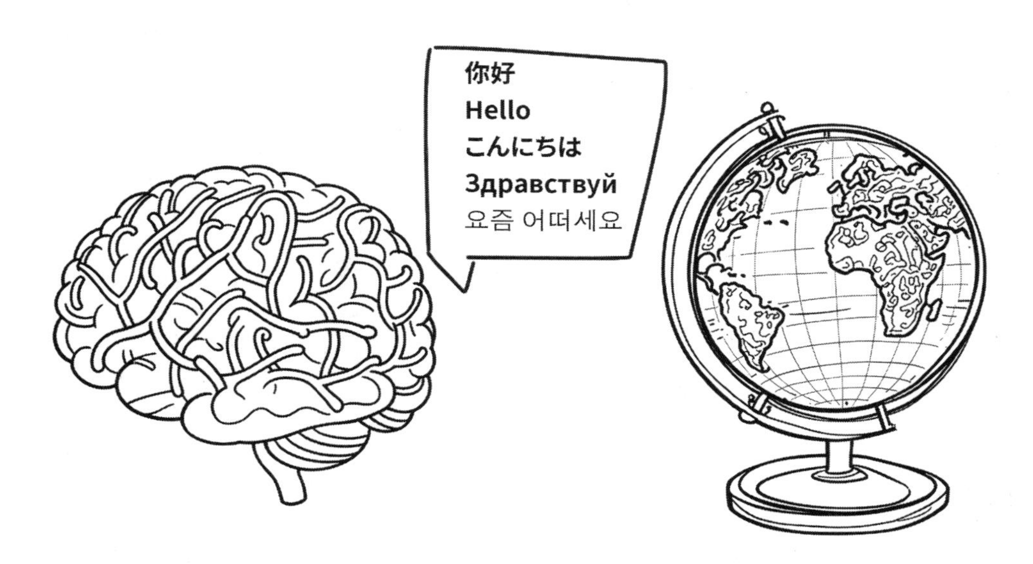

8.4.1　1个程序和1个参数文件

讲到大模型，首先要区分角色。大模型的生产者与消费者，两类不同群体看待大模型的视角截然不同，各自所关心的内容更是天壤之别。本节，笔者作为（利用大模型赋能）智能化应用系统的建设者，以大模型使用者的角色分享对此领域的认知和设计经验。

大模型来源于机器学习中的神经网络模型。

（1）方程$Y=aX+b$可以代表一条直线，直线的具体形态取决于方程的斜率a和截距b。如果从机器学习的角度来讲，用给出的一组X值和Y值可以推算a值。在机器学习领域，方程被称为模型。不同种类模型中参数值的含义不同，在神经网络模型中，a不再被称为斜率而是权重，b则被称为偏置项。方程也好，模型也罢，核心就是数学函数。

（2）模型训练的过程就是找到最佳的权重a和偏置项b，使得预测值y与真实值之间的误差最小。假如推算的a值是2、b值是0，方程即$Y=2X$，那么对于未来任何的X值，

都可以通过计算得到Y值。但是，a是推算的，因此这个方程非百分百准确。对于任意X，得到的是预测的Y值，a越准确，预测的值就越接近真实。

如果设定一个偏离度算法或损失衡量方法（对于直线模型，通常用均方差公式），那么只要Y的准确度（或逼真程度）达到某个阈值，我们就可以接受a=2这个结果。

推算a的过程叫作模型训练，验证a的过程叫作模型评估，如果没有达到阈值，则意味着未能通过评估，不能接受a=2这个结果，还要继续训练。训练迭代过程的本质是优化算法的运用，例如著名的梯度下降法。模型每次迭代更新时，计算当前a和b对应的预测值与真实值之间的误差，然后根据误差的梯度，即误差对a和b的偏导数来更新a和b，这就是梯度下降的基本思想。

（3）什么是基于概率的模型？在千万个现实的语料中，“打篮球”这个词出现的概率比“打篮筐”当然要高，那么通过机器学习形成的语言模型，遇到“打篮”二字后，预测下一个字时，“球”字的权重比“筐”字更大，因此模型给出的推测是球。

为易于读者理解，本例只是关注了词汇自身的（天然）概率。实际上，通用人工智能算法回答问题时计算每个词的概率，还取决于与“其理解的问题含义”的匹配度。

（1）～（3）中，模型、权重、偏置、训练、评估这几个重要概念，在整个机器学习领域是通用的。理解这段浅显易懂的话，对理解大模型很有帮助。

（4）仅仅通过一条直线，能表达的含义当然太简单。那么，要想达到模拟真实世界的目标，只有使用更复杂的模型。神经网络模型仿照人脑神经元工作原理设计，是复杂模型中的佼佼者。除了仿生方式，人类好像还找不到其他更好的路径，也就是说，目前没有比神经网络模型更好的模型。

神经网络模型在被广泛认可并应用于人工智能[①]之前，有过一段曲折历程。神经网络模型的核心，是受生物学启发的、层次分明的、相互连接的决策单元矩阵，其最初的数学模型在1943年被提出。相比于其他的人工智能算法（例如支持向量机算法），基于神经网络模型的算法应该算是“老古董”了。

李飞飞博士在2010年举办了“ImageNet大型视觉识别挑战赛”，2012年该比赛进行到第三届时，一个名为AlexNet的神经网络算法脱颖而出，以绝对的优势获得第一名。

① 今天的Transformer结构的本质，正是优化、加强版的神经网络模型。

此时数据集的作用还没有得到足够认识，神经网络算法也被称为“非正统”的算法，不仅尘封已久，不够新颖，也没有人会预想到它特别适合ImageNet这样的超大型数据集。经过大规模图像训练之后，AlexNet算法的识别准确率远非其他种类的算法可比①。

切换到哲学视角来看待这个话题，神经网络算法的独特思想在于忠实于生物的进化本质，它没有预先决定应该寻找哪些数据特征，而是让神经元在没有人工干预的情况下，逐渐地进行自我学习。虽然科学技术成果中处处可见哲学思想的身影，但是在笔者心目中，神经网络模型成功地将“自然生命体”与“计算机智能”两者合二为一，无疑是技术哲学的最经典案例。

（5）普通的神经网络模型，当然还无法达到模拟真实世界的能力。要增强神经网络模型的能力，只有继续增加神经网络的复杂度。这与人脑是一致的，脑突起越多，可以创造的神经元连接越多，智力越强大。对于神经网络模型而言，增加的复杂度是神经网络的层级深度，以及每层的变量数量，这两个维度相结合就是所谓的参数规模。

神经网络模型是个对万物皆可用的模型，既然是对一切通用的，那么一定不是量身定制的。要想得到这样的模型，除了暴力的海量计算，也就没什么其他美妙、文雅的方法了。这就是模型训练的含义。

（6）当参数量达到几十亿级别时，系统发生了涌现现象，其智力得到了巨大提升，提升到可与人的智力相比较时，这就是通用智能，通用的含义即暗指其智力已经达到能够理解真实世界，甚至具备举一反三的（泛化）能力。此时，这个模型就演变成了大模型。

（7）通用智能的智力如果还是无法满足应用场景所需怎么办？这就需要对训练后的模型进行微调，在当前权重基础上，通过少量高精度、高质量的场景语料，对权重值进行优化。其实微调的过程就是训练的过程，不同之处在于训练需要对随机初始化的参数进行大规模的改动，微调则是少量改动。

继续使用上面Y=2X的例子，假如使用数据[X,Y]={1,3}对这个模型进行微调，开始的时候，当X=1时得到Y=2，2与真实值3相比结果偏小，那么进行微调时a可能会被调整

---

① 李飞飞博士创建了ImageNet数据集，与此同时，硬件芯片的算力在不断地提升，在这两者的助力之下，人工智能视觉算法取得重大突破，并推动了新一轮深度学习革命的开启。应该说，数据、算法、算力成为人工智能舞台上的三大主角，在那时已成必然之势。

为2.1，这时Y=2.1，与真实值3相比结果还是偏小，那么继续增加a。如果如此递进，则需要10次才能得到准确的模型。如果之前训练后预测的a不是2，而是2.9，那么只需要1次调整即可达成。初始值不同，2还是2.9，需要的调整次数和难度截然不同，一个需要10次，一个需要1次，这就是预训练与微调的本质区别。

上段这个例子算是点到为止，旨在说明微调与预训练的关系和区别。实战算法比这要复杂、高深得多，大模型的微调技术，根据方法和层级的不同，可以有SFT（监督微调，Supervised Fine-Tuning）、Lora（Low-Rank Adaptation of Large Language Models，大模型的低阶自适应）、RHLF（人类反馈强化学习）等多种方法。有兴趣的读者可另行学习。

（4）～（7）讲的是大模型的智力来源。对于智力涌现，人类可能还无法客观解释其原因。关于神经网络的神奇之处在于，专家完全知道其架构（如Transformer模型）的细节，清楚地知道不同阶段发生的所有数学计算，不论是注意力机制，还是编码器和解码器结构，都难不倒他们。几十亿参数分布在大模型中，专家知道如何迭代优化这些参数，使其在预测下一个单词的任务中表现得更好。但是，没有人知道这些参数表示什么意思，在做什么，是如何协同工作的。语料数据并不包含所有方向的关联信息，模型对训练数据的深层次理解和处理，尝试重构和推断可能的答案，对人类来说仍旧是个谜[①]。这也无可厚非，人类对自己的大脑和智力的产生好像也解释不清楚。这正是涌现的魅力。

从技术角度看，大模型的智力到底藏在哪里？这就是大模型的参数文件，参数文件是权重值的合集，存放着数以亿计的权重值。那么，可以将大模型抽象地视为一个神经网络模型程序和一个巨大的参数文件。参数量越大，大模型智力的潜力越大，权重值的准确性越高，大模型智力的水平越高。

这两个组件的结合让大模型具备了令人惊叹的能力。只需一台装有适当软件的计算机，我们就能与之交互，无须连接互联网或依赖其他外部资源。Meta开源的目前最受欢迎的Llama2 70B模型，可以被简单地理解为计算机文件系统目录中的两个核心文件：run.C和parameters文件，前者是神经网络模型程序运行代码文件，后者是模型的参数文件。

① 对于这个问题，读者可以关注一个更为前沿的研究方向——可解释性人工智能。可解释性人工智能试图将神经网络近乎神奇的计算进行简化，转换为人类可以仔细研究和理解的形式。

在这个模型中，每个参数都采用16位浮点数（2B）来存储，累计起来，parameters文件的体积达到了140GB（参数规模70B意味着有700亿个权重值，700亿×2B=140GB）。这一数字不仅反映了模型的复杂性，也预示着其强大的处理能力。

运行Llama2模型代码文件的简洁程度真是令人意外，大约500行的C语言代码便足以实现整个神经网络的结构。将代码文件进行编译，并链接parameters文件，那么就形成了一个完整的Llama2 70B大模型。这时便可以与之交互，向模型提出请求，无论是查询信息、撰写文本、编写程序、解答问题，还是其他复杂的任务，Llama2 70B都能根据其训练所得的知识库给出响应，提供卓越的表现。

想用上面两千多字把大模型讲清楚无异于痴人说梦，但在有限篇幅内，我想不出其他更好的办法。希望这些内容，能够用最通俗的方式帮助未从事过机器学习的人，了解一下大模型是怎么回事。现实中的大模型训练无比复杂，模型训练阶段可以被视为一种对海量互联网数据进行“压缩”的过程。在这个阶段，目标是从广泛的数据中提取有用的信息和模式，并将这些知识以参数的形式存储在模型中。这一过程需要巨大的计算资源，尤其是对于拥有数十亿乃至数百亿参数的大模型而言。还是以700亿个参数的Llama 2为例，完整的训练过程，需要6000张GPU卡花上12天时间，从大概10TB的互联网数据中得到一个大约140GB的“压缩文件”，整个过程耗费大约200万美元。

最后看一下大模型是怎么工作的。

以大语言模型为例，其工作原理是基于一个核心任务：依靠包含压缩数据的神经网络对所给序列中的下一个单词进行预测。当一个句子片段是“我爱中”时，模型会动用其内部的亿万参数，通过神经元的相互连接探索这些词汇之间的潜在联系。每个神经元的连接都代表了特定的语言模式或知识片段，模型便沿着这些连接寻找最可能的下一个词语，然后给词库中的每一个词一个概率，概率最高的就是下一个最合适的词汇，比如“国”字的概率最大，就形成了“我爱中国”的完整句子。

高深莫测的大模型竟然只有一个神经网络模型程序和一个参数文件，这不仅有些令人惊讶，更是对那些过度繁复、臃肿系统的莫大讽刺。如此简单的运行态架构是对大道至简技术观的最佳诠释。

8.4.2 自然语言模型的发展历程

1. 基于规则的模型

自然语言处理领域早先使用的是基于规则学习的模型。例如，使用词典文件作为依据进行中文分词任务；利用修饰程度词典可以实现基础的识别引擎，进行情绪识别任务；运用语法树结构实现文本内容到机器时间的自动转换，从而进行自然语言理解中的时间解析任务。

时至今日，基于规则学习的方法仍然被很多线上应用采用，其中最为人熟知的代表是开源搜索引擎Lucene的中文分词器。即使大模型已经统治了大语言处理领域，但是仍要强调“恰如其分”这一架构思想的重要性：如果使用小模型能够完成任务，且具有利旧性好、成本低的优势，那么完全没有必要使用基于深度学习的复杂产品。有些使用正则表达式技术即可以完成的任务，勿要本末倒置、舍近求远去寻求人工智能解决方案。

2. 基于传统机器学习的模型

基于规则的模型的天生限制在于：规则是固定的，难以穷尽更多的语言内容，在更复杂的语言场景下显得束手无策。此时，基于传统机器学习的自然语言处理应运而生，比较著名的模型包括解决中文分词问题的隐马尔可夫模型、解决命名实体识别的条件随机场模型及解决情感识别的朴素贝叶斯模型。

既然是机器学习，那么必然要有训练样本，读者也许听说过“人工标注”这个词，为了训练模型，需要大量的人工对采集（或选用）的人类语言样本进行人工分词和各类标注工作。用人工构造好的特征来教育模型，让模型最终也具备这样的能力。这个领域有个重要概念叫作特征工程，选择样本、分析和构造样本、人工标注样本是特征工程中的主体工作。

在模型智能能力方面，比不上基于神经网络的模型，在简易性方面，不及基于规则的模型，基于传统机器学习的自然语言处理几乎退出了舞台。这个世界确实很难找到固定规律，对于很多事情，极左或者极右都不是好的处理方式，“左右逢源、求取折中”才是至上的选择。但是，很多情况下结论又恰恰相反，“左右都不靠”意味着一无是处，如果不能两全，则必须放弃一面，在另外一面具有独特优势。

3. 基于深度学习的模型

与传统机器学习相比，基于深度学习模型的核心在于使用的是更强大的神经网络结构的模型，最具代表的是卷积神经网络（CNN）模型和循环神经网络（RNN）模型。

CNN模型利用不同卷积窗口提取特征，最早是用在图像处理领域。局部卷积技术能更好地捕捉细节特征，利于更准确地洞察文本意图，因此，在自然语言处理任务中，CNN更擅长短文本识别。RNN模型是序列模型，其结构本身与文本序列一致，常被用来解决长文本类任务场景。如果对长文本做一个概念上的界定，可以认为超过30个字就算作长文本。由此可见，所谓长文本与短文本，与人类心目中的认知无关，指的是基于深度学习的模型所认为的长与短。

相比传统机器学习模型，CNN模型与RNN模型的核心优势在于不依赖人工构造特征，它们本身是非常优秀的自动化特征提取器，可以免去使用人工对样本做特征构造的工作量，样本量越大，这样的优势越明显。

4. 基于 Transformer 结构的模型

Transformer结构由谷歌团队提出，该结构分为左右两部分，左边为编码器，右边为解码器，内部包含位置编码、多头注意力机制、残差反馈、前向网络等结构。多头注意力机制是Transformer中最值得被关注的部分，它完全基于注意力机制，摒弃了循环和卷积操作。相比RNN模型，Transformer在关注文本局部信息方面更胜一筹，相比CNN模型的相对较小的卷积窗口，Transformer的注意力机制更为彻底。

谷歌发表了一篇名为*Attention is All You Need*的论文，正是因为无比强调注意力机制的重要性，Transformer在大模型领域具有无与伦比的地位。Bert、ChatGPT这些大模型无一例外使用了Transformer结构。

注意力机制是真正理解语言含义的核心要素。例如，对于“张三不仅学习成绩好，而且人还很勤劳”这句话，如果单独看句中“人”这个字，会发现“而且”和“还”是距离它最近的两个词，但这两个词并没有带来任何上下文信息，反而“张三”和“勤劳”这两个词与“人”的关系更密切，这句话的后半句的意思是“张三人勤劳”。这个例子告诉我们：词语位置上的接近程度并不总是与意义相关，上下文更重要。

8.4.3 大模型注意力机制简析

自然语言处理的第一步就是分词，而后将词表示为某个向量，这样词义的语义信息就能以数值的形式表达出来，这个过程被称为“词嵌入”（Word Embedding）。词嵌入技术的基本原理源于语言学的“分布假说”（Distributional Hypothesis），即“一个词的含义可以通过其上下文来体现”。预测一个词在给定上下文中出现的概率，就可以得到这个词的向量表示，这些词嵌入能捕获到词语之间的语义和语法关系，例如近义词的向量在空间中会更靠近，而反义词则会更远离。此外，它们还能捕获到词语的一些其他特性，（词嵌入）向量的每个维度都具有潜在的意义，包括性别、复数、时态等。假如第一个维度用于表征“阴柔之美”，这个维度的值越大，该词与女性相关联的可能性就越大。

笔者对词嵌入给出一个简短的定义：将单词进行特征化，并用向量进行表示的技术。词嵌入相当于将一个单词嵌入到一个多维的特征矩阵中，在每个维度的值代表着这个单词在这个维度的特征。

在词嵌入的空间中，相似的词出现得更近或具有相似的嵌入。例如“程序员”这个词与“程序”的关系比与“手表”的关系更大。同样，“手表”与“闹钟”的关系比与“大米饭”一词的关系更大。所以，如果“程序员”这个词出现在句子的开头，而“程序”这个词出现在句子的结尾，虽然两者位置距离较远，但是相似度较高，它们应该为彼此提供更好的上下文。这与人类对语言的直觉是一致的。注意力机制的高超之处正在于此。

回到“张三不仅学习成绩好，而且人还很勤劳”这句话，到底怎么通俗易懂地理解自注意力的实现方式呢？句子中的每个词被（初始算法）设置为某个词嵌入，用符号A（第一个词“张三”为A_1，第二个词“不仅”为A_2……以此类推）表示。注意力机制的思想是应用某种权重或相似性，让初始词嵌入A获得更多上下文信息，从而获得最终带上下文的词嵌入，用符号Y（第一个词“张三”为Y_1、第二个词“不仅”为Y_2……以此类推）表示。由A到Y的转换过程①如下。

① 因为并非是大模型领域书籍，本节只是用很粗略的方式帮助读者了解大模型的注意力机制，其中的函数公式仅是示意性的，这就像是写程序前，先编写伪代码一样。这样有助于先理解整体的含义，尤其对于新手，或许是颇为有效的方法。另外，本节没有再用篇幅去讲述多头注意力机制，对于想深入了解“多头”含义的读者，需要另外学习。

- A分别与$\boldsymbol{W}_q$（查询权重矩阵）、$\boldsymbol{W}_k$（键权重矩阵）、$\boldsymbol{W}_V$（值权重矩阵）三个权重矩阵相乘，做三次线性投影，转换成为查询（Query，简称$\boldsymbol{Q}$）、键（Key，简称$\boldsymbol{K}$）、值（Value，简称$\boldsymbol{V}$）三个矩阵。公式表示即为：$\boldsymbol{Q}=\boldsymbol{A}\times\boldsymbol{W}_q$，$\boldsymbol{K}=\boldsymbol{A}\times\boldsymbol{W}_k$，$\boldsymbol{V}=\boldsymbol{A}\times\boldsymbol{W}_V$。$\boldsymbol{W}_q$、$\boldsymbol{W}_k$、$\boldsymbol{W}_V$是Transformer大模型在预训练阶段时，通过神经网络反向传播训练出来的（神经网络中的）连接权重矩阵。
- 将$\boldsymbol{Q}$与$\boldsymbol{K}$相乘，再用Softmax函数对这组权重进行归一化处理，计算出注意力得分矩阵，公式表示为$\text{Softmax}(\boldsymbol{Q}\times\boldsymbol{K})$。
- $\boldsymbol{V}$与注意力得分矩阵相乘，得到最终的$\boldsymbol{Y}$，公式表示为$\boldsymbol{Y}=\boldsymbol{V}\times\text{Softmax}(\boldsymbol{Q}\times\boldsymbol{K})$。

注意力机制的实现，即是通过如上步骤方法为输入文本中的每个词添加上下文含义的过程。用$\boldsymbol{Q}$、$\boldsymbol{K}$、$\boldsymbol{V}$解释公式$Y=\boldsymbol{V}\times\text{Softmax}(\boldsymbol{Q}\times\boldsymbol{K})$的含义，即是：$\boldsymbol{Q}$用于查询，$\boldsymbol{K}$用于匹配，$\boldsymbol{V}$提供被加权的信息，通过计算$\boldsymbol{Q}$和$\boldsymbol{K}$的点积来衡量注意力分数，进而决定$\boldsymbol{V}$的加权方式。注意力机制的高超之处在于该过程与句子的长度基本无关。

可以看出Y的来源都是A与权重矩阵的乘积，本质上是A的多次线性变换，注意力机制允许输入与输入之间彼此交互，并找出它们应该更多关注的注意力。注意力机制输出的是这些交互和注意力得分的总和。这样的结果是，"张三"这个词现在更倾向于"成绩好"和"勤劳"，而不是紧随其后的词。

查询、键、值这三个词来自数据库查询领域的术语，常用的说法是：一个查询动作是找到与键值相匹配的那条数据，返回数据的值。注意力机制通过Query与Key的注意力汇聚实现对Value的注意力权重分配，生成最终的输出结果。或者简单解释为，给定一个Query，计算Query与Key的相关性，根据该相关性找到最合适的Value。这与数据库查询思想有异曲同工之妙，因此复用了这些数据库领域的词汇。

神经网络模型和注意力机制早已问世并应用于自然语言处理等人工智能领域，因此，从技术原理层面看，大模型绝非是科学领域的新鲜事物，而是工程技术层面不断积累形成的突破。笔者认为，大模型把这些做得更好，主要是因为以下两方面。

第一，Transformer结构模型能够充分利用现代硬件的并行计算能力，将单路（串行）处理进化为多路（并行）处理，可以同时处理所有输入元素，单位时间内处理文字量因此得以大幅提升。

第二，多头注意力机制可以理解（如10KB级别的）长文本中各词的上下文语义信息，为大模型赋予了其他自然语言处理技术难以企及的智力水平，或许可称此为大模型的灵性。正是多头注意力机制使得大模型能够在众多的硬核技术中鹤立鸡群。

8.4.4 算力平台与业务流架构

对于较大模型算力平台的搭建，非通用交换机可胜任，需考虑使用与大模型GPU服务器相匹配的算力密集型交换机。这意味着需要将算力平台作为单独的命题进行架构设计。具体较大规模是怎么定义的，当然没有准确答案，笔者认为可以20P[①]以上算力为参考。大算力平台的整体设计参考如图8-6所示。

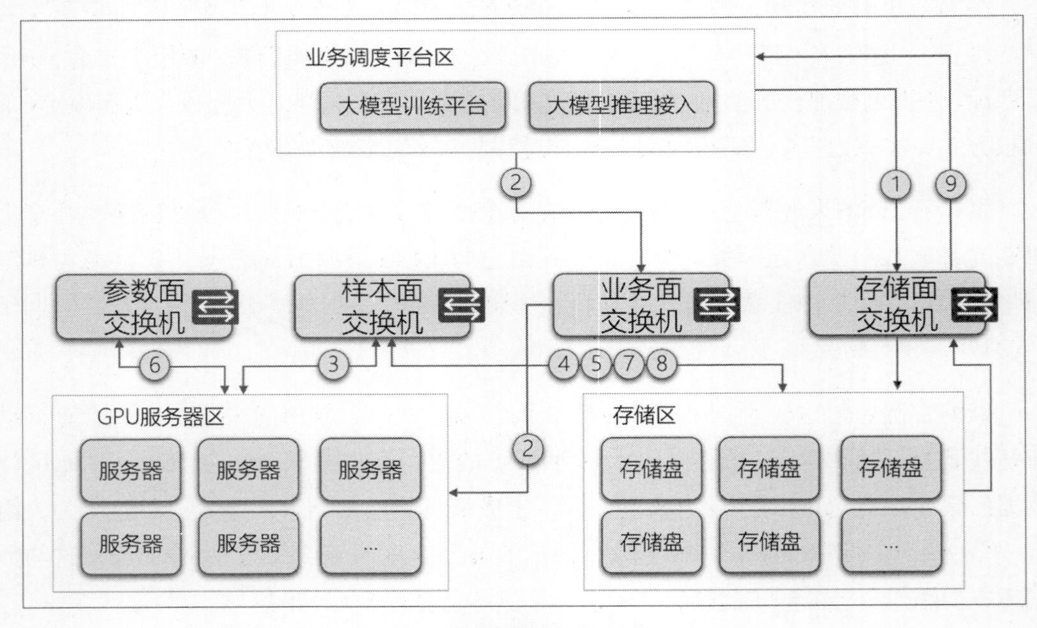

图8-6 大模型算力平台设计

1. 算力平台专区

单独划分网段进行组网，专区内包括3个重点区域，通过汇聚（或接入）交换机对各区域进行隔离。

---

① P是Petaflops的简称，表示每秒能够进行1000万亿次的固定精度计算。T是Trillion的缩写，表示万亿，1P=1000T。在具体应用中，算力单位是FLOPS（每秒浮点运算次数），浮点数据类型为FP16。例如，某GPU算力值为192TFLOPS@FP16，即0.192P算力。如果数据类型是FP32或INT8，则要进行相应的转换，例如，某GPU算力值为624TFLOPS@INT8，转换后应为312TFLOPS@FP16，即0.312P算力。

（1）GPU服务器区：承载大模型运行程序及大模型参数文件，负责运行大模型的训练和推理。

（2）专用存储区：作为大模型的输入盘，存放模型训练、微调的语料文件；作为大模型的输出盘，存储训练后的模型文件。

（3）业务调度平台区：可以使用通用型服务器，部署内容包括：大模型的训练平台和推理平台、多模型统一纳管平台、算力集群管理平台、运维监控类软件，并部署大模型推理服务的负载均衡软件。

2. 网络逻辑设计

算力平台专区内部网络的核心由四个逻辑面组成。分别为参数面、样本面、业务面和存储业务面，每个面设计独立交换机。

（1）参数面交换机：大模型训练时，负责对参数的调整在各个节点上进行同步传输。相比其他交换机，参数面交换机性能需求是最高的，建议支持100GE（GE是带宽单位，1GE的意思是1千兆）以上带宽。如果因传输速度不够大，造成大模型训练的运行速度受限，明显是得不偿失的。

（2）样本面交换机：负责GPU服务器与存储设备之间的通信传输，实现训练任务镜像、读取训练集、训练结果写入的交换。

（3）业务面交换机：对于模型微调训练任务，训练平台通过业务面网络下发训练任务；对于推理服务请求接入，业务系统通过业务面网络接入推理服务；对于运维管理接入，运管与监控平台通过业务面网络进行运行维护工作。

（4）存储业务交换机：负责存储区的对外通信，包括训练微调语料的导入，以及大模型训练结果文件的导出（例如分发到专区之外的推理机）。

3. 专区业务流设计

以大模型训练为例，专区内业务流包括如下9个，分别对应图8-6中的①～⑨。

- 导入语料集时，通过存储业务交换机导入存储系统。
- 训练平台通过业务面交换机下发训练任务。

- 训练任务镜像通过样本面交换机加载到大模型计算节点。
- 大模型计算节点通过样本面交换机加载大模型。
- 大模型计算节点通过样本面交换机读取训练数据集。
- 训练过程中，通过参数面交换机进行模型的参数同步。
- 训练中的“检查点”文件通过样本面交换机写入存储系统。
- 完成训练的模型通过样本面交换机写入存储系统。
- 训练结果（模型）通过存储业务交换机导出。

如果要搭建超大规模（例如100P以上）算力的集群，本节所讲的架构整体上仍然适用，需要变化的是四个面的交换机，需要将一层结构增加为二层结构，上层为汇聚层，下层为接入层，从而可以管理更多的GPU服务器和存储盘。

网络架构是软件系统架构的重要组成部分，与其他主题架构设计类似，组网设计的第一个原则即分而治之，这正是4.3.1节所讲的架构设计过程利器。使用交换机将算力平台网络划分为四部分，不仅利于再扩展，还可以实现流量管控、故障隔离等目标，具体包括如下几方面。

（1）训练中参数调整所产生的极大内部流量由参数面交换机承载，不影响其他三个面的工作。

（2）当参数面网络出现故障时，只会中断内部的训练服务，不影响通过业务面交换机对客户提供的推理服务。

（3）针对不同面交换机，可以有灵活的采购和实施策略，例如，对业务面交换机，应做堆叠设计以保障高可用目标，对参数面交换机则不同，其价格是其他类交换机的几倍，考虑到训练任务的故障可容忍度更高，前期可不做冗余设计。

8.4.5 大模型应用的逻辑架构

本节以某个大模型问答系统实践为例，为大家讲解大模型应用建设的若干关键点。该系统的逻辑架构如图8-7所示。

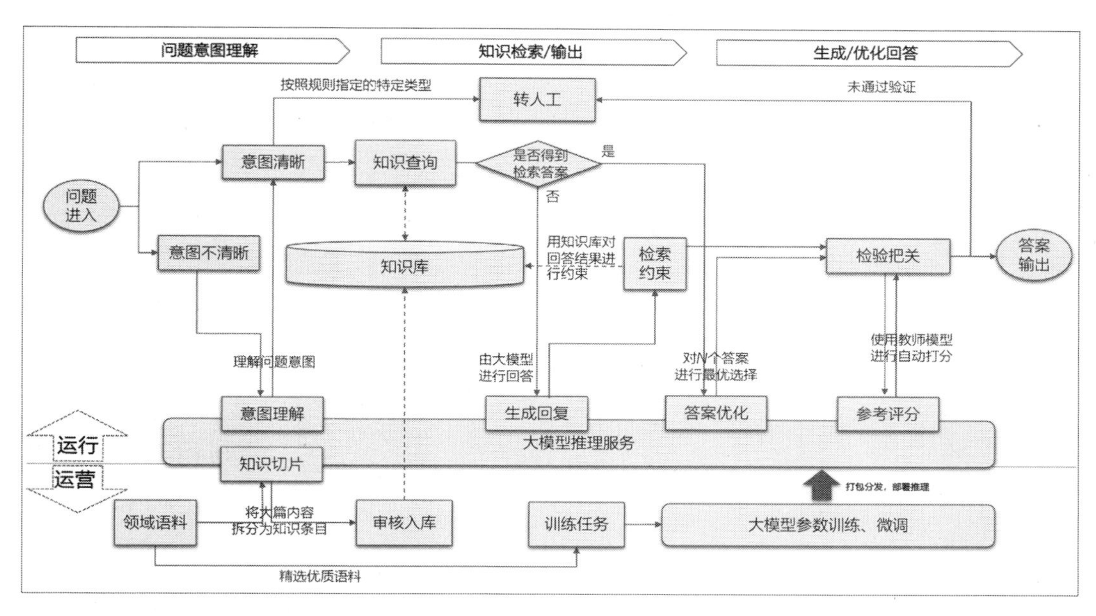

图8-7 某个大模型问答系统的逻辑架构

1. 在本问答系统中大模型的5项作用

（1）在形成知识库时，大模型作为工具对原始语料文件进行自动化切片，例如对一个规范制度文件进行拆解，形成若干可以录入知识库的知识条目。

（2）对于客户表达不清晰或提问方式不合适的情况，大模型运用自己的智力去与用户进行多轮沟通，最终理解用户问题的意图，并可能使用提示词工程，按照提示词模板将用户问题转换为最适合大模型回答的问题形态。

（3）对于用户问题，查询知识库，通过关键字或者规则匹配等方式查询到N个答案，交给大模型做一个N选1的处理。

（4）对于用户问题，如果查询知识库无法命中关键字，问题将交由大模型来回答。

（5）大模型像一个教师，在答案输出前进行一次检验把关，这个过程并非针对业务正确性，而是站在语法的角度去审视答案，用批判性规则去挑战答案，避免答非所问的情况。例如问题是“西瓜和乒乓球这两个物体的各自特点”，如果答案中只出现了西瓜，没有出现乒乓球，那么会被认为答案有漏项。

需要强调的是，大模型的应用模式仍处于初级阶段，未来不断会有新的方案涌现出来。读者要跟进关注行业的动态变化，对新模式保持高度敏感性，这是从事新兴领域工作的必由之路。在本书完稿之际，大模型RAG（Retrieval Augmented Generation，检索增强生成）概念正成为市场的热点话题，RAG必将对大模型场景应用建设起到积极的带动作用。

2. 大模型应用建设要点

（1）参数量，是模型潜能的参考指标，并不代表模型的实际能力。参数量越大的模型，所需训练的样本量越大。如果没有足够大量的训练语料，大模型会出现欠拟合现象，其精准度远不如小参数量的大模型。另外，随着大模型参数数量的增加，对算力的需求同比增加。两者之间基本呈线性同步关系，参数量如果增大到4倍，训练算力需求基本也是4倍关系。因此，对于一个固定的应用需求，选择一个“刚刚好的”大模型是最佳实践。

以笔者经验看，在很多大模型应用场景中，最佳性能不是由最大的模型实现的，而是基于更多数据训练后的较小模型实现的。

（2）关于众多的大模型微调方法，SFT和Lora两种微调方式效果最佳。另外，提示词微调（Prompt Tuning，通常被称为提示词工程）的目的是将用户原始问题转换为对大模型利用效率更高的提问方式。这几种微调应当被重点考虑。从实践效果看，相比追求参数量大的大模型，做好微调和提示词工程带来的价值更大。可以将参数量比作智力潜力，在潜力够用的情况下，核心效果在于用这套智力水平的大模型做了多少有效学习。

（3）大模型部署应用阶段，可采用多种措施来保证推理的准确性，规避业务风险，具体有多种措施可选。

- 通过前置安全机制，对内容不安全、价值观不正确等提问进行检测过滤，屏蔽风险意图。
- 上线前，对大模型推理进行人工（抽样）评估，包括相关安全项及指标。
- 如使用外挂知识库等方式，对输出内容加以规则约束，避免出现幻觉，即内行人常说的“一本正经地胡说八道”的问题。
- 深度修改模型算法，抑制“幻觉”问题的生成能力，这是十分小众的方式，极少有厂商可以做到，但笔者确实见过采取这种方式并获得成功的案例。

- 大模型的使用角色定位为人工助手，输出内容经人工审核兜底。
- 专员对大模型处理的业务进行抽检后督查，对于发现的问题定期反馈，迭代优化大模型。

（4）如果引入多家大模型，情况会变得极为复杂，需要考虑的几个问题包括：是否建设统一纳管平台，对多个大模型训练进行管理，对算力进行池化实现灵活分配；不同大模型的推理开发平台功能各不相同，如果一个业务系统同时使用多个大模型，业务系统也要做多个适配改造。

（5）测算所需GPU卡数量。

- 根据业务量计算每秒请求大模型的次数，例如100次/秒。
- 以笔者经验，垂直领域大模型①的RT（响应时间）一般可认为是2秒，那么，要达到100次/秒的目标，大模型的并发承受能力应该是200个/秒。
- 对选定的大模型计算所需GPU卡的数量，不同GPU卡的性能情况不同，如果1张卡只能同时处理1个请求，那么需要200张卡，如果1张卡同时可处理8个请求，那么需要25张卡。

（6）衡量大模型软件处理能力方面，主要参考不同大模型厂商的性能测试结论，业界一般使用吞吐量指标，即在不同并发数情况下的吞吐量数值，单位为tokens/秒。tokens是指语言模型中用来表示单词或短语的符号，是大模型对句子进行分词得到的结果。如果转换为文字数量，以经验值进行平均估算，可认为1个token等于1.5～2个字。

假如测试值是30个并发，吞吐量是900tokens/秒，那么对于每个请求的处理能力即是30tokens/秒，即每秒45～60个字。注意，大模型吞吐量的含义一般是指生成的tokens，而非输入的tokens和生成的tokens的合计。一定要了解清楚吞吐量的口径，不要出现低级错误。

（5）与（6）相互结合，可以作为大模型应用系统的性能测算与评估参考。

（7）大模型软件与GPU②算力的适配情况十分重要，“能用”与“适配”两者之间

---

① 意思是直接面向具体行业应用的大模型。相比通用大模型，不仅模型参数量相对较少，而且强调训练与微调的定制化。

② 这里主要指国产化GPU。

的差距巨大。很多大模型只能发挥GPU算力的30%。适配良好则可以达到80%，甚至是90%以上。这时有两个维度需要考虑。第一，对于兼容CUDA标准的GPU，网上有公开资料可参考，大模型厂商更容易去适配，反之则难度很大，需要GPU厂商的配合才行。第二，对于开源大模型，多数GPU厂商已经（主动）做完了适配，因此基于开源大模型衍生的大模型可以较快地适配GPU算力，闭源商业化大模型则不同，GPU厂商无法自行进行适配，需要双方以项目合作方式开展适配工作。

（8）大模型推理服务的部署策略，可以是“负载均衡+多台推理机水平部署”的结构，这与传统应用部署设计并无本质区别。

大模型行业里有个名词叫作智能体（Agent），可以认为本节所述的大模型问答系统即是一个Agent的实例。Agent是AI时代的主角，其功能包括规划（如子目标分解、反思与完善）、记忆（包括短期记忆、长期记忆）、工具使用（指调用外部API获得额外信息）和行动（实际执行决定或响应的能力）四方面能力。

只要将团队分为制造大模型、使用大模型两个阵营，那么关于大模型的架构问题就清晰了。站在大模型使用者的角度看，用更为通俗易懂的方式，Agent的架构可以这样理解：如果将大模型比喻为一个可以被调用（或引入）的程序库，Agent即是调用这个程序库的应用系统。在Agent里面，大模型是架构量子。如果大模型服务平台里面有多个大模型，那么每个大模型都可被视为1个架构量子。大模型虽然有着巨大的体量，但是放在整套应用中，从逻辑结构上仍然定位是架构量子。

从未来趋势看，大模型的赛道会逐步收敛，基于大模型的Agent才是真正的市场空间。大模型智能体是新的技术概念，但不是新的技术。用传统的说法，完全可以称之为“调用大模型服务的应用系统”。还是老生常谈的技术范畴，溜到了大模型身边，换了个新的名字，如同镀了层金，实现了华丽转身。

最后做一个总结。如果说2023年是大模型的元年，那么2024年则是大模型应用爆发的元年。对于如此之快的发展趋势，应该说国产GPU芯片的研发和量产速度还有些滞后。国产算力行业的当务之急是满足（预训练、增量训练、微调等各类）模型训练的算力需求。再适当往后看，大模型的大规模应用推广对推理算力的需求量极大，可能远超模型训练的需求量。因此，要求更低的推理算力成本也是必然的趋势。推理成本是制约大模型大规模应用的重要因素。笔者预计，随着多家国产芯片商产品陆续上市并量产，到2025年下半年这个问题会明显改善，人们或许会看到大模型普惠应用的井喷期。

很多企业优先建设大模型对话（问答）类系统，争取在客户服务等场景率先应用，取得了一定的突破。这对于“赋能产业级、规模化应用发展”如此之大的使命而言，只能算作初露头角、小试牛刀。移动互联网时代诞生了微信、抖音这样的超级应用。时代可以不同、技术领域可以不同，但有些规律是共性的，周而复始、循环往复。各行各业都在积极探索，未来的大模型时代也会有这样影响力的应用，大家只需要耐心等待。

该来的总会来。

8.5 量子技术，扑朔迷离中砥砺前行

8.5.1 量子计算与通信

1. 量子位计算

接触到量子技术这个圈子，并不在笔者的计划之内，实属偶然。早已熟知冯·诺依曼、图灵、香浓这些巨人对计算机科学的奠基，由于思维和认知的惯性使然，快速进入量子的世界比想象的艰难。那么，从零开始，一点点地细嚼慢咽，或许是唯一的办法。现代社会干什么都需要快速上手，但有时只有慢下来才能品位到技术本身的乐趣。长远来说，始终保有这份情愫，是很有必要的。

冯·诺依曼计算机体系架构的基本思想主要有三点：一是计算机硬件应由控制器、运算器、存储器、输入和输出五部分组成；二是计算机存储程序，让程序来指挥计算机自动完成各种工作；三是计算机运算基础采用（基于经典比特的）二进制。

二进制是所有计算机软件的终极本质，没有二进制，计算机软件的世界是荡然无

存的。真的是“凡事都有例外”，量子技术突破了这个界定或限制，能够让我完全重新审视计算机科学和软件系统。

在量子计算中，作为量子信息单位的是量子位，或称为量子比特，量子比特与经典比特相似，只是增加了物理原子的量子特性。在量子世界中，物质的状态是不确定的。一个经典比特的状态是唯一的，而量子力学允许量子比特是同一时刻两个状态的叠加，这是量子计算的基本性质。掌握了量子比特的概念，其实就获得了一个更广阔的物质财富效应，可以实现在比特领域无法想象的操作。量子比特可以比经典比特表达更大的信息量，当前计算机1字节（8比特）存储着一个数字，换作8个量子比特，则可以同时表达“超过2^8个可能的数字”。

对上面一段内容，用一句简洁的话，即量子比特可以是1、0，以及两者的叠加，因此量子计算机可以用远超传统比特的密度进行信息计算。

那么，当摩尔定律失效时，量子计算可以接过接力棒，继续带来算力飞跃，成为后摩尔时代计算能力提升的有效解决方案。这在目前还不现实，量子计算机距离真正（民用级别的）广泛落地还有很长的路要走，但是量子技术已经具备这个潜质，大家还需要继续保持耐心。

2. 量子通信

在量子力学里，当几个粒子彼此相互作用后，由于各个粒子所拥有的特性已综合成为整体性质，无法单独描述各个粒子的性质，只能描述整体系统的性质。两个粒子即使相隔遥远，也能瞬间影响彼此的状态，仿佛它们之间有着看不见的纽带。对一个量子粒子的测量将立即影响另一个粒子，无论它们相隔多远。这个现象被称为量子纠缠。2017年6月16日，量子科学实验卫星墨子号首先成功实现这样一个壮举，两个量子纠缠光子被分发到相距超过1200km的距离后，仍可继续保持其量子纠缠的状态。

假设一个量子系统由几个处于量子纠缠的子系统组成，而整体系统所具有的某种物理性质，子系统不能私自具有，这时，不能对子系统、只能对整体系统给定这种物理性质，这是量子系统的“不可分性”。两个粒子分别处于两个相隔遥远的区域，整体系统被认为具有可分性，但因量子纠缠，整体系统实际具有不可分性。

把一对携带着信息的纠缠量子粒子进行拆分，将其中一个发送到特定位置，这时，两地之间只需要知道其中一个粒子的即时状态，就能准确推测另外一个粒子的状态，从而实现类似“超时空穿越”的通信方式。量子纠缠是一种现象，贝尔定理让它不再是哲学问题，而是一个可以通过实验进行验证的科学问题。著名的贝尔不等式，从数学层面深化了人类对量子纠缠的理解。

利用量子纠缠，可以在发送位置和接收位置之间建立跨时空的量子信道。基于量子信道实现量子通信的技术方式，学科上称为量子隐形传态。量子隐形传态技术是正在新兴的通信领域，是可扩展量子网络和分布式量子计算的基础。它传输的不再是经典信息而是（未知的）量子态携带的量子信息。经测量验证，量子信道的通信速度可以远超光速，这与爱因斯坦相对论中的“光速不可超越”互相矛盾，对此应当如何解释？答案的核心在于，相对论中的速度指物质传输速度，而处于纠缠状态的两个粒子同属于一个不可分整体，两者共享同一个纠缠状态，量子信道的量子位传输并没有进行物质传输，因此并未违背相对论的基本原理。

实现量子隐形传态的基本思想是：将原物的信息分成经典信息和量子信息两部分，它们分别经由经典通道和量子信道传送给接收者。经典信息是发送者对原物进行某种测量而获得的，量子信息是发送者在测量中未提取的其余信息。接收者在获得这两种信息之后，就可制造出原物量子态的完全复制品。这个过程中传送的仅仅是原物的量子态，而不是原物本身。发送者可以对这个量子态一无所知，而接收者是将别的粒子（甚至可以是与原物不相同的粒子）处于原物的量子态上，原物的量子态在此过程中已遭破坏。

可以将量子隐形传态粗浅理解为：量子位A与量子位B纠缠，量子位C是被传递的信息，C被传送到B的位置，它的状态变为B的状态，即在B中重建C的状态。量子隐形传态的具体实现方法颇为复杂，不在本书阐述，读者可另行学习。

关于量子隐形传态的特征，再强调两点，一是传输的是量子位信息，而非量子位附着的底层粒子，即原子或光子；二是使用了经典信道，因此量子通信的传输速度不可能超过光速。

量子比特的状态是不确定的，但是被测量（可以用读取、查询来通俗地理解）时就会确定下来，并得到0或1作为结果，但不会包含两者的叠加，一旦确定后（状态被破坏）不可能再被恢复为原来的状态，这是量子态的不可克隆原理，或称为不可逆性。不可克隆原理意味着，不可能通过简单复制的方式实现量子所携带信息的传递。

需要注意的是，周围环境微小的扰动，如温度、压力或磁场变化，都会破坏量子比特的状态，这极大地增加了长距离传输的难度。量子通信还未得到普及，很大原因在于量子通信网络基础设施的技术成熟度问题，以及昂贵的建设和使用成本。

在量子比特、量子纠缠的加持下，计算机存储、通信两大领域未来的变化是翻天覆地的。拥有百万量子比特的量子计算机的功能，会比目前最快的超级计算机强大得多。

量子通信与中国古代学术领域的“遁术”有些相像，甚至引起人类对自身存在意义的疑问，以及有关灵魂的思考。在量子世界中，物质的状态是不确定的，直到被观察时才会确定下来，这是否意味着人类生活也是一系列不确定的事件，直到我们经历后才会变得有意义？如果量子粒子可以超越时空的限制，那么我们的灵魂是否也能做到这一点？在量子通信已经从微观世界逐渐走向宏观世界时，面对这样的心理拷问，进行思辨并做出回答，对人类来说或许是责无旁贷的。当然这是一个哲学话题，在本书中不会有答案。

8.5.2　量子算法的威力

在信息安全领域，量子计算对密码系统形成的现实威胁非常明显，量子计算被证明能极大地提升某些原来使用经典计算方法求解非常困难的问题的求解速度。

1. Shor 量子算法

现代安全加密算法（如RSA）是基于分解两个大素数乘积的难度。假设P和Q是两个不同的素数，每个数都大于128位，两者乘积（PQ）的位数大约为256位。已知P和Q，计算乘积无比简单。但是反过来，使用经典计算机去分解PQ，分别得到P和Q是非常困难的。如果能够找到解决整数分解问题的快速方法，几个重要的密码体系将会被攻破。

著名的Shor量子算法可以在多项式时间[①]内解决大整数分解和离散对数求解等复杂数学问题，分解PQ的运行时间仅为P与Q的中位数的对数。事实证明，量子算法可以对

① 多项式时间是指一个问题的计算时间不大于问题规模的多项式倍数,多项式时间代表的是一类时间复杂度的统称。如果需要在数学层面对此概念进行更具体的理解，读者需要另外查阅资料。

广泛使用的（基于大整数分解极其困难的）RSA、（基于椭圆曲线的）ECC、（基于整数有限域离散对数难题的）DSA等非对称密码算法进行比经典计算更快速高效的破解。

如果用每秒运算万亿次的经典计算机分解一个300位的大整数，需要10万年以上，而利用同样运算速率的量子计算机执行Shor算法，则只需要秒级的时间。说句实在话，这真是太令人震撼了。

2. Grover 量子（搜索）算法

从A地去B地，走怎样的路线才能够耗时最短呢？最简单的算法，当然是把所有可能的路线进行计算，根据路况计算每条路线所消耗的时间，最终可以得到用时最短的路线，即为最快路线。依次将每一种路线计算出来进行对比，这样的算法，搜索速度与总路线数N相关，记为$O(N)$，而采用量子搜索算法，则可以以$O(\mathrm{sqrt}(N))$的速度进行搜索，要远快于传统的搜索算法。

对搜索概念进行泛化理解，即“从N个未分类的客观物体中寻找某个特定物体”的问题，例如从印着商品二维码的N种商品中找出某个编码的那个，经典方法是一个个找，平均要找$N/2$次，才能以50%的概率找到所要的商品。而Grover量子算法可以将N个数据同时储存在$\log_2 N$个量子比特中，同时对N个数据进行概率运算。Grover量子算法每查询一次，可以同时检索所有N种商品，（在商品数据库中）将其标记出来，借助于量子比特的叠加态，前次的查询影响到下一次的量子操作，每次查询都是一步一步放大被标记的答案概率，反复重复这样的过程，就能够以很高的概率得到我们想要的答案，而放大的次数大约只需要经典遍历次数的平方根级别，这就体现出了平方级的加速效果。这种算法的本质是构造概率放大（也可以称为振幅放大）线路。

搜索仅是抛砖引玉，不难看到Grover算法的用途很广。Grover量子算法能够将随机（无序）数据库的搜索时间降为平方根时间，据此，可以有效地攻破DES或轻量级算法等密钥长度较短的对称密码。对于DES体系，以每秒100万密钥的运算速率操作，经典计算需要1000年才能完成的破解，采用Grover算法的量子计算机则只需不到4分钟的时间。再来看AES算法，传统计算机暴力破解AES时间为指数时间，具体时间取决于密钥的长度，而量子计算机可以利用Grover算法进行更优化的暴力破解，其效率更高，量子计算机暴力破解AES-256加密算法的效率与传统计算机暴力破解AES-128算法是一样的。

8.5.3 量子安全与应用

面对Shor、Grover量子算法的挑战，量子安全概念应运而生，量子安全的定义可谓言简意赅，是指“即使面对量子计算的挑战也能得到保障的信息安全”。喜欢刨根问题的人会认为这样的定义浮于表面，那么，什么样的程度可以算作安全呢？答案是某种密码算法或协议在经过充分研究后，表明其可以抵御所有已知的量子算法攻击，同时在没有证据表明其易受量子攻击前，就可以认为其是量子安全的。

1. 两类量子安全方案

第一类方案是基于量子物理（包括叠加态、量子纠缠等）原理实现经典密码学目标的量子密码，其中最具代表性和实用性的是量子密钥分发（QKD）技术。通过量子通信网络建立一次一密的量子密钥分发体系，让通信双方安全地获得对称密钥，再使用当前的传统信道对数据进行加密，通信双方完成交易。此方式是通过QKD解决“密钥生成与分发”这个（在量子破解威胁下存在的）薄弱环节，最终实现传统密钥体系的安全。

除了防止破解，QKD的另一项独门绝技在于防窃听。传统互联网的通信可以被拦截或操纵，但量子纠缠理论提出，对其中一个粒子的任何观测都会瞬间影响到另一个粒子的状态，而任何拦截和读取通过量子网络传输的信息的尝试都等同于观测，这将导致通过线路移动的量子比特叠加崩溃，从而“露出马脚”，因此可被用来检测任何潜在的窃听行为。

第二类方案是可以抵御已知量子计算攻击的经典密码算法，这类算法或协议通常称为后量子密码（PQC），其安全性同样依赖于计算复杂度。PQC不依赖于任何量子理论现象，其设计方式是：即便大数分解、离散对数对于量子计算而言是不安全的，基于其他困难问题的密码体制依然可以构成足够强的防护力。

PQC的主要算法类型包括：基于哈希的方案、基于编码的方案、基于多变量的方案、基于格密码的方案、基于同源的方案。需要注意的是，PQC的算法国标并未出台，未来具体会怎样，从某种程度上说仍是未知的。

量子计算机并非在解决所有问题方面都比经典计算机更好。4.4.2节提到了“刚刚好的”架构理念和最小必需化原则，量子计算擅长组合数学问题，但可能并不适用于实现一个Web应用，或是做一个数据批处理任务。即使可用，也有小题大做之嫌。6.6节中强调了应用场景是决策的胜负手，技术只是影响最终结果的诸多因素之一，对于传统计算机已经够用的现实场景，当然没有必要引入量子计算机。人类完全没有必要用量子计算机去管理手机、手表、电动车和家电。

安全攻防是一个长期推演过程，既具有技术属性，也有一定的社会性。安全加密技术只是打造安全体系的众多环节之一，从威胁安全的问题现象和实现安全的措施手段来看，这个领域管理占70%，技术占30%。通过物理隔离可以杜绝绝大部分的信息窃取，这可以让任何破解技术无用武之地。对信息加入混淆操作，以及对原始数据的去标识化或脱敏处理，这些方法仍将行之有效。因此，即使是网络安全领域，暂时也不需过于夸大量子技术的适用范围。不同于两国间军事对抗这样的尖端领域，量子安全对于大众的生活、支付等应用场景，目前还是个空有一身武艺，但还“不太接地气儿”的门外汉。

2. 更为实用的量子安全方案

笔者并非量子技术的研发角色，而是量子计算的应用落地探索者。在实践工作中，尝试的是更为轻量级的量子技术与传统系统相融合的方案。量子随机数发生器（QRNG）利用量子物理过程，可快速、大量生成（由量子叠加态坍缩理论等量子随机性原理保障的）真随机数。利用QRNG建立企业应用通信安全方案，如图8-8所示。

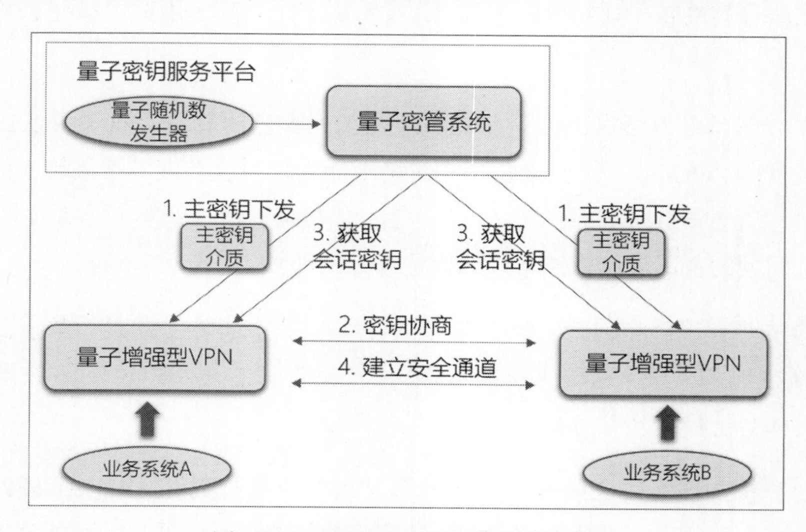

图8-8　QRNG企业应用通信安全方案

第一，QRNG充分利用量子力学的随机性质，实现真正的随机数生成，使用随机数作为密钥生成因子，在量子密管系统中生成（对称加密格式的）主密钥。

第二，将若干个主密钥存储到安全密钥存储设备，分别交付给通道双方。例如生成2000个主密钥，双方各分配1000个。每次业务交易时，交易双方进行协商，得到会话的标识，使用1个主密钥和会话标识向量子密管系统发出请求，（经密管系统验证后）获得此次交易的对称加密会话密钥，会话密钥下发时由另外1个主密钥进行加密保护。每次交易，通过会话标识的作用，双方获得的会话密钥是相同的。每次交易至少用掉2个主密钥，1000个用完后，联机追加分配新的一批主密钥。

第三，通道双方使用会话密钥，通过VPN增强网关（指能够连接量子密管系统的VPN网关）建立安全隧道，等于对双方网络交易数据加了一层保护壳，业务系统程序不做任何改造。

这个方案的要点：一是QRNG的参与，确保密钥的真随机性，强化了密钥生成环节的安全性；二是在整个过程中，主密钥和会话密钥都是一次一密机制，会话密钥的分发安全得以保证，相比之下，传统机制中使用固定的非对称密钥来保护和传输会话密钥，这正是易被量子计算攻击的薄弱点；三是QRNG方案，将量子密钥运用于网络设备和通信链路层面，并非取代各业务系统中实际使用的密钥，相比于其他方案更为轻量化。不需要对应用系统程序做改造，这无疑是QRNG方案的优势所在。

密钥安全则交易安全。这是将量子技术应用于安全领域的核心思想。QRNG和QKD两种方案无疑都是以此思想为设计原则。

目前（基于量子网络和设备的）QKD和（完全与量子物理无关的）PQC都存在明显的弊端，QRNG可以被看作QKD与PQC之间的平衡折中。QRNG方案完全面向互联网，不依赖于量子网络，VPN增强网关设备与传统VPN并无实质性差异，这套方案利于控制成本投入和实施难度，有效降低了量子安全应用的入门门槛。

最后要强调一下，以笔者的浅薄之见，QRNG更适合作为过渡阶段的方案。从架构思维的角度来评判，QKD与PQC是对抗量子计算威胁更为纯粹和彻底的方案。从门当户对的角度来说，长远来看，未来的量子安全技术与应用领域应该是由QKD和PQC所主导的。

8.5.4 谈量子编程语言

写到最后，不免要对未来的软件领域工作发展趋势做一个预测，应用编程会进一步被机器智能所取代，传统意义上的软件架构也难有再现辉煌的契机。算法会成为下一个高地。大模型、隐私计算、量子安全……这些新兴领域的主导者都是算法。

从程序语言到架构，再到以算法为核心的新兴领域，跨越本书的四个时期，我们不难看到，不论是从人类历史的宏观层面，还是从近20余年软件行业发展的微观层面，科学技术的发展生生不息，永无止境。

量子计算是基于量子力学的一种全新的计算范式，其计算逻辑和编程方式不能完全继承当前的高级语言编程方式。量子编程需要掌握量子力学、线性代数、编程语言等多个领域方向的专业知识和技能，另外，量子技术仍处于高速发展阶段，量子体系结构和编程语言尚未有统一标准，量子编程大多使用的是对量子逻辑门进行操作的低级编程语言。

对量子位的操作连接在一起执行有用的功能，这种编程风格与经典计算机的汇编语言类似，现在几乎没有使用这样低级语言的程序员。本书内容跨越了四个时期，历经20余年，面向未来的量子编程，竟然回到了1.1.1节开篇话题——汇编语言这个起点。

全书的最后，既是终点，也是起点。这或许是最完美的结束。

后 记
——又一次富有意义的尝试

大话为形，思维为神

本书的表现形式为大话，实质是分享技术观点与思维过程，是传播深度思考的精神。大话与思维，两者互相融合，可谓形神兼备。

在科技行业中，智商与成功之间的关联性如何？笔者原以为那些在科学上已经做出一番大事业（例如创建大公司）或取得大成就（例如研究成果得到国际认可、获得奖项）的人一定是绝顶聪明的天才。但是，智商测评的统计结果表明，并非只有绝顶智商者才能成功。智商是200分制，110～120分属于中上，达到140分属于天才。实际情况是，对于所谓的成功而言，只要智商超过120分，就基本够用了。而能达到这个分数的人比比皆是。

软件设计与开发并非纯粹的科技行业，很多工作重于工程实践，其理论深度远不及生物、物理等基础科学领域。因此，智力水平与事业成就两者之间，更看不出完全正相关的关系。

其实成功的人有三个特质：一是善于思考，喜欢问问题；二是富有想象力，喜欢不受限制地胡思乱想；三是能够持之以恒，愿意挑战，能够为寻找答案而永远不停追索。如果将这三个特质联合起来融为一体，用一个短语来指代，我认为用“思维与思辨精神”是恰如其分的。

如此说来，思维与思辨，是期望职业有所成就者应该去追求的一种特质。思维与思辨，是对深度思考的最佳诠释。在此谈一下我对此的几点个人感触，希望对读者有所帮助。

（1）理性的思维与思辨，是系统性思考能力的建立过程，是透过现象看本质的能力，也可以抽象地将其理解为洞察力。举个例子，我儿子上小学时，说班里某同学有些无聊且讨厌，很长一段时间里常常大侃三国演义，不仅喜欢夸夸其谈，而且聊得最多的人物竟然是董卓，甚是令人讨厌。他对此事的解读是“无聊且讨厌”，这个结果有些令我失望。换做另外的视角，可以解读为博学多才、热爱历史更佳。再继续想，为何对董卓感兴趣？这个问题的背后，可以有无限的想象空间，至少可见其读得够深入。日常生活中常见的事，貌似简单，却可有多种不同的解读方式，这就是系统性思维，这样的思维方式可以帮助我们看到更多种可能性，或者能够拥有更多的接近本质的机会。

（2）主动的思维与思辨，是获得各种能力的源泉，不论是逆向思维、双向思维能力，还是博弈能力、推演能力……无以穷尽。

（3）积极的思维与思辨，是一种精神和意识形态，它是抽象的，因此具有永恒性，不会腐朽、变质。不论是软件还是其他行业皆是如此。

（4）认真的思维与思辨，可以帮助我们在工作和生活中进行换位思考。如何向没有技术背景的人解释技术问题，是技术型人才职业发展成功与否的关键，这正是对换位思考能力的检验。相比于“自我表达、自我营销”这些更源于天生性格、难以改变的能力特征，切实提升换位思考能力是更可行的成功之路。

（5）持续的思维与思辨，是对“遇事不怒、遇变不惊、遇谤不辨”这样淡泊而宁静心境的不断追求。

（6）谦逊的思维与思辨，是写架构书籍所必需的态度。与纯粹的技术知识不同，架构有其主观性、艺术性本质，在这个领域提出的很多观点看法，难免会有偏颇之嫌。思维与思辨是一种极佳的表达形式，蕴含着谦逊之风，对此问题具有天然免疫力，我可以在其庇护之下，勇敢地表达自己的见解与主张。

（7）深刻的思维与思辨，折射了我对软件架构的一份情感，当多数人跟随行业的热浪，奔向通用人工智能大潮之际，我依然喜欢保留一些更为原始的技术审美观。这个道理不难理解，如同我们喜欢的人，并非一定是翘楚或佳丽。

我的职业生涯已经过半，未来可能还是继续奔波在一个个新领域、新技术、新方法的学习与实践之路上，亦不排除新职业的尝试。探寻之旅永远没有终点，那么技术哲学也没有最终答案。思维与思辨仍将继续下去。

笔耕不辍，终见南山

任何行业的发展阶段都是客观的，改变世界的科技成就是时代的必然产物，对于个人来讲，能够生逢其时是莫大的幸运。生在某个时代就要做和某个时代相契合的事情，有句俗话讲得好——在哪座山，唱哪山的歌。

随着科技（尤其是通用智能）能力的不断提升和逐渐普及，未来社会大有可能呈现竞争加剧化的态势，过剩的将不仅仅是商品和信息，还有人才。每个行业的发展周期会呈现不同的特征，基于对软件行业的判断，面向未来，笔者对年轻从业者们的建议是：与其想一跃成为最高的山，不如努力流淌成为最长的河。

本书的最后内容，要留给自己，写下此刻的感触。

当代人一定比古代人聪明么？这是个有意思的话题，一方面，得益于生活条件的改善及信息传递效率的提升，当代人应该具有更发达、更富有知识的头脑，另一方面，工具的积累和人工智能科技，让当代人不再需要大量地用手、用脑去主动创造，可能导致头脑能力的退化。

不敢断言哪个方面占据上风，这个问题应该永远没有答案。我无法与前辈比，也不能断言后辈能力会是如何。但是，跨越了25年的软件学习与工作生涯，总有些莫名其妙的想法在潜意识中作怪，让我迈上“落字写书”这趟马拉松般的苦旅，选择以这种硬核的方式去回应关于自我价值的心灵拷问。

回答自我价值问题，实质上是进行自我质疑、自我辩证、自我审视。完成这样的任务，只有去思考和破解“技术时代变迁与自我认知发展，这两者之间的关系到底是怎样的”这个不解之谜。可能是源于对“用脑想、用手敲、用书传”这种（相比铺天盖地的短视频，在当前看来已经略显古老的）知识生产和传递方式的眷恋，我不由自主地以著书的方式进行自我对话，去找一找谜底。抽象地用哲学语言来说，这样做的目的应该是想借此去寻找一种心理自然和自由的状态。如果确系如此，那么希望最后的结果是“笔耕不辍，能够终见南山”。

软件行业百般推崇敏捷性，如果一个新版本要等待一年后才能发布，那么很多新的想法会被束之高阁。对于写作而言同理，坐下来写作时，很多构思是边写边产生的，一旦实现某个构思，会带来更多新的构思。因此，只要想到好的构思，在力所能及的情况下，我就尽快着手去写。对构思设定计划是愚蠢的，在这一点上，科技写作与文学写作并没有太多不同。

对于作者来说，作品就像自己的分身一样。在第一本著作上市之后，对这种感觉，我的体会尤为深刻。创作第一本书时，更多是忘我的状态和行云流水般的速度，但是到了第二本，则时常陷入内容上的反复考量和纠结，有步履蹒跚之感。

本书于我而言，在本身内容方面，对学识、技能、经验……是更深层次的挖掘，是大脑的一次天翻地覆的深度运转；在内心精神层面，对心态、意志力以及潜力，都是更严酷的挑战；在面向外部市场方面，心理期望有了更多微妙的变化，压力陡然而增。这些考验、挑战，带来的当然是更大的写作难度和更多的精力消耗。

然而，书既然是作者生存价值的一种体现方式，是作者灵性的投影，那么对于这些付出也就无所畏惧了。另外必须要提的可喜之处是，语言状态对于作者来说意味着一切，多数情况下，我还是能够找到那种幽深而玄妙的感觉。尽管饱受多年伏案工作带来的后背肌肉劳损之痛所扰，但是总体来说，我可以享受到写作的乐趣，帮助自己克服疼痛、坚持到底。

今年生日，学校微信小程序电子贺卡的祝福语，最后一句话“祝您不改青衿志，不负韶华年，万里归来年愈少，无问西东此心安”真是颇具沧桑感和使命感，尤其是“无问西东”这四个字，更引起我的共鸣。本书的写作之旅，正是与“未知和无畏”一路相伴而行，这种感受不仅闳远微妙，而且莫可名状。小到创作、大到人生，如果将“但行前路，无问西东”作为一个座右铭，大抵是个不错的选择。

无论如何，这又是一次富有意义的尝试。

以此，为后记。